高等学校电子信息类专业"十三五"规划教材

开关电源原理与应用设计实验教程

主　编　王水平　周佳社　王新怀

参　编　王　禾　葛海波　吴晓丽

李　丹　王冠林　白　冲

王子龙

西安电子科技大学出版社

内 容 简 介

本书是《开关电源原理与应用设计》(电子工业出版社出版)的配套实验教程。全书以 9 个实验单元的形式主要讲述了线性稳压器和开关电源中几种 DC - DC 变换器的电路形式,以及主要技术参数的测试实验方法和步骤。本书共分为基础篇、技术篇和拓展篇。基础篇包括实验基础知识和电源基础知识;技术篇包括高效低压差线性稳压器(LDO)实验、脉宽调制信号(PWM)发生器实验、非隔离式升压型 DC - DC 变换器(Boost)实验,非隔离式降压型 DC - DC 变换器(Buck)实验、非隔离式反向型 DC - DC 变换器(Buck - Boost)实验;拓展篇包括单端正激型 DC - DC 变换器实验、单端反激型 DC - DC 变换器实验、推挽式 DC - DC 变换器实验、桥式 DC - DC 变换器实验。

本书是针对西安电子科技大学开发的"电源实验教学平台"而编写的,具有较强的实用性和可操作性,可作为"开关电源原理与应用设计"课程的配套教材,也可作为电源生产厂家、营销公司或售后服务单位等进行职工培训的配套教材或参考资料。

图书在版编目(CIP)数据

开关电源原理与应用设计实验教程/王水平,周佳社,王新怀主编. —西安:西安电子科技大学出版社,2019.2

ISBN 978 - 7 - 5606 - 5170 - 5

Ⅰ. ① 开… Ⅱ. ① 王… ② 周… ③ 王… Ⅲ. ① 开关电源—教材 Ⅳ. ① TN86

中国版本图书馆 CIP 数据核字(2018)第 289792 号

策划编辑	云立实
责任编辑	张玮
出版发行	西安电子科技大学出版社(西安市太白南路 2 号)
电　话	(029)88242885　88201467　　邮　编　710071
网　址	www.xduph.com　　　　电子邮箱　xdupfxb001@163.com
经　销	新华书店
印刷单位	陕西天意印务有限责任公司
版　次	2019 年 2 月第 1 版　2019 年 2 月第 1 次印刷
开　本	787 毫米×1092 毫米　1/16　印张　16
字　数	377 千字
印　数	1～3000 册
定　价	38.00 元

ISBN 978 - 7 - 5606 - 5170 - 5/TN

XDUP 5472001 - 1

前　言

节约能源、净化环境是建立和谐社会的重要内容之一，而在与电有关的领域，节约能源、挖掘新能源、净化环境的首选技术就是开关电源技术。

近几年来，随着微电子技术和工艺、磁性材料科学以及烧结加工工艺与其他边沿技术科学的不断改进和飞速发展，DC-DC变换器技术（DC-DC、DC-AC、AC-DC、AC-AC、E类功放等各种非线性高频功率变换器技术）有了突破性的进展，由此也产生出许多能够提高人们生活水平和改善人们工作条件的新产品。DC-DC变换器已成为各种电子设备和系统高效率、低功耗、安全可靠运行的关键设备之一，而且DC-DC变换器技术领域目前备受人们关注，同时DC-DC变换器技术人才已成为各大专院校或职高的重点教学培养目标。

本书是《开关电源原理与应用设计》（电子工业出版社出版）的配套实验教材，全书分为三大部分，即实验篇、技术篇和拓展篇。第1章和第2章为基础篇；第3～7章为技术篇，包括三种最基本的DC-DC变换器实验单元；第8～11章为拓展篇，包括四种隔离式DC-DC变换器实验单元。每个实验均给出了实验板的原理电路图（SCH）和印制板图（PCB），使读者对SCH与PCB的电路、元器件有一个充分的认识。

本书第1、2章由王水平编写，第3～11章由王水平负责总体设计、整理并统稿，由王新怀、王冠林、李丹、王子龙和王禾负责实验调试，由周佳社、葛海波和吴晓丽负责结构设计。在本书的编写过程中，作者参阅了大量的国内外有关DC-DC变换器和电工电子实验教学方面的论文、专著和资料，在此对这些论文、专著和资料的作者和编者们表示谢意。此外，在本书定稿之前，得到了教育部产学研专业综合改革项目、西安电子科技大学新实验开发与新实验设备研制项目的多年资助，以及德州仪器（TI）大学计划部在实验器材和资金等方面的资助，在此也表示诚挚的谢意。

由于作者的技术水平有限，书中的不足之处在所难免，恳请广大读者提出宝贵意见。

编　者
2018年10月

目　录

基　础　篇

技　术　篇

拓　展　篇

基础篇

第 1 章　实验基础知识

1.1　实验的意义

1.1.1　实验重要性

"DC－DC 变换器原理与应用设计实验"课程是一门重要的电源技术基础课，它具有显著的实践性特征。要想牢固地掌握 DC－DC 变换器原理与应用设计技术，除了掌握基本元器件的应用基础知识、电子电路的基本组成及工作原理的分析方法外，还应掌握电子元器件及基本电路的应用技术，特别是功率器件和磁性元件，因而实验就必然成为课程教学中不可或缺的重要环节。通过实验可使学生掌握元器件的性能、参数及电源电路的内在规律，了解各功能电路的相互影响，从而验证理论知识，并找出局限性。通过进一步了解和掌握电源的基础知识，学生可以设计出基本的实验方法，并掌握重要参数的测量方法，从而具备较强的知识运用能力和创新能力。

1.1.2　实验目的

"DC－DC 变换器原理与应用设计实验"课程的目的不仅在于加深学生在课堂中所学的理论知识，更重要的是加强他们的实验技能，使他们能够独立进行实验操作，并树立正确的工程观念和严谨的科学研究作风。

（1）掌握一定的元器件使用技术，学会识别元器件的类型、型号、规格和封装形式，并能根据要求选择、筛选和购买元器件。

（2）掌握一定的实验技能，如焊接、组装、连接、调试、简单故障排除等。

（3）掌握一定的仪器使用技术，如万用表、示波器、信号源、稳压电源（其中包括调压器）和电子负载等仪器的使用和操作方法，特别是指针式仪表的读数和记数。只有正确使用电子仪器才能获得良好的测量数据。

（4）掌握一定的测量系统设计技术。只有合理地测量系统设计，才能保证测量结果的正确。

（5）掌握一定的仿真分析技术。计算机仿真技术不仅可以节省电路设计和调试的时间，更可以节约大量的硬件费用。电子系统的计算机仿真技术已成为现代电子技术的一个重要组成部分，也已成为现代电子工程技术人员的基本技术和工程素质之一。

（6）掌握一定的测量结果分析技术。只有通过对测量结果的数据分析处理才能得到电子线路的有关技术指标和一些技术特性。

（7）能够利用实验方法完成具体的综合任务，如根据具体的实验任务拟订实验方案（测试电路、仪器、测试方法等），独立地完成实验，对实验现象进行理论分析，并通过实验数据的分析得到相应的实验结果，撰写规范的实验报告。

（8）培养学生独立解决问题的能力，如独立地完成某一设计任务（查阅资料、确定方案、选择元器件、购买元器件、安装调试），从而具备一定的科学研究能力。

（9）锻炼学生在实验过程中分析、处理故障的能力，提高科研技能，培养实事求是的科学态度和踏实细致的工作作风。

（10）在对电源实验电路的理解、分析和测试过程中，了解相应的国家认证标准，如电磁兼容认证（EMC 认证）标准和静电防护认证（ESD 认证）标准等。

1.1.3　实验要求

1. 对辅导老师的要求

实验辅导老师的职责除了常规的备课、制作 PPT 课件和实验前的原理讲解以外，还包括以下内容：

（1）举例说明该实验内容在实际中的应用，尤其是重要领域中的应用，如国防工业、汽车工业、新能源领域等。

（2）通过演示来讲解该实验中所涉及的新仪器、新仪表的使用方法。

（3）对于电路板与电源、仪器仪表和负载的连接方法等知识，不必过于详细地讲解，应让学生自己设计连接方法并进行连接。特别需要注意的是共地问题，务必使学生理解其正确连接方法及其在实际应用中的重要性。

（4）启发和鼓励学生自己解决实验中遇到的问题，以逐渐提高科研实践能力。

2. 实验课前的要求

（1）做好实验课前预习。实验能否顺利进行和收到预期的效果，很大程度上取决于实验课前预习和准备的充分程度。因此每次实验前都要求学生详细认真地阅读实验讲义，明确本次实验的目的和任务，掌握必要的实验理论和方法，了解实验内容和仪器设备的使用方法，做到心中有数、有目的、有步骤地做实验。

（2）认真阅读实验教程，明确实验目的，理解实验原理，熟悉实验电路、实验步骤、实验参数测试方法及实验中的注意事项。

（3）了解和熟悉实验中所用仪器和设备的主要性能和使用方法。

（4）做好实验中必测数据的理论计算和估算，计算实验结果，完成实验教程中有关预习要求的内容。

（5）做好数据记录纸和记录表格等准备工作。

（6）按时、按组进入实验室，在规定的时间内完成实验任务。遵守实验室的制度，实验后整理好实验台。

（7）按照科学的操作方法做实验，要求接线正确，布线整齐合理。接线后要认真复查，确信无误后经指导老师同意，方可接通电源。

（8）按照仪器的操作规程正确使用仪器，不得野蛮操作。

（9）测试参数时，要做到心中有数，细心观察。要求原始记录完整、清楚，实验结果正确。

（10）实验中出现故障时，应冷静分析原因，并能在老师指导下独立解决，对实验中的异常现象和实验结果要能进行正确的解释。

（11）一律用学校规定的实验报告纸认真撰写实验报告，做到文理通顺，字迹端正，图形美观，页面整洁，并按要求装订封皮。

3．实验过程的要求

（1）一定要反复检查实验电路板与供电电源、测量仪器仪表和负载的连接完好无误，特别是所有的仪器仪表、实验电路板、供电电源和负载的共地连接，一定要引起辅导老师和学生的高度重视。

（2）实验数据的测量和记录一定要保持原始数据，实验现象和电路中各点波形的观察一定要认真、仔细。数据记错了不能进行涂改，必须重新测量一遍并记录数据，规范填写表格。如有需要则用坐标纸画出曲线图，并按指导书要求进行必要的数据处理和分析说明。

（3）实验过程中出现的各种现象，一定要联系理论知识进行分析和理解。特别是对于所出现的异常现象，一定要在辅导老师的协助下加以消除和分析，找出产生的原因。

（4）实验过程中遇到问题时，首先自己想办法解决或求助于同学，实在解决不了再去请教老师。

（5）在实验之前应认真阅读实验课后的思考题，大部分思考题是需要根据实验中所观察的实验现象进行分析和回答的，因此应将思考题中所涉及的实验现象着重观察，并记录数据。

4．实验注意事项

（1）严格遵守实验室的规章制度，认真积极地动手做实验，保持实验室安静、实验操作台整洁，不用的仪器仪表和连接线等杂物均不要出现在实验操作台上。

（2）严禁将食物、饮用水和雨伞等物品带进实验室。

（3）了解和掌握了实验仪器仪表的操作规程后，方可使用这些实验仪器仪表。

（4）严禁带电接线、拆线和改变连接线路。

（5）实验仪器仪表设备不得随意调换或拔插实验用元器件，若损坏仪器设备，则必须立即报告老师，作出书面检查，并根据事故责任做出赔偿。

（6）实验中若发生事故，则应立即关掉电源，保持事故现场，并报告指导老师，让指导老师来处理。

（7）实验过程中，无论使用哪一种设备或仪器仪表、供电电源等连接到实验电路板时，都必须遵循先连接接地端（黑表笔）再连接另一端（红表笔）的规则。

（8）实验结束后，应先检查实验数据是否符合要求，然后再请老师检查确认，经老师认可签字后方可关掉电源和其他设备，拆除实验线路，整理并放置好实验器材后才能离开实验室。

1.2　实验报告格式

实验报告

实验名称：

姓名：　　　　　时间（××××年××月××日星期×上午或下午）：

专业：

班级：　　　　学号：　　　　地点（实验大楼及实验室门牌号）：

实验成绩（其中包括指导老师的评语）：

指导老师签名：

一、实验目的

……

二、实验仪器及设备

（1）实验仪器仪表1：型号为×××，数量为×××。

（2）实验仪器仪表2：型号为×××，数量为×××。

（3）实验仪器仪表3：型号为×××，数量为×××。

三、实验内容

1. 实验内容1

（1）画出实验内容1所对应的实验电路图。

（2）根据实验内容1所对应的实验电路图，简单叙述其实验原理。

（3）实验步骤（包括实验数据的测量和记录）。

（4）对实验原始数据进行整理，将测量数据和计算后的结果填写在实验数据表格中。

（5）按照实验要求将关键点的波形或曲线描绘在所要求的坐标纸上。

（6）写出所观察到的实验现象，运用所掌握的理论知识对实验现象和结果进行分析，并得出结论。例如：对波形图进行分析并得出结论，对实验数据进行分析并得出结论，将测量结果与理论值进行比较并得出结论。实际上就是将测量结果与理论值进行比较，计算出相对误差，并找出产生误差的原因。

2．实验内容 2

（1）画出实验内容 2 所对应的实验电路图。

（2）根据实验内容 2 所对应的实验电路图，简单叙述其实验原理。

（3）实验步骤。

（4）对实验原始数据进行整理，将测量数据和计算后的结果填写在实验数据表格中。

（5）按照实验要求将关键点的波形或曲线描绘在所要求的坐标纸上。

（6）写出所观察到的实验现象，运用所掌握的理论知识对实验现象和结果进行分析，并得出结论。例如：对波形图进行分析并得出结论，对实验数据进行分析并得出结论，将测量结果与理论值进行比较并得出结论。实际上就是将测量结果与理论值进行比较，计算出相对误差，并找出产生误差的原因。

3．实验内容 3

4．实验内容 4

······

四、讨论与回答问题

对实验中所观察到的异常现象和存在的问题进行讨论，并回答实验教程后面所给出的思考题。

1.3　实验数据测量

1.3.1　实验数据测量概述

实验数据的测量主要是如何使用仪器仪表来对实验数据进行测量，然后再对原始数据进行记录。仪器仪表又分为数显式和指针式两大类。对于数显式仪器仪表来说，主要是功能和量程的选择，没有估读位和估读数方面的问题，因此本节对数显式仪器仪表的实验数据测量就不再重述，主要讲述如何使用指针式仪器仪表进行实验数据的测量和记录。

在实验中，学生经常会提出下列问题：测量值应该读到小数点后几位或者应保留几位小数。实际中，指针式仪器仪表的量程一旦选定，被测数据小数点后能够读到的位数就是固定不变的，是不能任意选择的。

图 1-1 给出了电路实验室常用的几款指针式仪器仪表的外形图。

下面以 YB2100 系列交流毫伏表为例，详细说明指针式仪器仪表的使用方法。指针式仪器仪表的应用还有指针式万用表、交直流电流电压表，以及以光标作为指针的仪器仪表，如示波器、静电高压计等。

（a）指针式万用表

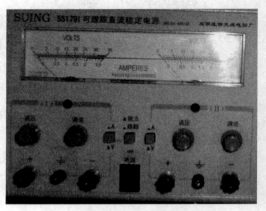

（b）指针式直流电压电流表

（c）YB2100 系列交流毫伏表

图 1-1　三种指针式仪器仪表的外形

1. 估读位的读取

指针式仪器仪表上的估读位，实际上就是人肉眼对仪器仪表上刻度的分辨率。指针式仪器仪表刻度盘上最小刻度的 1/2 就是人肉眼的分辨率，也就是说在指针式仪器仪表的刻度盘上，人肉眼最多能分辨出指针在最小刻度的一半以上还是一半以下，如图 1-2 所示。

若在一半以上，我们就应该在 0.5～0.9 之间取值；若在一半以下，我们就应该在 0.1～0.5 之间取值，这就是指针式仪器仪表上的估读位。

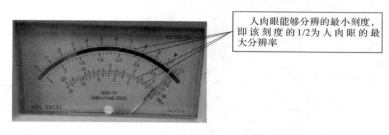

图 1-2　人肉眼在指针式仪器仪表上的最大分辨率

2. 原始测量数据的记录

指针式仪器仪表上的估读位读数加上指针所指示位置的最小刻度的整数格数，最后再乘以每一最小刻度所代表的物理量(该量值是根据所选择的量程以及满刻度的最小刻度总数换算而来的)就得到了被测物理量在指针式仪器仪表上被测值的原始记录数，可采用下式表示：

$$被测值的原始记录数 = \frac{量程}{满刻度最小刻度数} \times 读数 \tag{1-1}$$

式(1-1)中的"满刻度最小刻度数"为所要读数的刻度盘上的最小刻度数，一定是一个整数，而"读数"则包含整数和小数两部分，整数部分为指针所指示位置的最小刻度的整数格数，小数部分则为估读位读数，一定是一位小数。在 YB2100 型交流毫伏表上的读数举例如图 1-3 所示。

图 1-3　在 YB2100 型交流毫伏表上的读数举例

3. 采用原始记录数来记录被测数的作用

(1) 可对被测量值进行复原、再现或验证，这一点在学生走上工作岗位深入到应用层面以后尤为重要。特别是在实际应用中，有些故障的查找、事故责任的划分与追究、巨大成果的验证和再现等都是要拿证据说话的，而原始记录数就是证据和铁证。

(2) 可通过"读数"中的整数部分，来判断学生所选择的量程是否正确。在指针式仪器仪表上选择量程，使得指针指示在满刻度的 2/3 处即为最佳状态，至少也要在大于 1/2 处。将"读数"中的整数部分与"满刻度最小刻度数"进行比较，若整数部分的数值大于"满刻度最小刻度数"的 2/3，则说明量程选择合适，否则量程就选择得过小了。YB2100 型交流毫伏表的使用解析举例如图 1-4 所示。

量程选择300 mV，应在此刻度盘上读数：(300/35)×26.9。指针处在满刻度的2/3处，说明量程选择合适，指针指示在最小刻度的一半以上偏多，说明估读位估读正确，因此该数据测量完好无误

（a）数据正确测量的方法

量程为1000 mV(1V)，应该在此刻度盘上读数(1000/55)×7.6。指针处在满刻度的1/3处，说明量程选得太大，指针指示在最小刻度的一半以下，估读位应在0.5以下选值，说明估读位也不正确，因此该数据测量错误

（b）数据错误测量的方法

图1-4　YB2100型交流毫伏表使用解析举例

（3）可通过"读数"中的小数部分，来判断学生在指针式仪器仪表上是否会读取估读位和估读数，其判断方法如图1-4中所示。

1.3.2　实验数据处理

实验数据处理是电路实验报告的重要组成部分，其包含的内容十分丰富，例如实验数据的记录、函数曲线的描绘、电路中各点波形的绘制等。从实验数据中可以找出测量结果中的不确定度信息的误差原因，以及验证和寻找信号在电路中传输或工作的规律等。

实验数据处理的方法包括列表法和作图法。

1. 列表法

将电路实验数据按一定规律用列表方式表达出来是记录和处理电路实验数据最常用的方法之一。表格的设计要求对应关系清楚、简单明了、有利于发现相关量之间的物理关系；此外，还要求在标题栏中注明物理量的名称、符号、数量级和单位等；根据需要还可以列出除原始数据以外的理论计算栏目和数学统计栏目等；最后还要求写明表格名称、主要测量仪器的型号、量程和准确度等级、有关环境条件参数（如温度、湿度和海拔等）。本实验教程中将一一列出各 DC-DC 变换器实验中所需的数据表格，有一些实验测量数据表格需要让实验的学生自己设计；各实验所列出的所有表格中的实验数据必须是实验测量值的原始记录值。

　　下面以电路、信号与系统实验中的 RLC 串联谐振回路实验为例来说明如何使用列表法对实验数据进行处理。该实验的要求主要有 3 项：（1）用点测法绘制谐振曲线；（2）在谐振曲线上找出谐振频率；（3）计算出谐振曲线的品质因数 Q 值。实验电路如图 1-5 所示，实验仪器仪表为一台 TFG2006 DDS 型函数信号发生器和一台 YB2100 型交流毫伏表，测量数据如表 1-1 所示。

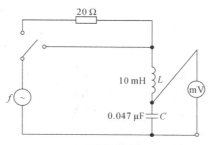

（a）原理电路图

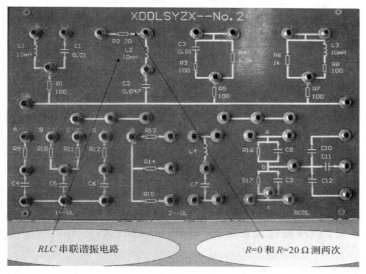

（b）电路实验版

图 1-5　RLC 串联谐振回路实验所使用电路图

表 1-1　RLC 串联谐振回路谐振曲线点测量数据表

f/kHz	2	3	4	5	5.5	6	6.9	7	7.5	8	9	10	11	12
u_C/V(0Ω)	$\frac{1.1}{55}\times25.5$	$\frac{1.1}{55}\times28.4$	$\frac{1.1}{55}\times33.6$	$\frac{1.1}{55}\times43.1$	$\frac{1.1}{55}\times50.9$	$\frac{3.5}{35}\times11.9$	$\frac{3.5}{35}\times14.2$	$\frac{3.5}{35}\times14.1$	$\frac{3.5}{35}\times12.7$	$\frac{1.1}{55}\times52.1$	$\frac{1.1}{55}\times41.6$	$\frac{3.5}{35}\times22.9$	$\frac{3.5}{35}\times16.6$	$\frac{0.35}{35}\times27.2$
u_C/V(20Ω)	该栏目数据省去													

2. 作图法

作图法可以最醒目地表现物理量间的变化关系。从曲线上还可以简便求出实验需要的重要结果（如直线的斜率和截距值等），找出没有进行观测的对应点（内插法），或在一定条件下从曲线的延伸部分找到测量范围以外的对应点（外延法）。此外，还可以把某些复杂的函数关系，通过一定的变换用曲线的方式表示出来。例如半导体热敏电阻的电阻与温度关系为取对数后得到，若用半对数坐标纸，以 $\lg R$ 为纵轴，以 $1/T$ 为横轴制作曲线则为一条直线。要特别注意的是，采用实验测试的数据来绘制的曲线图不是示意图，而是实验中真正得到的物理量间的关系曲线，同时还要反映出测量的准确程度，所以必须满足一定的作图要求和规范。下面同样以电路、信号与系统实验中的 RLC 串联谐振回路实验为例来说明如何使用作图法对实验数据进行处理，实际上就是将表 1-1 所列的数据在坐标纸上绘制成曲线的形式，如图 1-6 所示。

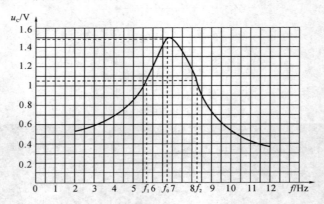

图 1-6　表 1-1 所列数据在坐标纸上绘制的曲线

从图中可以查得：$f_1=5.5$ kHz，$f_2=8.1$ kHz，$f_0=6.9$ kHz。因此可以计算出：$B=|f_1-f_2|=2.6$ kHz，$Q=\dfrac{f_0}{B}=2.65$。

作图法具有以下几点要求：

（1）作图必须用坐标纸。按需要可以选用毫米方格纸、半对数坐标纸、对数坐标纸或极坐标纸等。

（2）选取坐标轴。以横轴代表自变量，纵轴代表因变量，在轴的中部注明物理量的名称符号及其单位。

（3）确定坐标分度。坐标分度应保证图上观测点的坐标读数的有效数字位数与实验数据的有效数字位数相同。例如，对于直接测量的物理量，轴上最小格的标度可与测量仪器仪表的最小刻度相同。两轴的交点不一定从零开始，一般可取比数据最小值再小一些的整数开始标值，要尽量使曲线占据图纸的大部分，不偏于一角或一边。对每个坐标轴，每相隔一定距离用整齐的数字注明分度。

（4）描点和连线。根据实验数据用削尖的硬铅笔在图上标点，标点可用"＋"、"×"、"⊙"等符号表示，标点在图上的大小应与该两物理量的不确定度大小相当。标点要清晰，不能用曲线盖过标点。连线时要纵观所有数据点的变化趋势，用曲线板连出光滑而细致的曲线（如系直线可用直尺），连线不能通过偏差较大的那些标点，应使标点均匀地分布于曲线的两侧。

（5）写出图名和图注。在图纸的上方空旷处写出图名和实验条件等。此外，还有一种校正图，例如用准确度级别高的电表校准低级别的电表，这时校正图要附在被校正的仪表上作为示值的修正。作校正图除连线方法与上述作图要求不同外，其余均同。校正图的相邻数据点间用直线连接，全图成为不光滑的折线。这是在两个校正点之间用线性插入法作的近似处理。

1.3.3　误差分析

　　由于实验方法和所使用仪器仪表的不完善、周围环境的影响、人肉眼的分辨率、测量程序、测量方法与测量技巧等的限制，实验测量值与真值之间总会存在一定的差异。人们常用绝对误差、相对误差或有效数字等来说明测量值的准确程度。为了评定实验数据的精确度或误差，找出产生误差的原因以及如何消除和避免误差对测量带来的影响，需要对实验测量的误差进行分析和总结。由此可以判断和找出影响实验测量精确度的主要因素，使得在以后实验中进一步改进实验方案，从而减小实验测量值和真值之间的差值，提高实验测量的精确性。

1. 误差的基本概念

　　测量是人类认识事物本质和变化规律所不可缺少的手段，而测量仪器又是实现这个手段所必备的工具。使用测量仪器通过实验测量能使人们对事物的变化获得定量的概念和发现事物变化的规律。科学上很多新的发现和突破都是以实验测量为基础的。测量就是使用测量仪器通过实验的方法，将被测物理量与标准量进行比较，从而确定它的大小。

　　这里引进真值和平均值的概念来分析和说明误差。真值是待测物理量客观存在的确定值，也称理论值或定义值，通常真值是无法测得的。当在实验中测量的次数无限多时，根据误差的分布定律，正负误差的出现概率相等，再经过细致地消除系统误差，将测量值加以平均，可以获得非常接近于真值的数值。但是实际上实验测量的次数总是有限的，用有限次数的测量值求得的平均值只能是近似于真值，常用的平均值有下列几种：

　　(1) 算术平均值。算术平均值是实验数据误差处理中最常用的一种平均值。设 x_1，x_2，…，x_n 为各次测量值，n 代表测量次数，则算术平均值可用数学公式表示为

$$\overline{x} = \frac{x_1 + x_2 + \cdots + x_n}{n} = \frac{\sum\limits_{i=1}^{n} x_i}{n} \tag{1-2}$$

　　(2) 几何平均值。几何平均值是实验数据误差处理中不太常用的一种平均值。同样设 x_1，x_2，…，x_n 为各次测量值，n 代表测量次数，则几何平均值可用数学公式表示为

$$\overline{x}_{几} = \sqrt[n]{x_1 \cdot x_2 \cdots x_n} \tag{1-3}$$

　　(3) 均方根平均值。均方根平均值是实验数据误差处理中较常用的一种平均值。同样设 x_1，x_2，…，x_n 为各次测量值，n 代表测量次数，则均方根平均值可用数学公式表示为

$$\overline{x}_{均} = \sqrt{\frac{x_1^2 + x_2^2 + \cdots + x_n^2}{n}} = \sqrt{\frac{\sum\limits_{i=1}^{n} x_i^2}{n}} \tag{1-4}$$

2. 误差的分类

1) 系统误差

系统误差是指在实验测量中未发觉或未确认的因素所引起的误差，而这些因素影响结

果永远朝一个方向偏移,其大小及符号在同一组实验测定中完全相同,实验条件一经确定,系统误差就获得一个客观上的恒定值;当改变实验条件时,就能发现系统误差的变化规律。系统误差产生的原因有以下几种:

(1)测量仪器不良,如刻度不准,仪表零点未校正或标准表本身存在偏差等。

(2)周围环境的改变,如温度、压力、湿度等偏离校准值。

(3)实验人员的习惯和偏向,如读数偏高或偏低等引起的误差。

针对仪器的缺点、外界条件变化影响的大小、个人的偏向加以校正或纠正后,便可将系统误差消除掉。

2)偶然误差

在已消除了系统误差后的一切物理量的测量中,所测量的数据仍在末一位或末两位数字上有差别,而且它们的绝对值和符号的变化时而大时而小、时而正时而负,没有任何可以确定的规律,这类误差称为偶然误差或随机误差。偶然误差产生的原因不明,因而无法控制和补偿。但是,倘若对某一物理量作足够多次的等精度测量后,就会发现偶然误差完全服从统计规律,误差的大小或正负的出现完全由概率决定。因此,随着测量次数的增加,随机误差的算术平均值趋近于零,所以多次测量结果的算数平均值将更接近于真值。

3)过失误差

过失误差是一种显然与事实不符的误差,它往往是由于实验人员粗心大意、过度疲劳、操作不正确或实验原理理解不到位等原因引起的。此类误差无规则可寻,只要加强责任感、多方警惕、细心操作、实验原理理解透彻,过失误差是可以避免的。

3. 精密度、准确度和精确度

测量值与真值之间差值的绝对量称为精度,也可称为精确度。它与误差大小相对应,测量的精度越高,其测量误差就越小。"精度"应包括精密度和准确度两层含义。

(1)精密度。测量中所测得数值重现性的程度称为精密度。它反映了偶然误差的影响程度,即精密度越高,偶然误差越小。

(2)准确度。测量值与真值的偏差程度称为准确度。它反映了系统误差的影响程度,即准确度越高,系统误差越小。

(3)精度。它反映了测量中所有系统误差和偶然误差的综合影响程度。在一组测量中,精密度高的准确度不一定高,准确度高的精密度也不一定高,但精确度高,则精密度和准确度都高。

为了说明精密度与准确度的区别,可用打靶子的例子来说明。图1-7(a)表示精密度和准确度都很高,则精确度高;图1-7(b)表示精密度很高,但准确度却不高,导致最后的精确度较差;图1-7(c)表示精密度与准确度都不高,导致最后的精确度很差。在实际测量中没有像靶心那样明确的真值,而是设法去测定这个未知的真值。

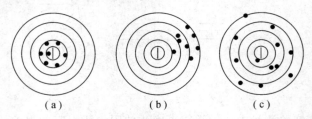

（a） （b） （c）

图1-7 精密度和准确度的关系

学生在实验过程中，往往满足于实验数据的重复性，而忽略了数据测量值的准确性。绝对真值是无法获得的，人们对于各种物理量只能制定出一些能够适应于实际需要而又稍高于实际需要的国际标准值作为测量仪表准确性的参考标准值。随着人类认识的不断改变和科技的不断发展，实验测量值将会越来越逼近绝对真值。

4. 误差的表示方法

利用任何量具或仪器进行测量时，总存在误差，测量结果不可能准确地等于被测量的真值，而只是它的近似值。测量误差的高低以测量的精确度作为衡量的指标，根据测量误差的大小来计算测量的精确度。测量结果的误差越小，则认为测量的精确度就越高。

（1）绝对误差。测量值 X 和真值 A_0 之差为绝对误差，用 D 来表示，也可称为误差：

$$D = X - A_0 \qquad (1-5)$$

由于真值 A_0 一般无法获得，因而上式只有理论意义，常用高一级标准仪器的测试值 A 来代替真值 A_0。由于高一级标准仪器存在较小的误差，因而 A 不等于 A_0，但总比 X 更接近于 A_0。X 与 A 之差称为测量值绝对误差，用 d 来表示：

$$d = X - A \qquad (1-6)$$

与 d 相反的数称为修正值，可用下式表示：

$$C = -d = A - X \qquad (1-7)$$

通过检定，可以由高一级标准仪器给出被检仪器的修正值 C。利用修正值便可以求出该仪器的实际值 A，即

$$A = X + C \qquad (1-8)$$

（2）相对误差。测量值的绝对误差 d 与该测量值的实际值 A 的百分比值称为测量值的相对误差。一般用相对误差来衡量测量值的准确程度，用 δ_A 表示，即

$$\delta_A = \frac{d}{A} \times 100\% \qquad (1-9)$$

以仪器的示值 X 代替实际值 A 的相对误差称为示值相对误差，记为 δ_X，即

$$\delta_X = \frac{d}{X} \times 100\% \qquad (1-10)$$

一般来说，除了某些理论分析外，用示值相对误差较为适宜。

（3）引用误差。为了计算和划分仪器仪表的精确度等级，提出了引用误差的概念，其定义为仪器仪表示值的绝对误差与量程范围之比的百分数，用 δ_A 表示，即

$$\delta_A = \frac{示值绝对误差}{量程范围} \times 100\% = \frac{d}{X_n} \times 100\% \qquad (1-11)$$

式中，d 为示值绝对误差，X_n 为仪器仪表的量程范围。

（4）算术平均误差。算术平均误差是各个测量点的误差的平均值，用 δ_Ψ 来表示，即

$$\delta_\Psi = \frac{\sum |d_i|}{n} \quad (i = 1, 2, \cdots, n) \qquad (1-12)$$

式中，n 为测量次数，d_i 为第 i 次测量的误差。

（5）标准误差。标准误差亦称为均方根误差，用 σ 来表示：

$$\sigma = \sqrt{\frac{\sum d_i^2}{n}} \quad (i = 1, 2, \cdots, n) \qquad (1-13)$$

式（1-13）主要用于无限测量的场合，实际测量中，测量次数是有限的，则修改为

$$\sigma = \sqrt{\frac{\sum d_i^2}{n-1}} \quad (i = 1, 2, \cdots, n) \tag{1-14}$$

标准误差 σ 不是一个具体的误差，σ 的大小只说明在一定条件下等精度测量集合所属的每一个观测值对其算术平均值的分散程度。σ 的值愈小，说明每一次测量值对其算术平均值分散度愈小，测量的精度愈高，反之精度愈低。

在一些原理实验中，最常用的 U 形管压差计、转子流量计、秒表、量筒、电压表等仪器仪表原则上均取其最小刻度值为最大误差，而取其最小刻度值的一半作为绝对误差计算值。

5. 测量仪器仪表的精确度

测量仪器仪表的精确度等级是用最大引用误差（又称允许误差）来标明的（精确度也称为精度）。它等于仪器仪表表示值中的最大绝对误差与仪器仪表的量程范围之比的百分数：

$$\delta_{nmax} = \frac{最大示值绝对误差}{量程范围} \times 100\% = \frac{d_{max}}{X_n} \times 100\% \tag{1-15}$$

式中，δ_{nmax} 为仪器仪表的最大测量引用误差，d_{max} 为仪器仪表示值的最大绝对误差，X_n 为仪器仪表的量程范围。通常情况下是用标准仪表校验较低级的仪表。所以，最大示值绝对误差就是被校表与标准表之间的最大绝对误差。测量仪表的精度等级是国家统一规定的，把允许误差中的百分号去掉，剩下的数字就称为仪表的精度等级。仪表的精度等级常以圆圈内的数字标明在仪表的面板上。例如某台压力计的允许误差为 1.5%，这台压力计电工仪表的精度等级就是 1.5，通常简称 1.5 级仪表。仪表的精度等级为 a，表明仪器仪表在正常工作条件下，其最大引用误差的绝对值 δ_{nmax} 不能超过的界限，即

$$\delta_{nmax} = \frac{d_{max}}{X_n} \times 100\% \leqslant a\% \tag{1-16}$$

由式（1-16）可知，在应用仪器仪表进行测量时所能产生的最大绝对误差（简称误差限）可表示为

$$d_{max} \leqslant a\% \cdot X_n \tag{1-17}$$

而用仪器仪表测量的最大值的相对误差可表示为

$$\delta_{nmax} = \frac{d_{max}}{X_n} \leqslant a\% \cdot \frac{X_n}{X} \tag{1-18}$$

由式（1-18）可以看出，所使用仪器仪表测量某一被测量值所能产生的最大示值相对误差不会超过该仪器仪表允许误差 $a\%$ 乘以仪表测量上限 X_n 与测量值 X 的比。在实际测量中，为可靠起见，可用下式对仪器仪表的测量误差进行估计：

$$\delta_m = a\% \cdot \frac{X_n}{X} \tag{1-19}$$

【例 1】 用量限为 5 A、精度为 0.5 级的电流表，分别测量两个电流，$I_1 = 5$ A，$I_2 = 2.5$ A，试求测量 I_1 和 I_2 的相对误差为多少？

解
$$\delta_{n1} = a\% \times \frac{I_n}{I_1} = 0.5\% \times \frac{5}{5} = 0.5\%$$

$$\delta_{n2} = a\% \times \frac{I_n}{I_2} = 0.5\% \times \frac{5}{2.5} = 1.0\%$$

由此可见，当仪器仪表的精度等级选定时，所选仪表的测量上限越接近被测量的值，则测量误差的绝对值越小。

【例 2】　欲测量约 90 V 的电压，实验室现有 0.5 级 0～300 V 和 1.0 级 0～100 V 的电压表。问选用哪一种电压表进行测量精度更高？

解　用 0.5 级 0～300 V 的电压表测量 90 V 电压的相对误差为

$$\delta_{n0.5} = a_1\% \times \frac{U_n}{U} = 0.5\% \times \frac{300}{90} = 1.7\%$$

用 1.0 级 0～100 V 的电压表测量 90 V 电压的相对误差为

$$\delta_{n1.0} = a_2\% \times \frac{U_n}{U} = 1.0\% \times \frac{100}{90} = 1.1\%$$

上例说明，如果选择得当，用量程范围适当的 1.0 级的仪器仪表进行测量，也能得到比用量程范围大的 0.5 级仪器仪表更准确的结果。因此，在选用仪器仪表时，应根据被测量值的大小，在满足被测量数值范围的前提下，尽可能选择量程小的仪器仪表，并使测量值大于所选仪器仪表满刻度的 2/3，即 $X > X_n \cdot \dfrac{2}{3}$。这样既可以满足测量误差要求，又可以选择精度等级较低的测量仪器仪表，从而降低测量成本。

1.3.4　有效数字及其运算规则

在机电工程中，应该用几位有效数字来表示测量或计算结果，即以一定位数的数字来表示，而不是说一个数值中小数点后面位数越多越准确。实验中从测量仪表上所读取的数值小数点以后的位数是有限的，取决于测量仪表的精度，其最后一位数字往往是仪表精度所决定的估计数字，即一般应读到测量仪表最小刻度的 1/10 位。数值准确度大小由有效数字位数来决定。

1. 有效数字

一个数据，其中除了起定位作用的"0"和定值作用的"."外，其他数都是有效数字。如 0.0037 只有两位有效数字，而 370.0 则有四位有效数字。一般要求测试数据的有效数字为 4 位。注意有效数字不一定都是可靠数字。如测流体阻力所用的 U 形管压差计，最小刻度是 1 mm，但我们可以读到 0.1 mm，如 342.4 mmHg；又如二等标准温度计的最小刻度为 0.1℃，我们可以读到 0.01℃，如 15.16℃。此时有效数字为 4 位，而可靠数字只有三位，最后一位是不可靠的，称为估读数字。记录测量数值时只保留一位估读数字。

为了清楚地表示数值的精度，明确读出有效数字位数，常用指数的形式表示，即写成一个小数与相应 10 的整数幂的乘积。这种以 10 的整数幂来记数的方法称为科学记数法。

如 75 200，有效数字为 4 位时，记为 7.520×10^4；有效数字为 3 位时，记为 7.52×10^4；有效数字为 2 位时，记为 7.5×10^4。

又如 0.00 478，有效数字为 4 位时，记为 4.780×10^{-3}；有效数字为 3 位时，记为 4.78×10^{-3}；有效数字为 2 位时，记为 4.7×10^{-3}。

2. 有效数字运算规则

(1) 估读位。记录测量数值时，只保留一位估读数字。

(2) 四舍六入法。当有效数字位数确定后，其余数字一律舍弃。舍弃办法是四舍六入，即末位有效数字后边第一位小于 5 则舍弃不计；大于 5 则在前一位数上增 1；等于 5 时，前一位为奇数则进 1 为偶数，前一位为偶数则舍弃不计。这种四舍六入的原则可简述为"小则舍，大则入，5 后奇入奇变偶，5 后偶舍偶不变"。如：保留 4 位有效数字：3.717 29 →

3.717；5.142 85→5.143；7.623 56→7.624；9.376 56→9.376。

（3）加减运算法则。在加减计算中，各数所保留的位数，应与各数中小数点后位数最少的相同。例如，将 24.65、0.0082、1.632 三个数字相加时，应写为：24.65＋0.01＋1.63＝26.29。

（4）乘除运算法则。在乘除运算中，各数所保留的位数，以各数中有效数字位数最少的那个数为准，其结果的有效数字位数亦应与原来各数中有效数字最少的那个数相同。例如：将 0.0121、25.64、1.057 82 三个数相乘时，应写成 0.01×25.64×1.06＝0.27。

（5）对数运算法则。在对数计算中，所取对数位数应与真数有效数字位数相同。

3. 误差的基本性质

在电路、信号与系统原理实验中通常直接测量或间接测量得到相关的参数的测量数据，这些测量数据的可靠程度又如何？其可靠性如何提高？又如何反馈给电路或系统进行补偿和修正？这些问题是电路、信号与系统研究中所必须解决的关键问题。因此，必须研究在给定条件下误差的基本性质和变化规律。

1）误差的正态分布特征

如果测量数据中不包括系统误差和过失误差，则从大量的实验中发现偶然误差的大小有如下几个特征：

（1）测量值中绝对值小的误差比绝对值大的误差出现的机会多，即误差的概率与误差的大小有关，这就是误差的单峰性。

（2）测量值中绝对值相等的正误差或负误差出现的次数相当，即误差的概率相同，这就是误差的对称性。

（3）测量值中极大的正误差或负误差出现的概率均非常小，即较大的误差一般不会出现，这是误差的有界性。

（4）随着测量次数的增加，偶然误差的算术平均值趋近于零，这就是误差的抵偿性。

根据上述的误差分布特征，可拟合出误差出现的概率分布图，如图 1－8 所示。图中横坐标表示偶然误差，纵坐标表示各种误差出现的概率，图中的曲线称为误差分布曲线，以函数 $y＝f(x)$ 表示。其数学表达式由高斯提出，具体形式为

$$y=\frac{1}{\sqrt{2\pi}\,\sigma}e^{-\frac{x^2}{2\sigma^2}} \tag{1-20}$$

或

$$y=\frac{h}{\sqrt{\pi}}e^{-h^2x^2} \tag{1-21}$$

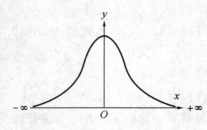

图 1－8　误差出现的概率分布图

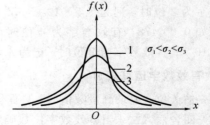

图 1－9　不同 σ 的误差分布曲线

式（1－21）称为高斯误差分布定律，亦称为误差方程。式中，σ 为标准误差，h 为精确度指数，σ 和 h 的关系为

$$h = \frac{1}{\sqrt{2}\,\sigma} \qquad\qquad (1-22)$$

若误差按式(1-20)或式(1-21)的函数关系分布,则称为正态分布。σ 越小,测量精度越高,分布曲线越陡峭;σ 越大,测量精度越低,分布曲线则越平坦,如图 1-9 所示。由此可知,σ 越小,小误差占的比重越大,测量精度越高;反之,则大误差占的比重越大,测量精度越低。

2) 测量集合的最佳值

在测量精度相同的情况下,测量一系列被测值 M_1,M_2,M_3,$\cdots$,M_n 所组成的测量集合,假设其平均值为 M_m,则各次测量误差为

$$x_i = M_i - M_m \ (\ i = 1,\ 2,\ \cdots,\ n)$$

当采用不同的方法计算平均值时,所得到的误差值不同,误差出现的概率亦不同。若选取适当的计算方法,使误差最小,而概率最大,则由此计算的平均值为最佳值。根据高斯分布定律,只有各点误差平方和最小,才能实现概率最大。这就是最小乘法值。由此可见,对于一组精度相同的观测值,采用算术平均得到的值是该组观测值的最佳值。

3) 有限测量次数中标准误差 σ 的计算

由误差基本概念知,误差是测量值和真值之差。在没有系统误差存在的情况下,以无限多次测量所得到的算术平均值为真值。当测量次数为有限时,所得到的算术平均值近似于真值,称为最佳值。因此,测量值与真值之差不同于测量值与最佳值之差。令真值为 A,计算平均值为 a,观测值为 M,并令 $d = M - a$,$D = M - A$,则

$$d_1 = M_1 - a,\ D_1 = M_1 - A$$
$$d_2 = M_2 - a,\ D_2 = M_2 - A$$
$$\vdots$$
$$d_n = M_n - a,\ D_n = M_n - A$$
$$\sum d_i = \sum M_i - na,\ \sum D_i = \sum M_i - nA$$

因为 $\sum M_i - na = 0$,$\sum M_i = na$,代入 $\sum D_i = \sum M_i - nA$ 中,即得

$$a = A + \frac{\sum D_i}{n} \qquad\qquad (1-23)$$

将式(1-23)代入 $d_n = M_n - a$ 中,得

$$d_i = M_i - A - \frac{\sum D_i}{n} = D_i - \frac{\sum D_i}{n} \qquad\qquad (1-24)$$

将式(1-24)两边各平方,得

$$d_1^2 = D_1^2 - 2D_1 \frac{\sum D_i}{n} + \left(\frac{\sum D_i}{n}\right)^2$$

$$d_2^2 = D_2^2 - 2D_2 \frac{\sum D_i}{n} + \left(\frac{\sum D_i}{n}\right)^2$$

$$\vdots$$

$$d_n^2 = D_n^2 - 2D_n \frac{\sum D_i}{n} + \left(\frac{\sum D_i}{n}\right)^2$$

再对 i 求和,得

$$\sum d_i^2 = \sum D_i^2 - 2\frac{\left(\sum D_i\right)^2}{n} + n\left[\frac{\sum D_i}{n}\right]^2$$

因为在测量中正负误差出现的机会相等，因此将$\left(\sum D_i\right)^2$展开后，D_1，D_2，D_3，…，D_i中为正为负的数目相等，彼此相抵消，故得

$$\sum d_i^2 = \sum D_i^2 - 2\frac{\sum D_i^2}{n} + n\frac{\sum D_i^2}{n^2}$$

$$\sum d_i^2 = \frac{n-1}{n}\sum D_i^2$$

从上式可以看出，在有限测量次数中，采用测量值的算数平均值计算的误差平方和永远小于采样测量值的真值计算的误差平方和。根据标准误差的定义$\sigma = \sqrt{\dfrac{\sum D_i^2}{n}}$（$\sum D_i^2$代表测量次数为无限多时误差的平方和），便可得到当测量次数为有限时的误差定义式为

$$\sigma = \sqrt{\frac{\sum d_i^2}{n-1}} \tag{1-25}$$

4. 可疑测量值的取舍

由概率积分理论可知，随机误差正态分布曲线下的全部积分，相当于全部误差同时出现的概率，即

$$p = \frac{1}{\sqrt{2\pi}\,\sigma}\int_{-\infty}^{\infty} e^{-\frac{x^2}{2\sigma^2}}\,dx = 1 \tag{1-26}$$

若误差x以标准误差σ的倍数表示，即$x = t\sigma$，则在$\pm t\sigma$范围内出现的概率为$2\Phi(t)$，超出这个范围的概率为$1 - 2\Phi(t)$。$\Phi(t)$称为概率函数，可表示为

$$\Phi(t) = \frac{1}{\sqrt{2\pi}}\int_0^t e^{-\frac{t^2}{2}}\,dt \tag{1-27}$$

$2\Phi(t)$与t的对应值在数学手册或专著中均附有此类积分表，读者需要时可自行检索。在使用积分表时，需已知t值。由表1-2和图1-10给出了几个典型及其相应的超出或不超出$|x|$的概率。由表1-2知，当$t = 3$，$|x| = 3\sigma$时，在370次观测中只有1次测量的误差超过3σ范围。在有限次的观测中，一般测量次数不超过10次，可以认为误差大于3σ，可能是由于过失误差或实验条件变化未被发觉等原因引起的。因此，凡是误差大于3σ的数据点予以舍弃。这种判断可疑实验数据的原则称为3σ准则。

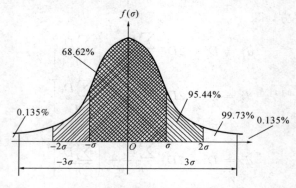

图1-10 误差分布曲线的积分

表 1－2　误差概率和出现次数

t	$\|x\|=t\sigma$	不超出 $\|x\|$ 的概率 $2\Phi(t)$	超出 $\|x\|$ 的概率 $1-2\Phi(t)$	测量次数 n	超出 $\|x\|$ 的测量次数
0.67	0.67σ	0.497 14	0.502 86	2	1
1	1σ	0.682 69	0.317 31	3	1
2	2σ	0.954 50	0.045 50	22	1
3	3σ	0.997 30	0.002 70	370	1
4	4σ	0.999 91	0.000 09	11 111	1

5. 函数误差

上述主要讨论了直接测量的误差计算问题，但在许多场合下，往往涉及必须通过间接测量的途径才能得到所要的测量值。所谓间接测量，就是不直接测量所要测知的量，而是通过其与直接测量量之间的函数关系计算出或归纳出所要测量值。如电路中测量电流 I 的问题，通常都是通过测量电压 U 和电阻 R，然后依据函数关系 $I=\dfrac{U}{R}$ 来得到的。因此，间接测量值就是直接测量得到的各个测量值的函数，其测量误差是各个测量值误差的函数。

1）函数误差的一般形式

在间接测量中，一般为多元函数，而多元函数可表示为

$$y=f(x_1,x_2,x_3,\cdots,x_n) \tag{1-28}$$

式中，y 为间接测量值也就是所要求的值，x_n 为直接测量值，也就是为了得到测量值所通过的间接量。将式(1-28)由台劳级数展开，得

$$\Delta y=\frac{\partial f}{\partial x_1}\Delta x_1+\frac{\partial f}{\partial x_2}\Delta x_2+\cdots+\frac{\partial f}{\partial x_n}\Delta x_n \text{ 或 } \Delta y=\sum_{i=1}^{n}\frac{\partial f}{\partial x_i}\Delta x_i \tag{1-29}$$

它的最大绝对误差为

$$\Delta y=\left|\sum_{i=1}^{n}\frac{\partial f}{\partial x_i}\Delta x_i\right| \tag{1-30}$$

式中，$\partial f/\partial x_i$ 为误差传递系数，Δx_i 为直接测量值的误差，Δy 为间接测量值的最大绝对误差。故得到函数的相对误差 δ 为

$$\delta=\frac{\Delta y}{y}=\frac{\partial f}{\partial x_1}\frac{\Delta x_1}{y}+\frac{\partial f}{\partial x_2}\frac{\Delta x_2}{y}+\cdots+\frac{\partial f}{\partial x_n}\frac{\Delta x_n}{y}=\frac{\partial f}{\partial x_1}\delta_1+\frac{\partial f}{\partial x_2}\delta_2+\cdots+\frac{\partial f}{\partial x_n}\delta_n \tag{1-31}$$

2）某些函数误差的计算

(1) 函数 $y=x\pm z$ 绝对误差和相对误差的计算。由于误差传递系数 $\dfrac{\partial f}{\partial x}=1,\dfrac{\partial f}{\partial z}=\pm1$，则函数的最大绝对误差为

$$\Delta y=\pm(|\Delta x|+|\Delta z|) \tag{1-32}$$

函数的相对误差为

$$\delta_r = \frac{\Delta y}{y} = \pm \frac{|\Delta x| + |\Delta z|}{x + z} \qquad (1-33)$$

（2）函数形式为 $y = K\dfrac{xz}{w}$ 绝对误差和相对误差的计算。函数形式为 $y = K\dfrac{xz}{w}$，x、z、w 为变量，误差传递系数为

$$\frac{\partial y}{\partial x} = \frac{Kz}{w}, \quad \frac{\partial y}{\partial z} = \frac{Kx}{w}, \quad \frac{\partial y}{\partial w} = -\frac{Kxz}{w^2}$$

函数的最大绝对误差为

$$\Delta y = \left| \frac{Kz}{w}\Delta x \right| + \left| \frac{Kx}{w}\Delta z \right| + \left| \frac{Kxz}{w^2}\Delta w \right| \qquad (1-34)$$

函数的最大相对误差为

$$\delta_r = \frac{\Delta y}{y} = \left| \frac{\Delta x}{x} \right| + \left| \frac{\Delta z}{z} \right| + \left| \frac{\Delta w}{w} \right| \qquad (1-35)$$

现将某些常用函数的最大绝对误差和相对误差列于表 1-3 中，可供读者参考或查阅。

表 1-3　某些函数的误差传递公式

函数式	误差传递公式	
	最大绝对误差 Δy	最大相对误差 δ_r
$y = x_1 + x_2 + x_3$	$\Delta y = \pm(|\Delta x_1| + |\Delta x_2| + |\Delta x_3|)$	$\delta_r = \Delta y / y$
$y = x_1 + x_2$	$\Delta y = \pm(|\Delta x_1| + |\Delta x_2|)$	$\delta_r = \Delta y / y$
$y = x_1 x_2$	$\Delta y = \pm(|x_1\Delta x_2| + |x_2\Delta x_1|)$	$\delta_r = \pm\left(\left|\dfrac{\Delta x_1}{x_1} + \dfrac{\Delta x_2}{x_2}\right|\right)$
$y = x_1 x_2 x_3$	$\Delta y = \pm(|x_1 x_2\Delta x_3| + |x_1 x_3\Delta x_2| + |x_2 x_3\Delta x_1|)$	$\delta_r = \pm\left(\left|\dfrac{\Delta x_1}{x_1} + \dfrac{\Delta x_2}{x_2} + \dfrac{\Delta x_3}{x_3}\right|\right)$
$y = x^n$	$\Delta y = \pm(nx^{n-1}\Delta x)$	$\delta_r = \pm\left(n\left|\dfrac{\Delta x}{x}\right|\right)$
$y = \sqrt[n]{x}$	$\Delta y = \pm(\frac{1}{n}x^{\frac{1}{n}-1}\Delta x)$	$\delta_r = \pm\left(\dfrac{1}{n}\left|\dfrac{\Delta x}{x}\right|\right)$
$y = x_1 / x_2$	$\Delta y = \pm\left(\dfrac{x_2\Delta x_1 + x_1\Delta x_2}{x_2^2}\right)$	$\delta_r = \pm\left(\left|\dfrac{\Delta x_1}{x_1} + \dfrac{\Delta x_2}{x_2}\right|\right)$
$y = cx$	$\Delta y = \pm|c\Delta x|$	$\delta_r = \pm\left(\left|\dfrac{\Delta x}{x}\right|\right)$
$y = \lg x$	$\Delta y = \pm\left|0.4343\dfrac{\Delta x}{x}\right|$	$\delta_r = \Delta y / y$
$y = \ln x$	$\Delta y = \pm\left|\dfrac{\Delta x}{x}\right|$	$\delta_r = \Delta y / y$

第 2 章　电源基础知识

2.1　接 地 技 术

　　一个系统电源部分均为最基础的电路单元，在电源单元电路中，一般都是输入工频整流、滤波和功率变换部分共用一个地，二次整流、滤波、电压取样和负载电路共用一个地。也就是功率开关变压器的初级以前的电路部分为一个地，次级以后的电路部分为一个地。这两个地是相互独立的，它们之间通过功率开关变压器进行能量交换、信号传输和耦合。而反馈控制信号可通过光电耦合器或变压器把过压、过流和欠压等取样信号耦合给控制、保护和驱动电路，最后实现控制和各种保护功能。但在某些电源单元电路中，设计者又将它们合为一个地。因此，电源单元电路中输入工频电路部分与负载电路部分不共地的问题，虽然给减小电源单元电路的噪声和降低电源单元电路对工频电网的干扰及影响方面带来了一定的好处，但是却给调试安装和使用维修人员带来了不可忽视的人身触电危险和增加了烧坏测量并调试所用仪器仪表的有害因素。因此，在实际应用中一定要想方设法利用和发挥电源单元电路有利的长处和优点，避开和克服其有害的短处和缺点，使其安全可靠地工作。

　　电源单元电路的使用者通常都希望输出地电位端与电源机壳隔离，而电源单元电路技术和产品的研究以及设计人员通常都是采用在电源单元电路系统外的某一处将输出地电位端与机壳进行只有单点的直接连接。电源单元电路的直接使用者们一直都认为，将输出接地端同电源单元电路的机壳进行单点连接后，就能够更好地控制接地回路的各个电流环流，从而使输出接地端的杂波和噪声电压的幅值降低到最小的程度。但是，通常电源单元电路的输出接地端同机壳公共连接的单端接点是在电源本身的外面输出引出线的末端处，这就导致了稳压电源输出端同机壳或机壳接地点的直流和交流阻抗均不为零。此外，由于这些引线不但长而且线间的距离也不规则，所以交流阻抗就更显突出，交流尖峰噪声就会随之而产生。在大功率输出的情况下，这些问题就表现得更为明显。在电源单元电路中，通常会在开关功率管上出现尖峰噪声或变压器次级输出接地端和电源单元电路机壳间出现尖峰噪声电压。产生这些尖峰噪声电压的原因是在内部 PWM 发生器上始终跨接着一个电容性分压器，产生这个容性分压器的电容有：① 信号源至机壳之间的分布电容；② 机壳至输出接地端之间的分布电容；③ 输出端接地点到信号源另一端之间的分布电容；④ 功率开关变压器初级单元电路与次级单元电路交叉引线之间的分布电容；⑤ 取样电路与 PWM 电路布线之间的分布电容。这些分布电容将会引起电源单元电路输出端与机壳接地端之间产生较大的尖峰方波噪声，要想减小这些分布电容的分量，从而达到降低电源单元电路输出端与机壳接地端之间的尖峰方波噪声的目的，必须从以下三个方面采取措施。

2.1.1　接地措施

在电源单元电路的电路设计和实际调试过程中，应尽量使输出端和输入端中的接地端子与机壳或与机壳的接地点之间的直流阻抗和交流阻抗都等于零。

2.1.2　布线措施

稳压电源电路一旦设计定型后，在进行 PCB 的设计和布线的过程中，应尽量避免功率开关变压器的初级单元回路与次级单元回路有交叉线条出现，控制和保护电路的取样电路、驱动器中的 PWM 电路也应尽量避免有交叉线条出现，并且这两个回路所围成的面积越小越好，电路中磁性元件的磁场方向应相互垂直，滤波和耦合电路中的电解电容器应远离热源，初次级之间的隔离距离应满足整机电源对隔离度的要求。有关 PCB 的接地布线原则在以后的实际电源单元电路设计中还将进一步讲述。

2.1.3　电源单元电路与负载电路系统的连接措施

一旦电源单元电路及 PCB 均已设计定型完毕，为了避免把电源单元电路输出端已经被减小到最小值的尖峰方波噪声或谐波噪声再引入负载电路系统，一般都采用图 2-1 所示的连接方法把电源单元电路与负载电路系统连接起来。也就是在电源单元电路的输出端与接地端之间跨接一个串联等效电阻和串联等效电感都很小的无极性滤波电容，容量范围为 $0.1 \sim 0.47\ \mu\mathrm{F}$。在负载电路系统的引入端与负载电路系统的接地端之间除了要跨接一个串联等效电阻和无极性滤波电容（容量范围为 $0.1 \sim 0.47\ \mu\mathrm{F}$）以外，还要并联一个 $10\ \mu\mathrm{F}$ 的电解电容进行滤波。这样不但可以将电源单元电路输出端的尖峰方波噪声或谐波噪声滤除掉，而且还可以将由于连接线过长而感应的环境杂散电磁波噪声滤除掉。

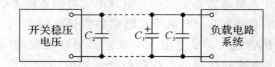

图 2-1　电源单元电路与负载电路系统的连接图

如果不采取这些措施降低那些尖峰方波噪声和所感应的环境噪声，就会使负载电路系统中的高增益放大器和 5V TTL 逻辑电路的正常工作出现问题，使整机系统工作不正常。这些噪声信号从公共接地点的输出接地线上传输到电源单元电路机壳上，从而使输出接地母线不同的点上出现的噪声信号的相位和电位各不相同。因此，输出接地母线上相隔一定距离的两点之间就会出现一个噪声电压。如果这两点分别位于接收放大器的输入端和发射机的输出端，则这个接地母线上的噪声电压将与发射机输出电压混合而被发射出去。如果有高增益放大器或计算机数字逻辑电路存在，就会使输出结果出现错误，造成整机工作不正常。通常这个噪声电压信号是以电源单元电路内部电路本身产生的方波信号的前沿和后沿上所出现的尖峰或高频阻尼振荡波形的形式出现的。噪声电压信号的幅度和持续时间的长短取决于公共接地点与电源单元电路机壳之间引线所导致的电感值的大小。如果电源单元电路的接地点不与机壳连接，输出接地点与电源单元电路机壳之间的噪声就有可能为方波。在电源单元电路的总接地端和电源单元电路机壳之间接入一个串联等效电阻和串联等效电感都很小的无极性滤波电容，容量范围为 $0.01 \sim 0.068$ μF，这是非常必要的。如果不采取接入一个高频小容量电容的方式，则电源单元电路输出电压的接点与接地点之间的纹波和杂波噪声会对负载电路系统造成不可忽视的干扰和影响。

2.2 耦 合 技 术

在讲述、分析和讨论接地问题时，曾提到了在电源单元电路中，从功率开关变压器算起以初级电路以前的部分为一个公共接地单元，以次级电路以后的部分为一个接地单元。电源单元电路要保证能够安全可靠、稳定正常地工作，还必须加上控制电路、驱动电路、保护电路、取样比较放大电路等。这些电路的目的是要将功率开关变压器次级以后电路的输出电压和电流的不稳定因素经取样放大、比较和整形后形成一个反馈信号，输送给控制电路和保护电路，使其激励和控制驱动电路输出的 PWM 信号的脉冲宽度或频率，以及使驱动电路能够及时地控制开关功率管的工作状态。此外，在有些电源单元电路中，把输出过流、过压、欠压和过温度等保护功能都综合为控制驱动电路输出的 PWM 信号的脉宽或频率。

电源单元电路中的功率开关变压器的初级单元电路和次级单元电路要通过以上环节构成一个反馈闭环控制回路，在对电源单元电路实现稳压、控制和保护的过程中，就出现了这两个不共地的独立单元如何隔离、如何耦合的问题。在解决既要隔离又要耦合问题的过程中，就出现了各种各样不同类型的耦合技术。

2.2.1 光电耦合技术

在讲述这种耦合技术之前，先来看一下光电耦合器的特性。光电耦合器中的光电三极管（又称光敏三极管）的内部结构和特性曲线如图 2-2 所示。从其特性曲线中可以看出，当发光二极管两端所加的电压达到 U_{ps} 时，通过光电接收管中的电流便可达到最大值 I_{pm}。因此当加在发光二极管两端的电压信号在 $U_o \sim U_{ps}$ 发生变化时，光电接收管中流过的电流就会从 $0 \sim I_{pm}$ 近似于成正比关系变化。

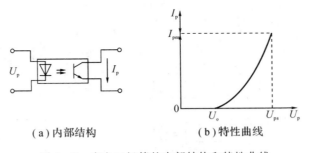

（a）内部结构　　　　　（b）特性曲线

图 2-2　光电三极管的内部结构和特性曲线

图 2-3 所示的电路是一个为了提高电源单元电路稳定度而采取的由一组光电耦合器构成的反馈闭环控制回路的完整电源电路。该电路的工作原理为，当输出电压升高时，流过光电耦合器中发光二极管的电流就会增加，因而发出的光强度也会相应地增加，使光电耦合器中光电接收器的电流随之增加，最后就会导致光电三极管的集电极电流增加，开关功率管 V 基极的电流随之下降，这样就缩短了开关功率管 V 的导通时间，使输出电压降低，实现了稳定输出电压的目的。

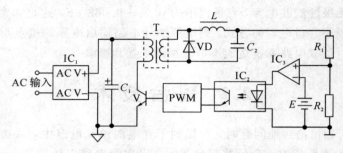

图 2-3 具有一路光电耦合器的电源单元电路

图 2-4 所示的电路是一个为了提高电源单元电路稳定度而采取的由两组光电耦合器构成的反馈闭环控制回路的完整电源电路。由于该电路的负载是一个具有冷态电阻特别小的灯丝的溴钨灯供电电源，因此具有特殊的要求。其中光电耦合器 IC_2 主要是把经放大器 IC_4 放大了的输出过流信号耦合给控制和驱动电路，从而关断开关功率管的工作状态，最后实现过流保护的目的。光电耦合器 IC_3 主要是把经放大器 IC_5 放大了的输出过压和欠压信号耦合给控制和驱动电路，使控制和驱动电路输出给开关功率管 V 的 PWM 驱动信号的脉冲宽度或频率随着输出过压和欠压信号的幅度成反比关系变化，也就是输出电压过高时，通过耦合和控制以后控制和驱动电路输出给开关功率管 V 的 PWM 驱动信号的脉冲宽度变窄或频率变低，从而使开关功率管 V 的工作状态发生变化，最后实现了稳定电源输出电压的目的。另外，该电源单元电路的过压和欠压保护也是通过光电耦合器 IC_3 这一路来实现的。也就是当过压和欠压值超限时，光电耦合器 IC_3 所耦合给控制和驱动电路的信号就会将输出给开关功率管 V 的 PWM 驱动信号的脉冲宽度和频率降至零，使开关功率管 V 停止工作，最后同样实现了过压和欠压保护功能。

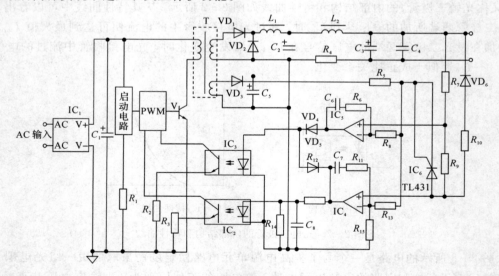

图 2-4 具有两路光电耦合器的电源单元电路

2.2.2 变压器磁耦合技术

与光电耦合技术相比较，变压器磁耦合技术的优点是可以采用单独的磁耦合变压器来实现，也可以采用与功率开关变压器加工在一起的混合方法来实现，而且不需要像光电耦合电路那样要另设供电电源。它的电路形式比较灵活，电路可以自行设计。其缺点是加工起来比较麻烦，一致性较差，体积和重量较大。下面通过几个实际应用电路对各种不同的变压器磁耦合技术加以说明和分析。

图 2-5 所示的电路是一个不用光电耦合技术进行耦合和隔离，而采用变压器磁耦合技术来实现传输和耦合反馈控制信号的电源单元电路的原理图。当稳压电源的输出端电压恒定不变时，PWM 电路就将 PWM 驱动信号输送给控制晶体管 V_2 的基极，晶体管 V_2 将其放大到具有一定的驱动功率后通过变压器 T_2 耦合给开关功率管 V_1 的基极，驱动器正常工作。一旦输出端的输出电压所出现的波动或不稳定值（过压或欠压）超出所要求的额定值时，取样、比较、控制等反馈电路就会将其取出进行处理后输送给 PWM 电路，PWM 电路就会输出一个脉冲宽度或脉冲频率与反馈控制信号成反比关系的 PWM 驱动信号，该信号通过 V_2 放大后再通过变压器 T_2 耦合给开关功率管 V_1 的基极，使其工作的脉冲宽度或脉冲频率发生变化，最后实现了稳定电源单元电路输出电压和各种保护的目的。

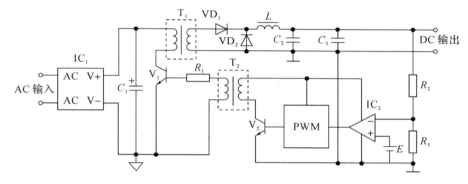

图 2-5 使用一个单独变压器进行耦合的电源单元电路

图 2-6 所示的电路为既有单独的耦合变压器，又在功率开关变压器中增加了一个副激励绕组的电源单元电路。当启动电路将开关功率管 V_1 启动后，在功率开关变压器中就有一个电流流过，这样就会在副激励绕组中感应出一个电压，这个电压就会在耦合变压器的初级绕组之一 T_2 的 4 端中感应出一个电流，与此同时在耦合变压器的初级绕组之一 T_2 的 1

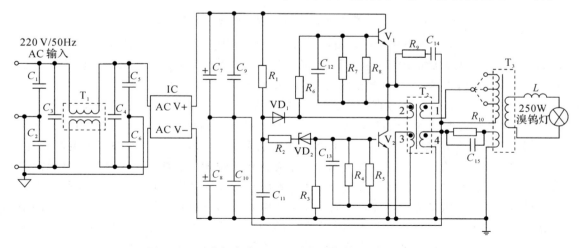

图 2-6 具有耦合变压器和副激励绕组的电源单元电路

端中也同样感应出一个电流,这两个电流的相位是相同的。通过变压器的耦合作用,在开关功率管 V_1 的基极就会产生一个反偏压,使其截止。与此同时,在开关功率管 V_2 的基极就会产生一个正偏压,使其导通。这样就形成了一个完整的功率周期。另外,过流和过压信号也是通过功率开关变压器中的副激励绕组感应出来以后又通过耦合变压器 T_2 耦合到两个开关功率管 V_1 和 V_2 的基极,使其停止工作,完成过流和过压的保护功能。

图 2-7(a)所示的电路是一个使用磁耦合技术的典型应用电路,它解决了电源单元电路加电启动的瞬间,次级控制电路的电源电压太低,达不到控制电路充分动作的电平而致使输出电压出现快速上冲的问题。图 2-7(b)所示的曲线为具有软启动电路和不具有软启动电路的电源单元电路输出电压波形。

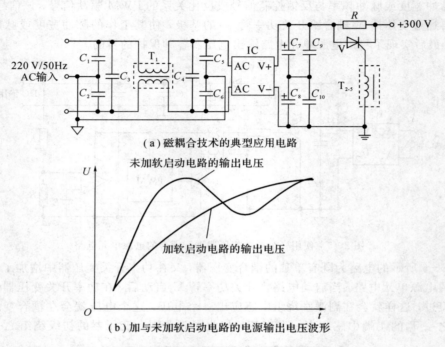

(a)磁耦合技术的典型应用电路

(b)加与未加软启动电路的电源输出电压波形

图 2-7　软启动电路和加与未加软启动电路的电源输出电压波形

在图 2-7(a)所示的电路中可以看出,软启动电路由一个单向晶闸管 V 和一个附加在磁耦合变压器中的副激励绕组 T_{2-5} 组成。结合图 2-6 所示的电路,其软启动的工作过程为:在开关功率管 V_2 导通、V_1 截止的同时,在磁耦合变压器的副激励绕组 T_{2-5} 中也会感应出一个电压信号,该电压信号直接被加到单向晶闸管 V 的控制端,使单向晶闸管 V 被触发而导通。当单向晶闸管 V 导通后,已经经过了 $t = R_5 \cdot C_9$ 这么长的时间,供电电源的输出电压都已完全建立并稳定。电源单元电路的输入端直接与 220 V/50 Hz 的市电电网相连,经过一次整流和一次滤波以后成为电源单元电路的供电电源。通常为了提高稳压电源的输出稳定度和转换效率,一般都是采用容量大、耐压高的高温度电解电容滤波。在稳压电源加电瞬间会产生很大的充电电流,再加上开关功率管的启动电流,就会导致加电瞬间的最大峰值电流可能为稳态电流的几十倍。这么大的冲击电流,就容易导致一次整流全桥的损坏和造成输入端的一次滤波电解电容的损伤,也会给市电电网中带来尖峰噪声干扰,使正弦波产生畸变,功率因数降低。因此,在电源单元电路中均加有软启动电路,特别是在大功率输出的电源单元电路或负载为具有灯丝的灯电源电路中，这一点尤为突出。

在图 2-8 所示的电源单元电路中，不但采取了单独的磁耦合变压器 T_2，而且主功率开关变压器中又增加了辅助的绕组 N_c。辅助绕组 N_c 将初级上升速率变化非常快的保护信号耦合给次级的保护电路，而次级输出端所加的取样电阻 R_1 和 R_2 将输出电压中的不稳定因素或过压、过流信号通过独立的耦合变压器 T_2 耦合到初级的 PWM 电路，用以控制开关功率管 V_1 的工作状态。这样交叉耦合、相互配合，使初、次级的保护电路不但减慢了电源单元电路输出电压的上升速率，而且也确保了电源单元电路能够稳定、安全、可靠地工作，同时又简化了电源单元电路的电路结构。

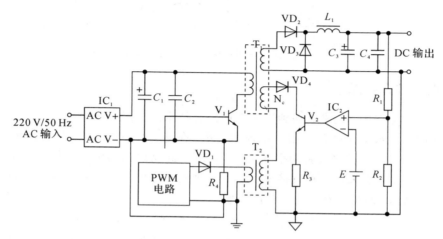

图 2-8　既有耦合变压器又有辅助绕组的电源单元电路

2.2.3　光电与磁混合耦合技术

在电源单元电路中，通过对应用光电耦合技术和变压器磁耦合技术的分析和讨论可以明显地看出，它们各自的特点如下：

（1）光电耦合技术。光电耦合器的优点是体积小，市场上就能直接购买到性能较好的产品，不需要重新设计和加工，体积和重量又非常小；缺点是驱动能力差，需要另设一组供电电源对信号进行再次放大和处理。

（2）变压器磁耦合技术。变压器磁耦合技术的优点是它既可以加工在主开关功率变压器中，又可以独立为一个单独的耦合变压器，同时也可以采用二者兼得的方法，因此它的加工成本低，形式灵活多样，不需要另设供电电源；缺点为市场上不会出现恰好符合设计者要求的现成产品，需要另外设计和加工，体积和重量也较大。

光电与磁混合耦合技术是分别取其各自的优点而构成的可靠、方便、有效的一种耦合技术。在图 2-9 所示的电源单元电路中，N_1 和 N_2 是加工在主功率开关变压器中的两个辅助绕组，从而构成磁耦合电路。将输入回路中主功率开关变压器的初级控制输出电压上升速率的快变化信号耦合给次级输出回路的控制电路，从而实现减慢输出电压上升速率的目的。另外这两个辅助绕组同时还起着为初级控制电路、PWM 电路和次级比较电路、控制电路产生辅助电源的作用。光电耦合器 IC_1 把输出端的过流、过压和欠压等不稳定因素通过比较放大器 IC_2 比较和放大后耦合给初级的控制电路、PWM 电路，从而控制和改变开关功率管的工作状态,最后实现电源单元电路稳定输出电压和各种保护功能的目的。

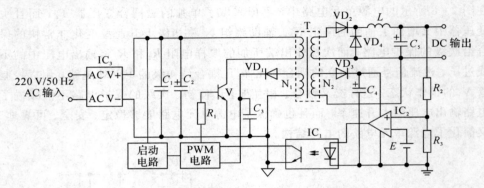

图 2-9　具有光电和磁混合耦合技术的电源单元电路

2.2.4　直接耦合技术

在电源单元电路中,经常会遇到采用直接耦合技术的情况,也就是功率开关变压器的初级单元电路与次级单元电路共用一个地。另外,在绝大部分的 DC-DC 变换器电路中,由于仅采用一个储能电感来代替功率开关变压器,因此反馈控制环路就只能采用直接耦合的方法来实现。设计者采用这种直接耦合的方法来构成电源单元电路,主要是为了降低成本,简化电路结构,减少电路中的元器件个数。

图 2-10 所示的电路是一个采用直接耦合技术的 DC-DC 变换器电路。电路中的取样电阻 R_1 和 R_2 将输出电压中的不稳定因素以及过压、过流和欠压信号取样到后直接馈送给 LM2576 的反馈控制端,使其控制和改变开关功率管 V 的工作状态,最后实现稳压和各种保护的目的。

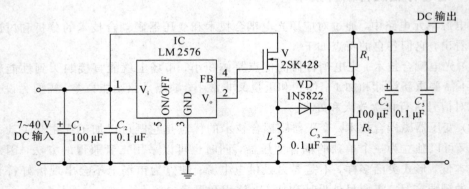

图 2-10　采用直接耦合技术的 DC-DC 变换器电路

图 2-11 所示的电路是一个采用直接耦合技术的多路输出的电源单元电路。电路中的取样电阻 R_1 和 R_2 将输出电压中的不稳定因素以及过压、过流和欠压信号取样到后送给比较放大器 IC_2,经过比较和放大后直接用以控制初级的 PWM 电路,最后实现稳压和各种保护的目的。

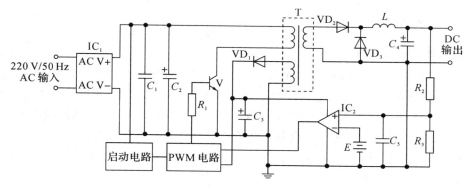

图 2-11　采用直接耦合技术的多路输出的电源单元电路

采用直接耦合技术的电源单元电路在 DC-DC 变换器电路中具有非常突出的优点，是一种不可缺少的反馈控制手段。而在电网电压输入并具有多路输出的电源单元电路中，直接耦合技术虽然具有电路结构简单、元器件少、成本低等优点，但是它却存在着下面几个致命的缺点：

（1）在同一个电网供电的情况下，不能直接使用检测和调试仪器仪表进行检测和调试，必须使用一个隔离变压器进行隔离后，才能使用这些检测和调试仪器仪表进行检测和调试，否则就会烧坏这些贵重的检测和调试仪器仪表。

（2）机壳有可能带电，存在容易造成人身触电的危险。

（3）干扰大，特别是对计算机系统或数字控制系统供电，容易造成计算机或数字控制电路死机和出错，甚至丢失数据和信息。

（4）在需要输出多路电源电压或者对于具有数字电路和模拟电路的负载系统来说，由于负载电路系统的特殊性和多路输出的特殊要求，在这些应用场合不能使用直接耦合技术，而必须使用功率开关变压器；必须使功率开关变压器的初级单元电路与次级单元电路隔离开，使其不能共地；必须使用由光电耦合、磁耦合或混合耦合技术构成的反馈控制回路。

2.3　屏蔽技术

屏蔽技术通常包含着两层意思：一是把环境中的杂散电磁波和其他干扰信号（其中包括工频电网上的杂散电磁波）阻挡在被屏蔽的用电系统外部，以防止和避免这些杂散电磁波和其他干扰信号对该用电系统的干扰、影响和破坏；二是把本用电系统内的振荡信号源或交变功率变换辐射源通过电路中的各个环节和各种途径向外辐射或传播的电磁波阻挡在本用电系统内部，以防止和避免传播、辐射出去而污染环境和干扰周围的其他用电系统。

电源单元电路中的屏蔽技术主要是屏蔽电源单元电路内部的振荡器和功率变换器所产生的高频电磁波，使其不能通过电源单元电路中的变压器、电感、电容、电阻、引线以及 PCB 等环节传播和辐射出去，从而污染环境和干扰周围的其他用电系统的正常使用。为了使人们对电源单元电路中的屏蔽技术有一个清楚的认识和明确的了解，从以下几个方面分别进行分析和讨论。

2.3.1 软屏蔽技术

1. 输入端的滤波技术

所谓软屏蔽技术，就是电源单元电路的设计者们在进行电路设计时，采取有效的电路技术（如共模滤波器技术、差模滤波器技术、双向滤波器技术、低通滤波器技术等各种滤波器技术），一方面将电源单元电路内部的高频电磁波对外部的传播和辐射抑制和滤除到最小程度，以不影响周围的其他电子设备、电子仪器和电子仪表的正常工作，同时也不污染工频电网；另一方面将输入工频电网上的杂散电磁波也抑制和滤除到最小程度，以不影响电源单元电路的正常工作。

通常，将如图 2-12 所示的线性滤波器（或者称为单级双向滤波器）电路加在电源单元电路工频为 220 V/50 Hz 或 110 V/60 Hz 的输入端，只允许 400 Hz 以下的低频信号通过，对于 1～20 kHz 的高频信号具有 40～100 dB 的衰减量，从而实现了电源单元电路中的高频辐射不污染工频电网以及工频电网上的杂散电磁波不会窜入电源单元电路而干扰和影响其工作的软屏蔽作用。这种理想的双向滤波器对于高频分量或工频的谐波分量具有急剧阻止通过功能，而对于 400 Hz 以下的低频分量近似于一条短路线。

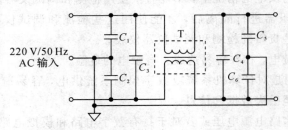

图 2-12　单级双向滤波器的电路结构

在图 2-12 所示的连接于电源单元电路输入端的双向滤波器电路中，电容 C_1、C_2、C_5 和 C_6 用以滤除从工频电网上进入电源单元电路和从电源单元电路进入工频电网的不对称的杂散干扰电压信号，电容 C_3 和 C_4 用以滤除从工频电网上进入电源单元电路和从电源单元电路进入工频电网的对称的杂散干扰电压信号，电感 L 用以抑制从工频电网上进入电源单元电路和从电源单元电路进入工频电网的频率相同、相位相反的杂散干扰电流信号。电容 C_1、C_2 和电容 C_5、C_6 的公共接地端应该与机壳和实验室或机房等的联合接地极（$\leqslant 1\ \Omega$）相连；电感在加工时应具有较小的分布电容，应均匀地绕制在圆环骨架上，铁芯应选用与骨架和原频率相一致的铁钼合金材料，有关铁芯材料使用频率的极限值如下：

（1）叠层式铁芯：约为 10 kHz。

（2）粉末状坡莫合金：$1\sim1\times10^{3}$ kHz。

（3）铁氧体铁芯：10～150 kHz。

在实际应用中，为了使加工工艺简便，双向滤波器中的电感可不采用圆环状铁芯，而常采用 C 型材料的铁芯来加工。滤波器中的所有电容也应采用高频特性较好的陶瓷电容或聚酯薄膜电容，C_1、C_2、C_5 和 C_6 的容量应为 2200 pF/630 V，C_3 和 C_4 的容量应为 0.1 μF/630 V，电容的连接引线应尽量短，以便减小引线电感。

在实际应用中，这种双向滤波器的滤波特性不是那么理想，同时在频率继续上升时，特性就会继续下落，这时滤波效果就会变差。因此，采用单级双向滤波器就不能够得到较好的滤波效果。为了弥补这一点，在实际应用中对于一些要求较高的应用场合，人们就采用多级双向滤波器串联的方式，如图 2-13 所示。但是在对成本和造价具有较严格的要求时，为了降低成本和减少造价，在一般的电源单元电路中，只使用一级 LC 线性滤波器是比较经济合算的，如图 2-14 所示。该电路的特点是每一个整流二极管上并接一滤波电容，这样就可以使每个滤波电容的耐压值只是图 2-12 所示双向滤波器电路中电容耐压值的 1/2，虽然电容的数量增加了，但是实际总成本却降低了。

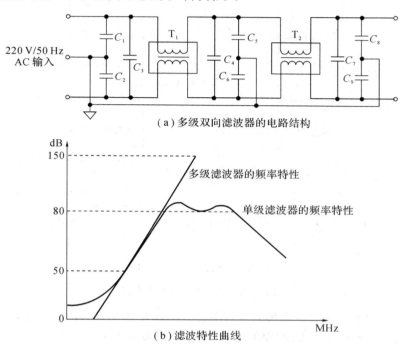

（a）多级双向滤波器的电路结构

（b）滤波特性曲线

图 2-13　多级双向滤波器的电路结构与滤波特性曲线

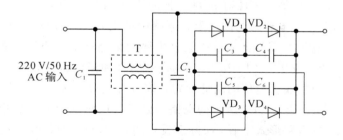

图 2-14　成本降低了的电源单元滤波电路

将电源单元电路中产生的高频辐射干扰信号从稳压电源的输入端进行阻挡，这对防止和避免工频市电网的干扰和污染是非常重要的。能否将电源单元电路从输出端朝外辐射和传播的高频干扰信号抑制和滤除掉，以防止和避免对邻近其他的电子设备、测量仪器仪表、家用电器等的正常工作造成干扰和影响，也是电源单元电路能否被推广应用到实际中的一个不可忽视的重要环节。前面已经叙述和讨论了输入端的滤波技术，现在就对输出端的滤波技术进行讨论和论述。

2. 输出端的滤波技术

为了防止和减小电源单元电路将内部的高频信号叠加到输出的直流电压上形成杂波噪声，从而影响负载电路系统的正常工作，此外还要防止负载电路系统中的高频信号窜入电源单元电路影响其正常工作，需要在输出端加入滤波电路。常用的滤波电路是由电容或电感或电容和电感混合组成的。图 2-15 所示的电路就是电感式、电容式和电容与电感混合式三种类型的滤波电路。

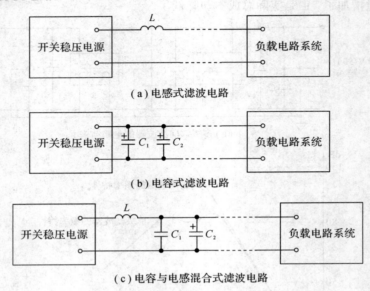

（a）电感式滤波电路

（b）电容式滤波电路

（c）电容与电感混合式滤波电路

图 2-15　不同类型的滤波电路

图 2-15(a)所示的电路是电感式滤波电路。电感 L 通常是采用单根漆包线（漆包线的线径可根据输出电流的大小而定）绕制在 $\phi 6 \times 30$ 的铁氧体磁棒上，匝数可在 4～7 匝选定。有时为了得到较好的滤波效果，还可以将磁棒改为同样材料的磁环。这种滤波电路的特点是所用元器件少，结构简单，并且对高频尖脉冲干扰信号具有较好的滤除和抑制效果。图 2-15(b)所示的电路是电容式滤波电路。电路中的电容 C_1 一般应选择 10 μF 的电解电容，耐压可根据输出电压的高低而定，该电容主要用来滤除输出电压上的低频波动信号。电路中的电容 C_2 一般应选用 0.01～0.1 μF 的高频特性和温度特性较稳定的陶瓷或聚酯薄膜电容，耐压同样要根据输出电压的高低而定，该电容主要用来滤除叠加在输出电压上的高频尖脉冲干扰信号。图 2-15(c)所示的电路是电容与电感混合式滤波电路，它由电感 L 和电容 C_1、C_2 组成。从电路形式上看，实际上就是图 2-15(a)和(b)所示电路加起来而组成的。该电路结构虽然比这两种电路要复杂一些，但是滤除和抑制噪声和干扰的效果要比它们好得多，所以它是实际应用中经常采用的滤波电路。

以上三种滤波电路虽然能够滤除和抑制低频和高频干扰信号，但是却对共模干扰噪声无能为力。为了滤除和抑制稳压电源传输到负载电路系统或负载系统传输到稳压电源的共模干扰噪声，就必须采用图 2-16 所示的滤波电路。该滤波电路是在以上三种滤波电路的基础上引进了一个共模滤波电感，共模滤波电感中的 L_1 和 L_2 是在同一个磁环上分别采用漆包线各绕制 7 匝而成的。滤波器的输入端和输出端与前面已经讲过的双向滤波器电路完

全相同，这种引进了共模电感的滤波电路的等效阻抗可以表示为

$$Z = \sqrt{R^2 + (2\pi fL)^2} \tag{2-1}$$

式中，Z 为滤波电路的等效阻抗；R 为滤波电路的等效电阻；L 为滤波电路的等效电感；f 为干扰噪声信号的频率。该关系式说明，干扰噪声信号的频率越高共模电感滤波电路对其所呈现的阻抗就越大。因此，这种加入了共模电感的滤波电路对高频干扰噪声信号，特别是尖峰干扰脉冲噪声具有较好的滤除和抑制作用。但是，由于这种滤波电路中采用了共模电感，并且这种电感是带有磁环的，所以不但电路结构复杂，加工难度大，而且造价高。因此，这种滤波电路只适用于对屏蔽要求较为严格的应用场合。

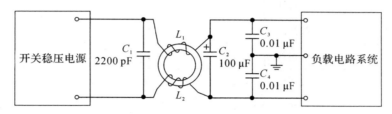

图 2-16　加入共模滤波电感 L 的滤波电路

3. 输出端配线技术

电源单元电路在将能量供给负载电路系统的过程中，当引线长而且配线不合理时，线间所产生的寄生电容就会增加到不可忽视的程度，共模噪声信号就会通过这些寄生电容传播和导入到负载电路系统，使负载电路系统的正常工作受到影响，严重时就会使负载电路系统不能正常工作或损坏其中的一些元器件。

实际测量和实验证明，采用绞扭线比采用平行线传输效果要好得多。图 2-17 给出了采用线间距离较大的平行线传输和采用线间距离较小的绞扭线传输时，在负载端用示波器分别观察到的噪声信号波形。当采用 1 m 长并且线间的距离为 5 cm 的平行线传输时，在负载端所观察和测量到噪声电压信号的幅值为 60 mV；如改用 1 m 长并且线间的距离为 1 cm 的绞扭线传输，在负载端所观察和测量到的噪声电压信号的幅值就降低为 14 mV。

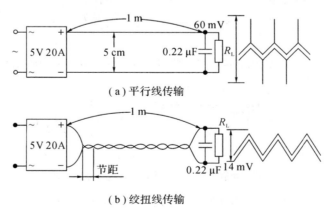

图 2-17　平行线和绞扭线传输效果的比较

表 2-1中就列举了平行线和绞扭线在线间距离不同时对杂波噪声信号的抑制、滤除和衰减量。从这些实验数据中可以看到，绞扭线比平行线对杂波噪声信号的抑制、滤除和衰减要好得多，并且绞扭得越紧，对杂波噪声信号的抑制、滤除和衰减的效果越好。当然，采

用绞扭线传输时，绞扭线应该自始至终都均匀地绞扭在一起，如果在中间有一部分线没有绞扭，形成了一个环路，两线间包含了一定的面积，同样也会使负载端的杂波噪声信号增大。此外，在稳压电源的输出端附近若加上滤波电路，再采用绞扭线进行传输，则对杂波噪声信号的抑制、滤除和衰减的效果会更好。

表 2-1　平行线、绞扭线与杂波噪声信号的关系

编号	线型	节距/cm	对杂波噪声信号的衰减量	
			比率	衰减量/dB
1	平行线	—	1∶1	0
2	绞扭线	10.10	14∶1	23
3	绞扭线	7.62	71∶1	37
4	绞扭线	5.08	112∶1	41
5	绞扭线	2.54	141∶1	43

图 2-18 所示的电路说明了采用不同的绞扭线传输，并且所加滤波器的位置不同时，所得到的对杂波噪声信号的抑制、滤除和衰减的效果也不同。

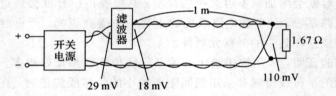

(a) 滤波器位置在电源单元电路的输出端，电源输出引线两两绞扭

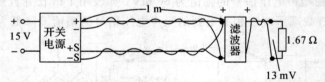

(b) 滤波器位置在负载电路系统的输入端，电源输出引线两两绞扭

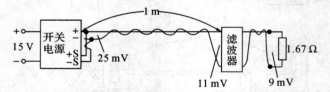

(c) 滤波器位置在负载电路系统的输入端，电源输出引线直接绞扭

图 2-18　绞扭线不同、滤波器位置也不同时对噪声的影响

实验结果表明，采用图 2-18(c)所示的传输方法，也就是将稳压电源输出端的＋、－两根传输线直接绞扭起来，信号通过该绞扭线再通过滤波电路滤波后传输给负载电路系统，就能得到对杂波噪声信号抑制、滤除和衰减较为满意的效果。这种传输方法既经济，效果又好，因此它是实际应用中采用得最多的一种方法。除了采用这些配线技术能对杂波噪

声信号具有一定的抑制、滤除和衰减作用以外，地线的选择位置、连接方法、长短、粗细等都与杂波噪声信号的大小有着密切的关系。实践证明，地线一端接地比两端接地的效果要好，接地点应选择在负载电路系统端，地线应尽量短而粗。在有些不能采用绞扭线的场合，若要使用平行线传输，则线间的距离应尽量加大，以减小线间所形成的分布电容和寄生电容。

4. 初、次级之间安全电容的要求

在绝大部分电源单元电路中，为了将由于高频功率变换而引起的电磁波杂散干扰和噪声抑制到最小程度，初级侧电路部分与次级侧电路部分应连接一个安全电容，有时也叫做去耦电容，常用符号 Y 来表示。在有些电源电路中，去耦电容应直接从输入滤波电容的正端连接到开关变压器次级的公共端或功率接地端。在有些电源电路中，如果从初级的地到次级的地之间需要一个去耦电容，就应该把初级侧的地直接连接到输入滤波电容的负端，这样布局就会使较大的浪涌电流远离 PWM 控制电路。在有些电源电路中，为了得到较好的 EMI 去耦效果，还可以使用一个 π 形滤波器，滤波器中的电感应放置在输入滤波电容的负端之间。在有些电源电路中，去耦电容应该放置在靠近变压器次级输出回零端与初级滤波大电容正极之间，才能将 EMI 的耦合限制到最小。

2.3.2　硬屏蔽技术

所谓硬屏蔽技术，就是电源单元电路的设计者在将电源单元电路设计和调试完成后，设计一个屏蔽罩，一方面将软屏蔽后电源单元电路所残留的电辐射和磁辐射的杂散电磁波噪声对环境以及周围的用电系统的影响和干扰尽可能地屏蔽掉；另一方面使外部的杂散电磁波不至于辐射到电源单元电路中，影响和干扰电源单元电路的正常工作。现在分几个方面分别进行论述和讨论：

1. 对电场的屏蔽技术

对电场的屏蔽技术就是把一个电路系统与另一个电路系统之间所产生的电场耦合消除和抑制到最小程度。电场耦合主要是通过电路系统内部各元器件和连接线对机壳或者对接地端所产生的寄生电容引起的。电路系统中各元器件及引线与接地端所产生的寄生电容分别表示于图 2-19 中。由图中可以看出，元器件 P_1、P_2 和引线 Q_1、Q_2 分别与接地端之间所感应的高频电压幅值与它们各自和接地端之间的寄生电容 $C_1 \sim C_4$ 的大小成反比。也就是说，当它们各自与接地线之间的分布寄生电容为无穷大时，就对所感应的高频电压信号呈现短路状态，可以将这些所感应的高频电压信号几乎全部旁路到地。换一句话说，也就是当它们各自与接地线之间的分布寄生电容为无穷大时，不会感应高频电压信号。对整个电路系统加工一个接地的金属屏蔽罩，就相当于增大了电路中各元器件和引线与接地端的寄生电容，如图 2-20 所示。

为了便于说明问题，图 2-20 中只表示出了元器件 P_1 在二维平面内与接地金属屏蔽罩之间的寄生电容的分布情况，其他元器件以及引线在二维平面内与接地金属屏蔽罩之间的寄生电容的分布情况便可依此类推，这些元器件在三维平面内与接地金属屏蔽罩之间的寄生电容的分布情况也同样可依此类推。从图中可以看到，给电路系统加上接地良好的金属屏蔽罩后，元器件 P_1 与接地端之间的寄生电容 C 就等于各个方向与接地端之间寄生电容的

并联值，即

$$C = C_1 + C_2 + C_3 + C_4 + C_5 + C_6 + \cdots + C_n \qquad (2-2)$$

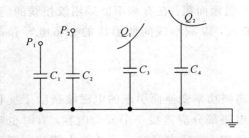

图 2-19 元器件和引线与接地端
之间的寄生电容

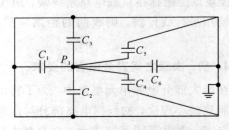

图 2-20 元器件 P_1 与接地金属屏蔽罩
之间的寄生电容

因此，给电路系统外加了接地良好的金属屏蔽罩以后，就可以将电路中各元器件和引线与接地端之间所感应的高频电压信号降低到最小程度，甚至不会感应出高电平电压信号。这也就是电路设计工程师们在 PCB 布线过程中，尽量增大接地线的面积，尽量缩短其他元器件的引线，尽量避免出现高频与低频交叉走线的机会，有时甚至将无用的空闲地方也制作成接地线的原因所在。实验证明，金属屏蔽罩的材料选择铝板和铁板，其屏蔽效果是一样的，并且与屏蔽罩的金属厚度没有关系。金属屏蔽罩上所开的过线狭缝和调节圆孔的尺寸只要满足比高频信号的波长小得多即可，对电场的屏蔽效果基本上是没有什么影响的。但是，外加的金属屏蔽罩接地的好坏却对屏蔽效果的影响非常大，因此要得到良好的屏蔽效果，就必须保证所外加的金属屏蔽罩具有良好的接地。

2. 对磁场的屏蔽技术

由于电源单元电路是一种具有较大功率变换和较大功率输出的电路，所以它的载流电路的周围空间都会产生杂散磁场，特别是电路中的功率开关变压器。这种杂散磁场是静磁场还是交变磁场，取决于载流电路中流过的电流是直流还是交流。静磁场对处于周围的任何导体不产生任何电动势，而交变磁场则对处于其中的导体产生交变电动势，这种交变电动势是由于各元器件和引线与接地端之间的寄生电感而引起的。它的幅值是由电源单元电路中载流电路和引线上流过的交流电流的大小和频率来决定的，并且与其成正比关系。电源单元电路中载流元器件和引线与接地端之间的寄生电感可用图 2-21 来表示。

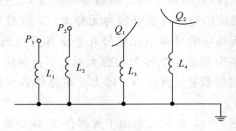

图 2-21 载流元器件和引线与接地端之间寄生电感的分布情况

磁场屏蔽技术的任务和目的就是消除和减小由于寄生电感的存在所产生的电路与电路之间、用电系统与用电系统之间通过磁耦合而产生的相互干扰和影响，也就是抑制和削弱上面所说的感应交变电动势。由此可见，只有把载流电路、载流元器件和载流引线与接地端之间的寄生电感减小到最小值，才能把通过磁耦合所感应的高频电动势也就是高频干扰信号的幅度降低到最小程度。我们仍然采用电场屏蔽技术讨论中所采用的外加接地金属屏蔽罩的方法来解决磁屏蔽问题，只是将所加工的金属屏蔽罩的材料规定为顺磁材料，如铁合金、坡莫合金等，并使之与接地端具有良好的连接。这样，磁力线就会沿顺磁材料加工而成的屏蔽罩壁通过。因为屏蔽罩是采用顺磁材料加工而成的，其磁阻要比空气的磁阻小得多，因此载流电路、载流元器件和载流引线与接地端的寄生电感就会减小。图2-21中仅表示出了其中一个载流体 P_1 在二维平面内与接地端之间的寄生电感的分布情况，其他载流体在三维平面内与接地金属屏蔽罩之间的寄生电感的分布情况也同样可依此类推。从图中不难看出，该载流体 P_1 与接地端之间的总寄生电感 L 等于各个方向上寄生电感的并联值，因此总的寄生电感减小了许多，可表示为

$$\frac{1}{L} = \frac{1}{L_1} + \frac{1}{L_2} + \frac{1}{L_3} + \frac{1}{L_4} + \frac{1}{L_5} + \frac{1}{L_6} + \cdots + \frac{1}{L_n} \qquad (2-3)$$

当寄生电感 L 被降低到最小后，电源单元电路中载流体周围的交变磁场也就被降低了，这时感应交变电动势也就被降低到最低程度，从而完成了对磁场屏蔽的任务。实验证明，在其他条件都不变的情况下，要得到效果较好的磁场屏蔽，降低采用顺磁材料加工而成的屏蔽罩的磁阻是一个关键的因素。但要降低屏蔽罩的磁阻除了要选用磁导率较高的铁磁材料以外，加厚屏蔽罩的厚度，减少与磁感应线方向垂直的接头、开孔和缝隙也是一个非常有效的方法。在实际应用中，除了给电源单元电路单独加工一个接地良好的屏蔽罩以外，对电路中的功率开关变压器也要采取必要的屏蔽措施，以降低和缩小功率开关变压器由于在加工时的不合理布线而产生的漏磁现象，并将朝外辐射的高频杂散电磁波对周围环境的影响和污染降至最小程度。

3. 对电磁场的屏蔽技术

由以上对电场和磁场屏蔽技术的讨论与分析中可以看到，静电场和静磁场对周围的环境不会产生污染，对邻近的其他电子设备、电子仪器和电子仪表以及负载电路系统不会产生干扰和影响，而只有交变的电场和磁场才能由一个电路系统辐射和传播到其他的电路系统，才能对周围的环境造成污染，才能对邻近的其他电子设备、电子仪器和电子仪表以及负载电路系统产生干扰和影响。但是，在实际应用中，纯粹的交变电场和交变磁场是不存在的，在有交变电场出现的地方就会伴随有交变磁场出现，同样在有交变磁场出现的地方就会伴随有交变电场出现，它们的传播和辐射是以电磁波的形式同时出现和同时消失的。这就像物理力学中所学到的作用力与反作用力一样，是不会单独存在的。因此纯粹的电场屏蔽技术和措施与单纯的磁场屏蔽技术和措施在电源单元电路的实际应用中是没有意义的，但是通过对它们的分析与讨论，可以归纳出对由于交变电磁场而引起的杂散电磁波的滤除、抑制和衰减非常有效的方法来。

磁场屏蔽中磁场在屏蔽罩内所感应的电流流过电阻值很小的屏蔽物体本身的短路表面；而电场屏蔽时，在电流流过的电路中，被屏蔽的各点与屏蔽物之间总存在有容抗，电场屏蔽的效果完全取决于屏蔽物本身与系统机壳或接地端之间的短路情况。在对磁场进行屏蔽时，把屏蔽物本身连接到系统的机壳或接地端，完全不会改变屏蔽物激励电流值的大小，因而对改变磁场屏蔽的效果和作用不大。

在电场屏蔽中，频率的高低对屏蔽的效果和作用影响不是很明显，屏蔽物的电阻率对

电场屏蔽的效果和作用也很小。而磁场的屏蔽则完全取决于频率的高低，频率愈高，则磁场屏蔽的效果和作用愈强。屏蔽的效果和作用一旦确定以后，也就是屏蔽的参数一旦选定以后，对于同频率的磁场，则屏蔽物的厚度要求也不一样。对于频率较低的磁场，选定屏蔽物的厚度就要较厚。电场屏蔽时，可以允许屏蔽物上有长狭缝。但磁场屏蔽时，屏蔽物中长狭缝的方向如果与涡流的方向刚好垂直，那么就会使屏蔽的效果和作用变得很差。因为所要屏蔽的电路是电源单元电路较为复杂，其中磁通的方向是杂乱无章的。因此在对磁场进行屏蔽时，屏蔽罩上应尽量避免出现长狭缝。金属盖与屏蔽罩之间、屏蔽罩与机壳之间、屏蔽罩与引出线插头之间等接缝处的狭缝都要严格焊接好或保持良好的接触。

通风孔是机箱等屏蔽体中数量较多且电磁泄漏量最大的一类孔缝，屏蔽通风部件既能屏蔽辐射干扰，又能通风，目前已广泛应用于雷达、计算机、通信设备、电子方舱以及屏蔽室等中。了解并掌握屏蔽通风部件的屏蔽机理、关键的性能参数、各类屏蔽通风部件的性能特点以及相关的应用技术，对于正确选择屏蔽通风部件并进行通风孔的屏蔽设计是至关重要的。

通过上面对电场和磁场屏蔽技术和方法的分析和讨论，可以得到对电磁场屏蔽的技术和方法。电磁场屏蔽的技术和方法为：首先，完全以对磁场屏蔽的要求来加工屏蔽罩，然后将整个屏蔽罩与电路系统的机壳和接地端进行良好的短路，这样就可以对电磁场进行有效的屏蔽。采用这种屏蔽罩，不但可以把电源单元电路本身朝外传播和辐射的杂散电磁波屏蔽、抑制和滤除到最小程度，而且还可以将外界环境中的杂散电磁波阻挡住，不会对电源单元电路的正常工作造成影响和干扰。

2.4　电源单元电路中的 PCB 布线技术

在任何电源单元电路设计中，PCB 的布线问题都是最后一个环节，也是电源单元电路能否调试成功的关键环节。也就是说当电源单元电路理论设计得再好，如果 PCB 布线不当，不但会导致产生过多的电磁干扰（EMI），而且还可造成电源单元电路的工作不正常或不稳定。

2.4.1　PCB 布线的设计流程

PCB 布线的设计流程为：在 SCH 界面中输入元器件参数（元器件编号、元器件数值、元器件封装形式）→建立原理电路网络表→在 PCB 界面中输入原理电路网络表→建立设计参数设置→元器件手工布局→自动布线或手工布线→验证设计→复查（仿真工作原理是否正常）→CAM 输出。

2.4.2　参数设置

相邻导线间距必须能满足电气安全要求，而且为了便于操作和生产，间距也应尽量宽些。最小间距至少要能适合承受的电压，在布线密度较低时，信号线的间距可适当加大，对高、低电平悬殊的信号线应尽可能短且加大间距，一般情况下将走线间距设为 0.3 mm。焊盘内孔边缘到 PCB 边缘的距离要大于 1 mm，这样可以避免加工时焊盘缺损。当与焊盘连接的走线较细时，要将焊盘与走线之间的连接设计成水滴状，这样的好处是焊盘不容易起皮，而且走线与焊盘不易断开。另外，焊盘一般设计成圆形或椭圆形，特别是集成电路的引出端焊盘设计成椭圆形，不但可以增加焊接强度，而且还可满足相邻引脚之间的绝缘距离。

2.4.3　元器件布局

实践证明，即使电源单元电路原理电路图设计正确，PCB 布线设计不当也会对电子设备的可靠性产生不利影响，严重时可使电源电路不能工作。PCB 布线设计中应遵循的最基本要求如下：

（1）携带脉冲电流的所有连线应尽可能短而窄，线间距离尽量大，最好采用地线隔离开。

（2）由于在高频功率变换级的电流具有较高的变化率，因此这些携带脉冲电流的所有连线应保证具有最小的分布电感，也就是这些连线一定要短而宽。

（3）在任何层面上的电流环路必须分布合理，所包围的面积应最小，以减小电磁干扰。

为了满足这个要求，元器件的布局至关重要。对于每一个电源单元电路均具有下列四个电流回路：

- 功率变换级交流回路；
- 输出整流交流回路；
- 输入信号源电流回路；
- 输出负载电流回路。

来自于双向共模滤波器的电网电压通过一个全波整流器以后，输出一个近似于直流的波动电流对输入滤波电容充电，滤波电容主要起到一个宽带储能作用；与之类似，输出滤波电容也同样用来存储来自输出快速整流器的高频能量，同时对输出负载回路进行直流能量补充。因此，输入和输出滤波电容与其他元器件之间的连线十分重要，输入和输出电流回路应分别只将滤波电容的连线端作为源头。如果输入回路中的滤波电容与开关功率管（双端式电路结构）/开关变压器（单端式电路结构）和整流回路之间的连接线无法从输入滤波电容的接线端直接发出，或输出回路中的滤波电容与快速整流器和输出端/输出滤波电感端之间的连接线无法从输出滤波电容的接线端直接发出，交流能量将由输入或输出滤波电容辐射到环境中去。功率变换级的高频交流回路包含高幅度快变化梯形电流，这些电流中的谐波成分很高，其频率远大于功率转换开关基波频率，峰值幅度可高达持续输入/输出直流电流幅度的 5 倍，过渡时间通常约为 50 ns；输入整流器的低频交流回路包含高幅度慢变化梯形电流，这些电流中的谐波成分很高，其频率远低于功率转换开关基波频率，峰值幅度可高达持续输入/输出直流电流幅度的 5 倍，过渡时间通常约为 50 ms。这两个回路最容易产生电磁干扰，因此必须首先布好这两个交流回路。输入回路中的三种主要元器件为整流器、滤波电容、开关功率管或储能电感或功率开关变压器。这三个主要元器件应彼此相邻地进行放置，调整元器件之间的位置使它们之间的连线最短，以保证电流环路所围成的面积最小。输出回路中的三种主要元器件为整流器、滤波电容、输出接线端子或滤波电感。这三个主要元器件也应彼此相邻地进行放置，调整元器件之间的位置使它们之间的连线最短，以保证电流环路所围成的面积同样最小。电源单元电路布局的最好方法与其电气设计相类似,最佳设计流程为:放置开关变压器→布局功率变换级电流回路→布局输出整流器电流回路→布局控制电路→布局输入整流器和滤波器回路。

2.4.4 PCB 设计原则

设计输出负载回路和输出滤波器电路的 PCB 时应根据电源电路的所有功能单元,对电源电路的全部元器件进行综合考虑,要符合以下原则:

(1) PCB 尺寸的考虑。PCB 尺寸过大时,印制线条长,阻抗增加,抗噪声能力下降,成本也增加;PCB 尺寸过小则散热不好,且邻近线条细而密集,易受干扰。电路板的最佳形状为矩形,长宽最佳比例应为 3∶2 或 4∶3,位于电路板边缘的元器件离电路板边缘一般不小于 2 mm。

(2) 方便装配。放置器件时除了要考虑以上所叙述的元器件布局要求以外,还要考虑方便以后的装配与焊接,特别是要便于自动化生产线的装配与焊接,不要太密集。

(3) 元器件的布局。以每个功能电路的核心元件为中心,围绕它来进行布局。元器件应均匀、整齐、紧凑地排列在 PCB 上,尽量减少和缩短各元器件之间的引线和连接,去耦电容尽量靠近器件的电源端。按照电路的流程安排各个功能电路单元的位置,使布局便于信号流通,并使信号尽可能保持一致的方向。布局的首要原则是保证布线的布通率,移动器件时应注意飞线的连接,把具有连线关系的元器件放置在一起。同时尽可能减小以上所说的四个电流回路的面积,在电源单元电路正常工作的基础上尽可能抑制和减小电源单元电路的电磁干扰。

(4) 分布参数的考虑。在高频下工作的电路,要考虑元器件之间的分布参数。一般电路应尽可能使元器件平行排列。这样不但美观,而且装配与焊接也方便,易于批量生产。电源单元电路中的功率变换级不但工作频率较高,而且功率也较大,因此分布参数的考虑就显得更重要了。

2.4.5 散热问题的解决

1. PCB 材料的选择

为了将功率开关变压器和开关功率管以及其他功率元器件工作时的最大热量散发掉,从而使其温升不会超过限值,建议采用具有专门热传导的 PCB 材料(如铝基 PCB 材料)。这种铝基 PCB 材料是在生产的过程中将一层铝箔与 PCB 胶合在一起,这样不但可以直接吸收热量,而且还可将外部的一个散热器与其紧密地接触。如果采用常规的 PCB 材料(如 FR4),就把铜皮制作在板材的两侧,利用这些铜皮便可改善散热效果。如果采用铝基 PCB 材料,那么就建议对开关节点进行屏蔽。这种在开关节点(如漏极、输出整流二极管等的节点)下面直接采用铜皮来代替的结构,为防止直接耦合到铝基板上提供了一种较好的静电屏蔽。这些铜皮面积若在初级侧则应连接到输入 DC 电源电压的负端,若在次级侧则应连接到输出端的公共接地上。这样就会减小与隔离铝基板之间耦合电容的容量,从而起到降低输出纹波和减小高频噪声的效果。

2. 功率元器件封装形式的选择

电源单元电路中的功率元器件包括输入低频整流器、开关功率管和输出高频整流器。

这些功率元器件封装形式的选择主要取决于电源电路的输出功率，在满足输出功率要求的基础上，优先选择 TO‐220 型封装，再考虑表贴型封装，最后考虑 TO‐3 型金属封装。这是因为 TO‐220 型封装的功率器件在自带的散热器不满足输出功率要求时，既可外加散热器，又可直接焊接在 PCB 上利用敷铜部分所制作好的散热板上；而表贴型封装的功率器件只可直接焊接在 PCB 上利用敷铜部分所制作好的散热板上，不能外加散热器。在输出功率要求非常大的电源单元电路的 PCB 设计中，而功率器件又只能选择 TO‐3 型金属封装时，最好选用配套的自带式散热器。这样便可将功率器件与其配套的散热器直接焊接和固定在 PCB 上，不会导致由于引线过长而引起的噪声，但是这种设计将会导致 PCB 尺寸过大。另外，由于 PCB 尺寸的要求过小而只能选用外加散热器的方式时，开关功率管与 PCB 的引线应采用绞扭式连接，尽量将分布电容和电感降低到最小。当选用 TO‐220 型封装的功率器件而又要外加散热器时，情况也应该如此。由于 TO‐220 型封装自带的金属散热片被内部连接到源极、发射极引出端，为了避免循环电流，自带的金属散热片不应与 PCB 有任何节点。当使用 DIP‐8B/SMD‐8B 型封装的功率器件时，在功率器件下面应制作出较大的 PCB 敷铜部分，并直接连接于源极、发射极端，作为散热片来有效散热。

3. 输入和输出滤波电容的放置位置

从电源整体可靠性的角度出发会发现电解电容是电源电路中最不可靠的元件，可以说电源电路中电解电容的寿命决定了电源的寿命。而前面也讲过电解电容的寿命受温度的影响非常大，因此输入和输出滤波电容的放置位置在 PCB 布线设计中非常重要。连接到输入和输出滤波电容的 PCB 引线宽度应尽量压缩，原因有两个：一是让所有的高频电流强制性地通过电容（若引线较宽，则会绕过电容），二是把从 PWM/PFM 控制芯片到输入滤波电容和从次级整流二极管到输出滤波电容的传输热量减到最小。输出滤波电容的公共接地端/回零端到次级的连线应尽量得短而宽，以保证具有非常低的传输阻抗。另外，这两个滤波电容应远离发热的功率器件放置。

4. 功率开关变压器的放置要求

为了限制来自于开关功率管节点的 EMI 从初级耦合到次级或 AC 输入电网上，PWM/PFM 控制芯片应尽量远离功率开关变压器的次级和 AC 电网输入端。连接到开关功率管节点的连线长度或 PCB 敷铜部分的散热面积应尽量减小和压缩，以降低电磁干扰。由于功率开关变压器不但是电源单元电路中的发热源，而且还是一个高频辐射源，因此在 PCB 布线设计中应重点考虑这两点。另外，功率开关变压器的放置位置与输入端的差模/共模电感的放置位置，以及与输出端的滤波电感的放置位置的磁感应方向一定要保持相互垂直。

5. 输出快速整流二极管的放置要求

要达到最佳的性能，由功率开关变压器次级绕组、输出快速整流二极管和输出滤波电容之间所连接成的环路区域面积应最小。此外，与轴向快速整流二极管阴极和阳极连接成的敷铜区域面积应足够大，以便得到较好的散热效果。阴极常常作为整流器的输出端，而该输出端输出电信号已变成了直流信号，因此最好在阴极（负压输出时应在阳极）留有更大的敷铜区域，但阳极敷铜区域面积过大会增加高频电磁干扰。在输出快速整流器和输出滤波电容之间应留有一个狭窄的轨迹通道，可作为输出快速整流器和输出滤波电容之间热量的一个化解通道，防止电容过热现象的出现。

2.4.6 接地极的设计

1. PCB 中的接地原则

由于电源单元电路的所有 PCB 引线中包含有高频信号引线，因此这些高频信号引线便可起到天线的作用。引线的长度和宽度均会影响其阻抗和感抗，从而影响频率响应。即使是通过直流信号的引线也会从邻近的引线上耦合到高频信号噪声，并造成电源单元电路出现问题(甚至再次辐射出干扰信号)。因此应将所有通过交流电流的引线设计得尽可能短而宽，这就为元器件的排列和布局提出新的更为严格的要求。引线的长度与其表现出的电感量和阻抗成正比，而宽度则与引线的电感量和阻抗成反比。长度反映出引线响应的波长，长度越长，引线能发送和接收电磁波的频率越低，它就能辐射出更多的射频能量。根据引线中电流的大小，尽量加大电源引线的宽度，压缩电源引线的长度，以达到减少环路电阻的目的，使电源引线、接地线的走向和电流的方向一致，这样有助于增强抗噪声能力。接地是电源单元电路四个电流回路的底层支路，作为电路的公共参考点起着很重要的作用，它是抑制干扰和消除噪声的重要途径。因此，在 PCB 布线中应仔细考虑接地引线的放置位置，将各部分接地引线混合会造成电源工作不稳定，或造成过多的高频噪声辐射。PCB 中的接地原则如下：

(1) 正确选择单点接地。通常滤波电容的公共连接端应该是其他接地点耦合到交流大电流地线的唯一连接点，同一级电路的接地点应尽量靠近，并且同一级电路中的电源滤波电容也应接在该级接地点上。这是因为电路中各部分回流到地的电流是变化的，实际流过线路的阻抗会导致电路中各部分地电位的变化而引入干扰。在电源单元电路中，接地引线和器件间的电感影响较小，而接地引线所形成的环流对干扰影响较大，因此应采用单点接地的方法布线。

(2) 尽量加粗接地引线。若接地引线较细，接地电位则随电流的变化而变化，致使电子设备的定时信号电平不稳，抗噪声性能变坏，因此就必须使每一个大电流的接地引线尽量短而宽，尽量加宽电源、接地引线的宽度，最好是接地引线比电源引线宽，它们之间宽度的关系是：接地引线＞电源引线＞信号引线。如有可能，接地引线的宽度应大于 3 mm，也可用大面积敷铜层作接地引线用。可在 PCB 上把未被利用的地方都设计成接地引线，但要注意不能形成闭环。另外，进行全局布线时还须遵循以下原则：

• 考虑布线方向时，从焊接面看，元器件的排列方位尽可能保持与电路图的方位相一致，布线方向最好与电路图走线方向相一致。这是因为生产过程中通常需要在焊接面进行各种参数的检测，这样做便于生产中的检查、调试及检修，同时还可满足接地布线的要求。

• PCB 布线时，引线应尽量少拐弯，信号引线的线宽不应突变，所有引线拐角应大于 45°，力求线条简单、短粗、明了。

• 所设计的电路中不允许有交叉电路，对于可能交叉的线条，可以用"钻"、"绕"两种办法解决，即让某引线从别的电阻、电容、晶体管引脚下的空隙处"钻"过去，或从可能交叉的某条引线的一端"绕"过去。在特殊情况下如果电路很复杂，为简化设计也可采用飞线跨接，解决交叉电路问题。如果采用单面板时，由于直插元器件位于 top(顶)面，而表贴器件位于 bottom(底)面，因此在布线时直插元器件可与表贴元器件交叠，但要避免焊盘重叠。

（3）输入接地引线与输出接地引线的去耦。在初级与次级要求隔离的电源单元电路的 PCB 设计中，输入接地引线与输出接地引线之间的去耦主要是依靠去耦电容，这在以后还要进行讲述。在初级与次级不要求隔离的电源单元电路的 PCB 设计中，欲将输出电压反馈回开关变压器的初级，两边的电路应有共同的参考地，因此在对两边的地线分别敷铜之后，还要采用单点连接在一起，形成共同的接地系统。

2. 初级侧接地问题

绝大部分电源单元电路的初级电路一般均要求要具有分离的功率地和控制信号地，并且这两个分离地在 PCB 设计时应采用单点相连。对于一些 DC - DC 变换器控制芯片，由于没有分离的功率地和控制信号地引出端，因此在 PCB 设计时就应该将低电流的反馈信号与 IC 之间的耦合设计为一个地，将开关功率管的大电流与附加在开关变压器初级的偏置绕组设计为一个地，最后再采用 PCB 铜皮将其单点连接。开关变压器的偏置绕组虽然携带较低的电流，但是也应分离出来与功率地合用一个地。当输入电源服从线性浪涌动态变化时，为了使大电流的功率地线远离控制芯片，开关变压器附加绕组的接地线可直接连接到输入端的大电解电容的接地上。如果电源单元电路在输出功率更大的变换器中作为辅助电源使用，则建议使用一个直流总线去耦电容，通常数值为 100 nF。偏置绕组的地线应直接连接到输入端或去耦电容上，这样走线便可使共模浪涌电流远离 PWM 控制芯片。

3. 次级侧接地问题

输出侧所连接的公共接地端/回零端应直接连接于开关变压器次级绕组引出端，而不能连接于去耦电容的连接点上。

4. 初级侧与次级侧去耦电容的放置要求

在绝大部分电源单元电路的初级电路中，初级侧与次级侧应连接一个去耦电容。在有些电源电路中，去耦电容应直接从输入滤波电容的正端连接到开关变压器次级的公共端或功率接地端。在有些电源电路中，如果从初级的地到次级的地之间需要一个去耦电容，就应该把初级侧的地直接连接到输入滤波电容的负端，这样布局就会使较大的浪涌电流远离 PWM 控制芯片。在有些电源电路中，为了得到较好的效果，还可以使用一个π形滤波器，滤波器中的电感应放置在输入滤波电容的负端之间。在有些电源电路中，去耦电容应该放置在靠近变压器次级输出回零端与初级滤波大电容正极之间，这样才能将电磁干扰的耦合限制到最小。

5. 初级与次级光电耦合器的放置要求

从物理的角度考虑，光电耦合器也可分为初级和次级两部分，主要是起耦合和隔离的作用。因此，光电耦合器的初级侧应尽量靠近 PWM 控制芯片，以减小初级侧所围成的面积；使大电流高电压的漏极引线与钳位电路引线远离光电耦合器，以防止噪声窜入其内部。另外，为了达到初级与次级的隔离强度，光电耦合器的初、次级之间的绝缘距离应与开关变压器初、次级之间的绝缘距离保持在一条线上，这一点在以后的设计实例中还要讲述。

2.4.7 PCB漏电流的考虑

电源单元电路在整个额定功率范围内可获得较高的功率转换效率，尤其是在启动或无负载条件下，使耗散电流能够被限制到最小。例如，在有些电路中所具有的EN/UV端的欠压检测功能，欠压检测电阻上的电流极限仅为 $1\ \mu A$ 左右。假定PCB的设计能够较好地控制传导，实际上进入EN/UV端的漏电流正常情况下仅为 $1\ \mu A$ 以下。潮湿的环境再加上PCB和/或PWM控制芯片封装上的一些污染物将会使绝缘性能变差，从而导致实际进入EN/UV端的漏电流大于 $1\ \mu A$。这些电流主要是来自于距离EN/UV端较近的高电压大焊盘，例如 MOSFET/GTR 开关功率管的 D/C 端焊盘在上电启动时泄漏到EN/UV端的电流等。如果采用把一个欠压取样电阻从高电压端连接到EN/UV端而构成欠压封锁功能的设计，将不会受到影响或影响很小。如果不知道PCB的污染程度、工作在敞开条件或者工作在较容易污染的环境中，以及不使用欠压封锁功能，就应该使用一个 $390\ \Omega$ 的常规电阻从EN/UV端连接到D/C端，便可保证进入EN/UV端的漏电流小于 $1\ \mu A$。在无潮湿、无污染条件下电源单元电路PCB的表面绝缘电阻应远大于 $10\ M\Omega$。

2.4.8 电源单元电路中几种基本电路的布线方法

1. 输入共模滤波器的布线方法

图 2-22(a)是一个电源单元电路输入电路中常用的共模滤波器原理电路，图 2-22(b)是其 PCB 电路。从图中便可看出该电路的 PCB 布线要点如下：

（1）电流的流动方向应是从总电源的输入端到全波整流器的输入端，不应有环流回路。

（2）电路中安全接地的连接除了不能有环流回路以外，还要求机壳、散热器和人能够触摸到的金属部分均采用单点连接，另外更重要的是电容与电容以及电容与安全地之间的连接焊盘、引线等距离必须不小于 6 mm，符合安规标准。

（3）为了达到较高的耐压强度，输入接线端子和全波整流器的焊盘均要设计成椭圆形，与它们的连接线不能过长和过宽。

（4）共模电感的放置位置应远离功率开关变压器，并与功率开关变压器的磁路保持垂直。

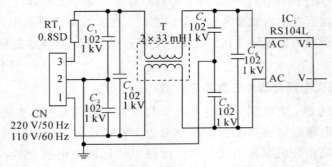

(a) 电源单元电路输入电路中常用的共模滤波器原理电路

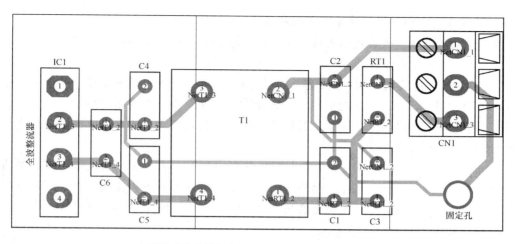

（b）电源单元电路输入电路中常用的共模滤波器 PCB 布线

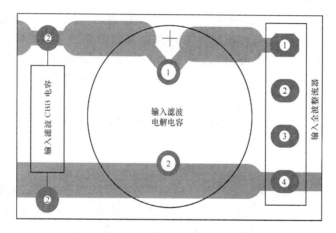

（c）输入滤波电容的 PCB 布线

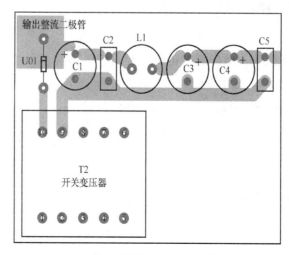

（d）输出滤波电容的 PCB 布线

图 2-22 电源单元电路 PCB 布线实例

2. 输入滤波器和输出滤波器的布线方法

输入滤波器和输出滤波器的布线方法实际上就是输入滤波电容和输出滤波电容的布线方法，下面分别对其进行讨论。

（1）输入滤波电容的布线方法。输入滤波电容的 PCB 正确连线如图 2－22(c)所示，在 PCB 电路中便可看出输入滤波电容的连线不能过宽，并应小于这些电容的焊盘直径，否则噪声或波动电压就会沿着这些连线的边沿传递到变换器电路中，从而在电源的输出电压中构成不稳定成分和低频纹波。

（2）输出滤波电容的布线方法。输出滤波电容的布线方法与输入滤波电容的布线方法基本相同，只是输出滤波电容有可能是采用多个电解电容并联的方法得到的，因此这些电容的输入引线均不能过宽，并应小于这些电容的焊盘直径，如图 2－22(d)所示。

3. 输出整流二极管的布线方法

电源单元电路中的输出整流二极管所整流的信号为高频快速方波信号，功率开关变压器次级输出绕组与快恢复整流二极管的连接引线就为噪声节点，因此这些连线不应过长和过宽。但是为了能够使快恢复整流二极管具有较好的散热效果，快恢复整流二极管的阴极引线端(负压输出时就为阳极端)应设计成具有较大的 PCB 敷铜面积，如图 2－22(d)所示。

2.5　电磁兼容(EMC)技术

1. EMC 的定义

设备在共同的电磁环境中能一起执行各自功能的共存状态称为电磁兼容(Electromagnetic Compatibility，EMC)。EMC＝EMS＋EMI。其中，EMS 为电磁敏感性(Electromagnetic Susceptbility)，EMI 为电磁辐射(Electromagnetic Interference)。

2. EMC 的三要素及抑制方法

1）EMC 的三要素

EMC 的三要素为干扰源、耦合通道和受感器。

2）电磁干扰(EMI)传播(耦合)途径

电磁干扰(EMI)传播(耦合)包括以下两种途径：

（1）传导性耦合；

（2）辐射性耦合。

3）EMI 抑制方法

EMI 的三种抑制方法如下：

（1）抑制干扰源；

（2）切断耦合通道；

（3）使受感器的感应灵敏度减弱。设备的电磁干扰耦合方式与研究思路可用图 2－23 来归纳。

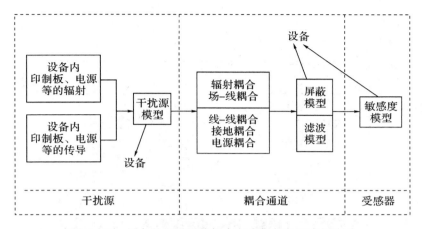

图 2-23　设备的电磁干扰耦合方式与研究思路归纳图

3. EMC 评定指标

EMC 评定指标包括以下几项：

（1）CE 传导发射（传导骚扰）；

（2）CS 度传导敏感度（传导抗扰度）；

（3）RE 辐射发射（辐射骚扰）；

（4）RS 辐射敏感度（辐射抗扰度）。

4. 民用设备及系统电磁兼容性能的影响

民用设备及系统电磁兼容性能具有以下影响：

（1）系统性能的降低或失效，导致不能完成预定任务；

（2）引起失效模式，降低设备可靠性；

（3）影响设备或元器件的工作寿命；

（4）影响效费比，增加产品的成本；

（5）影响设备或人员的生存性和安全性；

（6）延误生产和使用。

5. EMC 的研究范畴

EMC 的研究范畴可用图 2-24 来归纳。

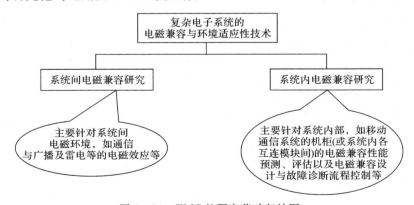

图 2-24　EMC 的研究范畴归纳图

6. EMC 对策

EMC 的对策可用图 2-25 来归纳。

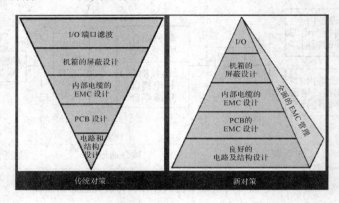

图 2-25　EMC 的对策归纳图

7. EMC 设计的层次与主要工作

EMC 设计的层次与主要工作可用图 2-26 来归纳，其中电源的 EMC 设计是必须关注的重要内容之一。

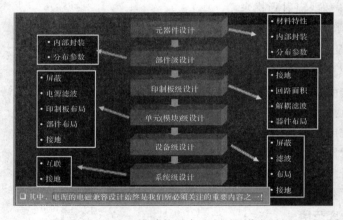

图 2-26　EMC 设计的层次及主要工作归纳图

8. EMC 的标准体系与国际标准化组织

1）EMC 的标准体系

EMC 的标准体系包括：

（1）国际标准化组织；

（2）国际电磁兼容标准体系；

（3）国内电磁兼容标准体系；

（4）国内相关电磁兼容标准。

2）EMC 的国际标准化组织

EMC 的国际标准化组织可用图 2-27 来归纳。

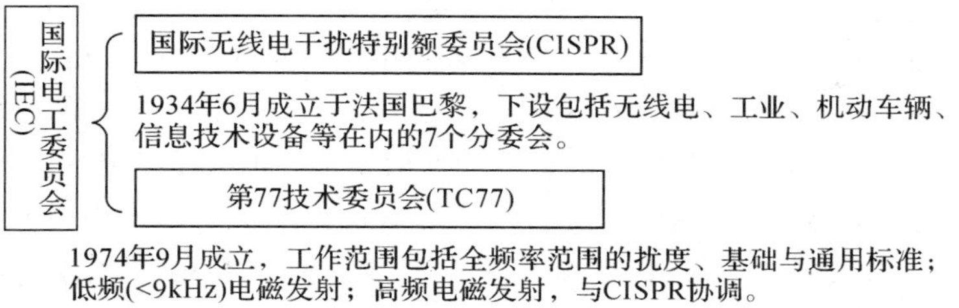

国际无线电干扰特别额委员会(CISPR)

国际电工委员会(IEC)

1934年6月成立于法国巴黎，下设包括无线电、工业、机动车辆、信息技术设备等在内的7个分委会。

第77技术委员会(TC77)

1974年9月成立，工作范围包括全频率范围的扰度、基础与通用标准；低频(<9kHz)电磁发射；高频电磁发射，与CISPR协调。

图 2-27　EMC 的国际标准化组织归纳图

国际标准化组织的具体内容、职责和涵盖范围说明如下：

(1) 国际电工委员会(IEC)。IEC 对于 EMC 方面的国际标准化活动有着举足轻重的作用。该委员会下辖无线电干扰特别委员会(CISPR)和第 77 技术委员会(TC77)一共两个委员会。其承担的主要工作内容为电磁兼容咨询委员会(ACEC)、无线电干扰特别委员会(CISPR)和第 77 技术委员会(TC77)。在 IEC 中，协调 CISPR、TC77 及其他 TC 和国际组织在 EMC 领域协作关系的机构是 ACEC。ACEC 的单位成员包括 TC77、CISPR 及其他有关的技术委员会和分技术委员会。

① 国际无线电干扰特别委员会(CISPR)。该组织在 1934 年 6 月成立于法国巴黎，是世界上最早成立的国际性无线电干扰组织，它的目标是促进国际无线电干扰问题在下列几方面达成一致意见：

• 保护无线电接收装置，使其免受所有类型的电子设备、点火系统，包括电力牵引系统的供电系统，工业、科学和医用无线电频率，声音和电视广播接收机，信息技术设备的干扰。

• 规定干扰测量的设备和方法。

• 规定干扰源产生干扰的极限值。

• 规定声音和电视广播接收装置的抗扰度要求及测量方法。

• 规定安全规程对电气设备的干扰抑制的影响。

• 为避免重复工作，CISPR 要和其他组织共同考虑。

CISPR 负责制定出版物的各分会的分工如下：

• 无线电干扰测量和统计方法；

• 工业、科学和医疗设备的无线电干扰；

• 架空电力线、高压设备和电力牵引系统的干扰；

• 机动车辆和内燃机的无线电干扰；

• 无线电接收设备的干扰；

• 家用电器、电动工具、照明设备和类似设备的干扰；

• 信息技术设备的干扰；

• 保护无线电业务的发射限值；

• 信息技术设备、多媒体设备和接收机的电磁兼容。

② 第 77 技术委员会(TC77)。该技术委员会是 IEC 的电磁兼容技术委员会，成立于 1974 年 9 月，其组织结构包括 SC77A、SC77B、SC77C 三个分技术委员会，其技术分工为：SC77A 负责低频段，SC77B 负责高频段，SC77C 负责对高空核电磁脉冲的抗扰度。TC77

制定的 EMC 标准主要是 IEC61000 系列标准，共分总则、环境、限值、试验和测量技术、安装和调试导则、通用标准、电能质量、暂缺和其他共 9 个部分。

③ CISPR 与 TC77 之间关系。CISPR 和 TC77 都是从事 EMC 研究的技术委员会。CISPR 负责一定系列产品频率为 9 kHz 以上的发射要求，还负责制定一些产品的抗扰度标准，并制定了大量的产品抗扰度标准（如收音机、电视机及信息技术设备）。这些产品的通用抗扰度测量程序，包括在 CISPR16 - 2 内。TC77 最初的工作范围是制定产品电磁兼容标准，负责提出低于 9 kHz 频率的发射要求，并负责整个频率范围内的抗扰度测试的基础标准；在 ACEC 的协调下，也可应 IEC 其他产品委员会的要求，制定产品的抗扰度标准。

（2）欧洲电工标准化委员会（CENELEC）。该委员会成立于 1973 年，总部设在比利时的布鲁塞尔。CENELEC 得到欧共体的正式认可，是在电工领域而且是按照欧共体 83/189/EEC 指令开展标准化活动的组织。CENELEC 从事电磁兼容工作的技术委员会为 TC210，它负责 EMC 标准制定或转化工作。TC210 将现有的 IEC 的相关技术委员会和 CISPR 等的 EMC 标准转化为欧洲 EMC 标准。TC210 的组织结构包括 5 个工作组。各工作组的职责范围为：WG1 用于通用标准，WG2 用于基础标准，WG3 用于表征电力设施对电话线的影响，WG4 用于电波暗室，WG5 用于民用的军用设备。

（3）欧洲标准与 IEC 标准的关系。欧洲标准冠以字头"EN"，其编号规则见表 2 - 2。自 1997 年 1 月开始，IEC 采用了新的编号规则：其标准号为以 6 字开始的 5 位数。例如：原来的 IEC34 - 1 改为 IEC60034 - 1。这样 IEC 的标准号与来自 IEC 的欧洲标准编号完全相同。

表 2 - 2 欧洲标准编号规则表

引用标准性质	标准编号	举 例
引自 CENELEC	EN50×××	
引自 CISPR	EN55×××	EN50801
引自 IEC	EN60×××	EN55013（源于 CISPR13）
预备草案	prEN×××××	EN61000（源于 IEC61000）
临时标准	ENV×××××	ENV50204

9. 国际 EMC 标准体系的相互关系

国际 EMC 标准体系的相互关系可用图 2 - 28 来归纳。

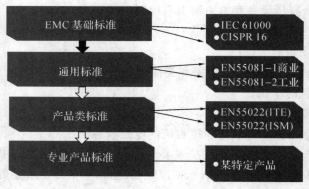

图 2 - 28 国际 EMC 标准体系的相互关系归纳图

10. 国内 EMC 标准体系

国内 EMC 标准体系包括以下几项：

（1）基础标准。如 GB4365 术语；GB/66113 主要规定测量设备；GB/T15658 涉及环境等。

（2）通用标准。如 GB8702 主要涉及在强电磁场环境下对人体的防护要求；GB/T14431 主要涉及无线电业务要求的信号/干扰保护比。

（3）产品标准。如 GB4343、GB4824 等。在我国的电磁兼容国家标准中尚无（专用）产品标准。

（4）系统间电磁兼容性标准。该标准用于协调不同系统之间的电磁兼容性要求。我国现行的电磁兼容国家标准中属于系统间的有 13 个，如 GB6364 以及 GB13613～GB13618 等。在这些标准中，大都根据多年的研究结果规定了不同系统之间防护距离。例如，机场中的通信导航设备为防护广播电台、短波通信发射台、高压电力系统、电气化铁道等强电系统所需的保护距离。

11. 国内 EMC 标准比较

根据国家质量技术监督局提出的尽量采用国际标准或先进国家标准来制定我国国家标准的指导思想，我国的电磁兼容标准绝大多数引自国际标准。其来源包括：

（1）引自国际无线电干扰特别委员会（CISPR）出版物，如 GB/T6113、GB14023、GB15707、GB16607 等。

（2）引自国际电工委员会（IEC）标准，如 GB4365、GB/T17626 系列。

（3）部分引自美国军用标准（MIL－STD－×××），如 GB15540。

（4）部分引自国际电信联盟（ITU）有关文件，如 GB/T15658。

（5）引自国外先进标准，如 GB6833 系列。

12. 国内 EMC 标准测试中不同测试项目的顺序

国内 EMC 标准测试中不同测试项目的顺序流程如图 2-29 所示。

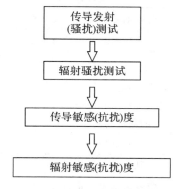

图 2-29 国内 EMC 标准测试中不同测试项目的顺序流程图

13. 国内已经制定并颁布的相关民用标准

国内已经制定并颁布的相关民用标准见表 2-3 和表 2-4，以及如图 2-30 所示。国内已经制定并颁布的相关民用标准中的谐波标准 EN61000－3－2 如图 2-31 所示。

表 2-3　国内已经制定并颁布的相关民用标准内容表

标准代号	电工、电子产品类标准
GB 4343-1995	家用和类似用途电动、电热器具，电动工具以及类似电器无线电干扰特性测量方法和允许值
GB 4343.2-1999	电磁兼容　家用电器、电动工具和类似器具的要求第 2 部分：抗扰度——产品类标准
GB 4824-2001	工业、科学和医疗(ISM)射频设备电磁骚扰特性的测量方法和限值
GB/T 6833.1-1987	电子测量仪器电磁兼容性试验规范　总则
GB/T 6833.2-1987	电子测量仪器电磁兼容性试验规范　磁场敏感度试验
GB/T 6833.3-1987	电子测量仪器电磁兼容性试验规范　静电放电敏感度试验
GB/T 6833.4-1987	电子测量仪器电磁兼容性试验规范　电源瞬态敏感度试验
GB/T 6833.5-1987	电子测量仪器电磁兼容性试验规范　辐射敏感度试验
GB/T 6833.6-1987	电子测量仪器电磁兼容性试验规范　传导敏感度试验
GB/T 6833.7-1987	电子测量仪器电磁兼容性试验规范　非工作状态磁场干扰试验
GB/T 6833.8-1987	电子测量仪器电磁兼容性试验规范　工作状态磁场干扰试验
GB/T 6833.9-1987	电子测量仪器电磁兼容性试验规范　传导干扰试验
GB/T 6833.10-1987	电子测量仪器电磁兼容性试验规范　辐射干扰试验

表 2-4　国内已经制定并颁布的相关民用标准关系表

标准代号	基础类标准	对应国际标准
GB/T 17626.1-1998	抗扰度试验总论	IEC 61000-4-1：1992
GB/T 17626.2-1998	静电放电抗扰度试验	IEC 61000-4-2：1995
GB/T 17626.3-1998	射频电磁辐射抗扰度试验	IEC 61000-4-3：1995
GB/T 17626.4-1998	电快速瞬间脉冲群抗扰度试验	IEC 61000-4-4：1995
GB/T 17626.5-1998	浪涌(冲击)抗扰度试验	IEC 61000-4-5：1995
GB/T 17626.6-1998	射频场感应的传导骚扰抗扰度	IEC 61000-4-6：1996
GB/T 17626.7-1998	供电系统及所连设备谐波的谐间波的测量和测量仪器导则	IEC 61000-4-7：1996
GB/T 17626.8-1998	工频磁场抗扰度试验	IEC 61000-4-8：1993
GB/T 17626.9-1998	脉冲磁场抗扰度试验	IEC 61000-4-9：1993
GB/T 17626.10-1998	阻尼振荡磁场抗扰度试验	IEC 61000-4-10：1993
GB/T 17626.11-1998	电压暂降短时中断和电压变化的抗扰度试验	IEC 61000-4-11：1994
GB/T 17626.12-1998	振荡波抗扰度试验	IEC 61000-4-12：1995

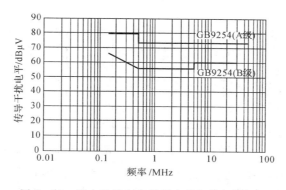

图 2-30　国内已经制定并颁布的相关民用标准

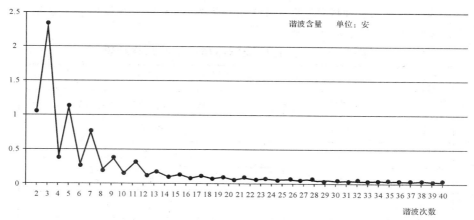

图 2-31　国内已经制定并颁布的相关民用标准中的谐波标准 EN61000-3-2

14. 电快速瞬态脉冲群干扰及其产生机理

（1）感性负载突然断电（反复循环）。如图 2-32 所示的电路中存在感性负载 L，由于该感性负载 L 为储能元件，并且流过的电流不能突变，因此在感性负载突然断电时，瞬间在负载中产生与原来电流相反的冲击电流，也就是反向电动势 U'。这种反向电动势 U' 就是电快速瞬态脉冲群干扰，这种干扰电压峰值有时要比电源电压 U_s 高得多。

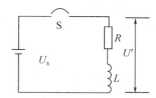

图 2-32　存在感性负载 L 的电路

（2）容性负载突然加电（反复循环）。如图 2-33 所示的电路中存在容性负载 C，由于该容性负载 C 为储能元件，并且两端的电压不能突变，因此在容性负载突然加电时，瞬间在负载中产生冲击电流，也就是充电电流 I'。这种充电电流 I' 就是电快速瞬态脉冲群干扰，这种干扰电流峰值有时要比负载电流 I_R 高得多。

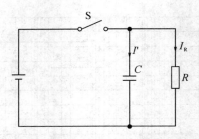

图 2-33　存在容性负载 C 的电路

（3）电快速瞬变脉冲群试验严酷等级。电快速瞬变脉冲群试验严酷等级列于表 2-5 中。1 级是良好保护环境（如计算机房）；2 级是一般的保护环境（如工厂、电厂的控制室及终端室）；3 级是一般工业环境；4 级为最严酷的等级（如未采取特殊措施的电站、室外工程控制装置、露天的高压变电站开关装置等）。

表 2-5　电快速瞬变脉冲群试验严酷等级表

等级	试验电压/kV（+10%）	
	电源线	输入、输出信号、数据线和控制线
1	0.5	0.25
2	1	0.5
3	2	1
4	4	2
5	待定	待定

15. 军用电子设备 EMC 的要求

军用电子设备 EMC 的要求实际上就是 GJB151A/152A 的具体内容，其具体内容列于表 2-6 中可供设计者参考。

表 2-6　GJB151A/152A 的具体内容表

要求	说　明	备注
CS101	25 Hz～50 kHz 电源线传导敏感，2 V 或 7 V，80 W 通过 0.5 Ω 负载	所有设备必做
CS106	电源线尖峰信号传导敏感度，$E=100～400$ V，$t=0.15～10$ μs	
CS114	10 kHz～100 MHz 电缆束注入传导敏感度，40～110 dB μA 集束注入	所有设备必做
CS116	10 kHz～100 MHz 电缆和电源线阻尼正弦瞬变传导敏感度，0.1～5 A	

2.6　电源的几个概念

2.6.1　纹波电压

从 DC - DC 变换器的原理框图 2 - 34 中可以看出，输出滤波电容 C 两端的电压实际上就等于 DC - DC 变换器的输出电压 U_o。那么该滤波电容 C 两端电压的变化量实际上就是所要计算的 DC - DC 变换器的输出电压纹波值 ΔU_o。

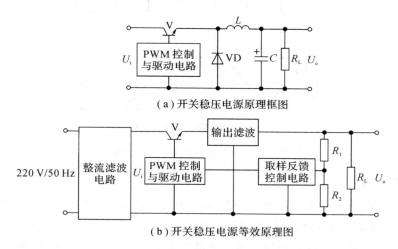

（a）开关稳压电源原理框图

（b）开关稳压电源等效原理图

图 2 - 34　DC - DC 变换器原理框图和等效原理图

从图 2 - 35 所示的电容两端电压 U_C（即输出电压 U_o）的波形图中就可以看出，在开关功率管 V 导通（$t = t_1 - t_0$）的 $t_\text{ON}/2$ 到 t_ON 的时间内，滤波电容 C 开始充电，充至与输入电压 U_i 相等的值时，开关功率管 V 截止，滤波电容 C 这段时间内充电电压的变化量应为 ΔU_o1；从 t_1 时刻开关功率管 V 开始截止直到 $t_\text{OFF}/2$ 这段时间内开关功率管 V 一直处于截止状态，并且这段时间内储能电感 L 要承担一边向负载提供能量，一边又向滤波电容 C 继续充电的任务。滤波电容 C 不断被充电，两端电压不断上升，最后达到电压最大值。设这段时间内滤波电容 C 两端电压变化量为 ΔU_o2，那么就有

$$\Delta U_\text{o} = \Delta U_\text{o1} + \Delta U_\text{o2} \tag{2 - 4}$$

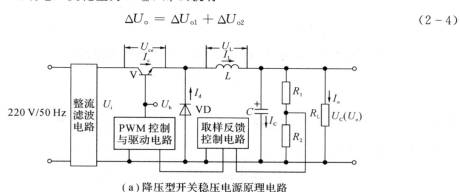

（a）降压型开关稳压电源原理电路

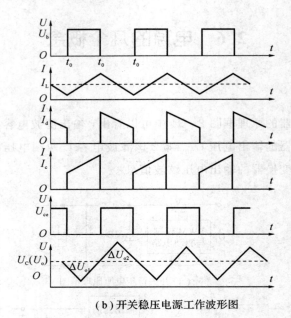

（b）开关稳压电源工作波形图

图 2-35　DC-DC 变换器原理电路及波形图

1. ΔU_{o1} 的计算

从图 2-35（b）所示的 I_c、I_L 和 $U_c(U_o)$ 的波形中可以看出，设 $t = t_0$ 时，开关功率管 V 开始导通，滤波电容 C 放电电流开始减小，在经过 $t_{ON}/2$ 时间之后，放电电流等于零，此时滤波电容 C 两端的电压具有最小值。然后滤波电容 C 开始充电，滤波电容 C 两端的电压 U_c 开始上升。滤波电容 C 的充电一直维持到经过 $t_{ON}(t_{ON} = t_1 - t_0)$ 时间，开关功率管 V 开始截止。在这段时间内滤波电容 C 两端电压的变化值 ΔU_{o1} 取决于滤波电容 C 的充电电流 I_C 和充电时间 $t_{ON} - t_{ON}/2$，故 ΔU_{o1} 为

$$\Delta U_{o1} = \frac{1}{C} \int_{t_{ON}/2}^{t_{ON}} I_C \cdot dt \qquad (2-5)$$

从图 2-35 中可以得到

$$I_L = I_C + I_o, \quad I_C = I_L - I_o$$

而 $I_L = \dfrac{1}{L}\displaystyle\int U_L \cdot dt = \dfrac{1}{L}\displaystyle\int (U_i - U_o) \cdot dt$，所以就有

$$I_C = \frac{1}{L}\int (U_i - U_o) \cdot dt - I_o = \frac{1}{L}(U_i - U_o) \cdot t + I_{Lmin} - I_o \qquad (2-6)$$

由于流过储能电感 L 的平均电流值就等于负载电阻 R_L 上流过的电流 I_o，因此就有

$$I_o = \frac{I_{Lmax} + I_{Lmin}}{2} \qquad (2-7)$$

把 $I_{Lmin} = -\dfrac{U_o}{L} \cdot (t_2 - t_1) + I_{Lmax}$ 以及式（2-7）同时代入式（2-6）中，可以得到电容的充电电流 I_C 的计算公式为

$$I_C = \frac{1}{L}(U_i - U_o) \cdot t - \frac{U_o}{2L} \cdot t_{OFF} \qquad (2-8)$$

然后把式(2-8)代入式(2-5)中便可以求得ΔU_{o1}为

$$\Delta U_{o1} = \frac{1}{C}\int_{t_{ON}/2}^{t_{ON}}\left[\frac{1}{L}(U_2-U_o)\cdot t-\frac{U_o}{2L}\cdot t_{OFF}\right]\cdot \mathrm{d}t = \frac{1}{C}\cdot\frac{U_o\cdot t_{ON}\cdot t_{OFF}}{8L} \quad (2-9)$$

2. ΔU_{o2}的计算

ΔU_{o2}也就是滤波电容C从原有的电压U_o继续向上充电，一直充到经过$t_{OFF}/2$时间，滤波电容C上的电压充到最大值。也就是在开关功率管 V 截止的时间内滤波电容C上的增量ΔU_{o2}为

$$\Delta U_{o2} = \frac{1}{C}\int_{t_{ON}}^{t_{ON}+t_{OFF}/2}I_C\cdot \mathrm{d}t \quad (2-10)$$

在开关功率管 V 截止，即$t_{OFF}(t_2-t_1)$期间，负载R_L所需的能量由储能电感L通过续流二极管 VD 供给，因此可以得到下列方程：

$$U_o =-L\frac{\mathrm{d}I_L}{\mathrm{d}t} \quad (2-11)$$

由此可以得到

$$I_L =-\frac{1}{L}\int U_o\cdot \mathrm{d}t =-\frac{U_o}{L}\cdot t + I_{Lmax} \quad (2-12)$$

将式(2-12)代入$I_C = I_L - I_o$中就可以得到开关功率管 V 在截止期间内滤波电容C中的电流的表达式为

$$I_C =-\frac{U_o}{L}t + I_{Lmax} - I_o \quad (2-13)$$

同理，把式 $I_{Lmax}=\frac{U_i-U_o}{L}\cdot[(t_1-t_0)+I_{L0}]$以及式(2-7)分别代入式(2-13)中，消去$I_{Lmax} - I_o$后得到

$$I_C = \frac{U_o}{2L}t_{OFF} - \frac{U_o}{L}t \quad (2-14)$$

最后将式(2-14)代入式(2-10)就可以算出ΔU_{o2}：

$$\Delta U_{o2} = \frac{1}{C}\int_0^{t_{OFF}/2}\left(\frac{U_o}{2L}\cdot t_{OFF} - \frac{U_o}{L}t\right)\cdot \mathrm{d}t = \frac{1}{C}\cdot\frac{U_o\cdot t_{ON}^2}{8L} \quad (2-15)$$

3. 输出电压纹波ΔU_o的计算

将式(2-9)和式(2-15)都代入式(2-4)中就可以计算出滤波电容C两端的电压波动ΔU_o为

$$\Delta U_o = \Delta U_{o1} + \Delta U_{o2} = \frac{1}{C}\cdot\left[\frac{U_o\cdot t_{ON}\cdot t_{OFF}}{8L}\right] + \frac{1}{C}\cdot\left[\frac{U_o\cdot t_{ON}^2}{8L}\right]$$

$$= \frac{U_o\cdot t_{ON}\cdot t_{OFF}}{8C\cdot L} + \frac{U_o\cdot t_{ON}^2}{8C\cdot L}$$

$$= \frac{U_o\cdot t_{ON}}{8C\cdot L}\cdot(t_{OFF}+t_{ON}) \quad (2-16)$$

$$= \frac{U_o\cdot t_{ON}\cdot T}{8C\cdot L}=\frac{U_o^2\cdot T^2}{8C\cdot L\cdot U_i} \quad (2-17)$$

从式(2-16)和式(2-17)中可以看出，DC-DC变换器输出电压纹波值除了与输出电压U_o和输入电压U_i有关以外，还与开关周期成正比，也就是与开关频率成反比；另外，增

大储能电感 L 和滤波电容 C 的参数值也可起到降低纹波电压的作用。此外，降低开关功率管 V 的工作周期时间（即提高开关功率管 V 的工作频率 f）也能收到同样的效果。当然，在降低 DC-DC 变换器输出纹波电压 ΔU_o 的过程中，要兼顾利弊，综合考虑性能价格比，而不能一味地追求输出纹波电压 ΔU_o 越低越好，应考虑 DC-DC 变换器的使用环境、输入条件和输出要求；还应考虑降低输出纹波电压 ΔU_o 后，DC-DC 变换器的造价、体积和重量都要相应增加。

4. 实际上真正的输出纹波电压

上面所计算出来的 ΔU_o 只是降压型 DC-DC 变换器电路输出纹波电压中由于开关频率所引起的输出纹波电压值，实际上真正的输出纹波电压除了以上所计算的两部分以外，还应该包括电网工频纹波电压和高频功率转换所产生的寄生纹波电压，如图 2-36 所示。图中 T_1 是电网工频纹波电压的半周期时间（一般为电网工频电压的半周期时间），T_2 是高频功率转换所产生的寄生纹波电压（开关转换纹波电压）的周期时间（一般为开关功率管的周期时间）。

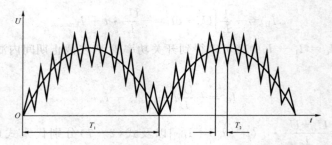

图 2-36　DC-DC 变换器输出端的工频纹波和开关转换纹波电压波形

（1）工频纹波电压。当所设计的 DC-DC 变换器电路直接接 220 V/50 Hz 的交流电网电压时，经全波整流、滤波后，形成 100 Hz 的脉动直流电压作为 DC-DC 变换器的输入供电电压 U_i。该输入直流脉动电压 U_i 中的脉动成分经过稳压调节后，虽然被大大衰减，但仍有少量残留部分在输出电压 U_o 中，因此就在输出电压中形成了电网工频纹波电压。要想减小这种残留在输出电压中的电网工频纹波电压，就必须增大 DC-DC 变换器输入端一次整流滤波电容的容量和提高 PWM 电路以及功率变换电路的负载动态响应速度。

（2）开关转换纹波电压。对于任何一种晶体管，从导通到截止或者从截止到导通的转换过程都需一定的转换时间。如图 2-37 所示，当开关功率管 V 从截止转向导通时，虽然续流二极管 VD 上的电压已经反向偏置，但是由于该二极管 VD 中少数载流子的存储效应，二极管中流动着的电流不可能立即被关断，只有经过一段时间后才能真正处于截止状态。这段时间被称为二极管的反向截止时间。在这段时间内二极管呈现低阻抗，于是输入电压通过开关功率管 V、续流二极管 VD 可以形成一个非常大的电流，这个电流通过回路中的分布电容就会引起一个较大的高频阻尼振荡，它经过平滑滤波以后寄生在输出电压中的残留部分就形成了所谓的开关转换纹波电压。此外，当开关功率管 V 从导通转向截止的瞬间，储能电感 L 由于自感作用就会发生极性颠倒，但续流二极管 VD 由于从截止转向导通需要一定的恢复时间，此时储能电感 L 上的反向电动势便会升得很高，反映到输出端同样会形成开关转换纹波电压。减小开关转换纹波电压通常可以采用以下三种方法：

- 采用导通时间快、恢复时间短的肖特基二极管或快恢复二极管作为续流二极管。

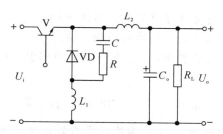

图 2 - 37　减小 DC - DC 变换器输出端开关转换纹波电压的电路

- 如图 2 - 37 所示，在续流二极管 VD 两端并联一个阻容吸收网络，电容 C 的容量主要取决于开关转换频率。一般情况下当开关转换频率在 20～100 kHz 的范围内时，电容 C 的取值范围应为 0.0022～0.01 μF，电阻 R 的阻值一般取 1～10 Ω。这样一来，就可以将由于续流二极管恢复时间所导致的开关转换纹波电压吸收到最小程度。

- 像图 2 - 37 所示的那样，在续流二极管 VD 的引线中串一电感量很小的电感 L_1（实际应用中有时就在续流二极管 VD 的引脚引线上穿一小磁环或小磁珠即可），利用电感上电流不能突变的特性来抑制和缓冲续流二极管 VD 反向恢复期间内的反向电流。

2.6.2　线性调整率

线性调整率实际上应称为线电压调整率，有时也叫做电源调整率。对于稳压电源，输入电压在额定范围内变化时，输出电压之变化率即为线性调整率。而对于恒流电源，输入电流在额定范围内变化时，输出电流之变化率即为线性调整率，分别表示如下：

$$S_{IV} = \frac{\Delta U_{OUT}}{U_{OUT}} \times 100\% \quad （稳压源） \tag{2-18}$$

$$S_{II} = \frac{\Delta I_{OUT}}{I_{OUT}} \times 100\% \quad （恒流源） \tag{2-19}$$

式中，S_{IV} 为稳压电源的线性调整率，ΔU_{OUT} 为稳压电源在输入电压动态范围为 ΔU_{IN} 时的输出电压变化值，U_{OUT} 为稳压电源的额定输出电压值；S_{II} 为恒流源的线性调整率，ΔI_{OUT} 为恒流源在输入电压动态范围为 ΔU_{IN} 时的输出电流变化值，I_{OUT} 为恒流电源的额定输出电流值。

2.6.3　负载调整率

1. 稳压源负载调整率

电源的负载调整率实际反映的是电源的输出阻抗。对于稳压源，输出阻抗与负载是串联的，稳压源的好坏主要取决于输出阻抗的大小，好的稳压源的输出阻抗一般很小，在毫欧数量级。输出电流在额定范围内变化时，输出电压之变化率即为稳压源的负载调整率。一般情况下，输出电流的额定范围的最小值均为负载开路时的电流值，即输出电流为零，表示为

$$S_{OV} = \frac{\Delta U_{OUT}}{U_{OUT}} \times 100\% \quad （稳压源） \tag{2-20}$$

式中，S_{OV} 为稳压源的负载调整率，ΔU_{OUT} 为稳压源在输出电流额定范围为 ΔI_{OUT} 时的输出电压变化值，U_{OUT} 为稳压源的额定输出电压值。

2. 恒流源负载调整率

对于恒流源，输出阻抗与负载是并联的，恒流源的好坏主要取决于输出阻抗的大小，好的恒流源的输出阻抗一般很大，在兆欧数量级。输出电压在额定范围内变化时，输出电流之变化率即为恒流源的线性调整率，一般情况下，输出电压的额定范围的最大值均为负载开路时的电压值，表示为

$$S_{OI} = \frac{\Delta I_{OUT}}{I_{OUT}} \times 100\% \quad （恒流源） \tag{2-21}$$

式中，S_{OI}为恒流源的负载调整率，ΔI_{OUT}为恒流源在输出电压额定范围为 ΔU_{OUT}时的输出电流变化值，I_{OUT}为恒流电源的额定输出电流值。

说明：在以上电源的线性调整率和负载调整率这两组计算公式中，虽然都有相同的 ΔU_{OUT} 和 ΔI_{OUT}，都是指稳压电源输出电压的变化值和恒流源输出电流的变化值，但是它们在线性调整率和负载调整率中所代表的物理含义不同，也就是在不同测试条件下得到的电源的输出电压或电流的变化值。

2.6.4 转换效率

1. AC-DC 电源的转换效率

（1）AC-DC 线性稳压电源的转换效率。AC-DC 线性稳压电源转换效率 η 的计算与测量都非常简单，一般均为输入功率与输出功率之比的百分数，输入功率除了与输入电压 U_{IN} 和电流 I_{IN} 有关以外，还与输入端的功率因数 PF 有关，即

$$\eta = \frac{U_{OUT} \times I_{OUT}}{U_{IN} \times I_{IN} \times PF} \times 100\% \tag{2-22}$$

式中，U_{OUT}为直流输出电压值，I_{OUT}为直流输出电流值，功率因数 PF 计算如下：

$$PF = k \times \cos\varphi \times 100\% \tag{2-23}$$

式中，k 为输入正弦波电压和电流波形的畸变，也就是电压和电流谐波导致波形的失真度，通常用功率因数表就能测得；φ 为输入正弦波电压和电流波形的相位差，通常用示波器便可直接测得，有时也可使用交流毫伏计通过三压法间接测得。

（2）AC-DC 开关稳压电源的转换效率。AC-DC 开关稳压电源转换效率的计算和测量分为两部分：一部分是输入端具有功率因数校正功能的 AC-DC 开关稳压电源转换效率的计算和测量，另一部分是输入端没有功率因数校正功能的 AC-DC 开关稳压电源转换效率的计算和测量。由于具有功率因数校正功能的 AC-DC 开关稳压电源转换效率的计算和测量比较简单，与上面刚讨论过的 AC-DC 线性稳压电源转换效率的计算和测量类似，因此这里就不再重述。由于不具备功率因数校正功能的 AC-DC 开关稳压电源转换效率的计算和测量是一个较为复杂的课题，因此这里重点进行讲解。

AC-DC 开关稳压电源转换效率的测量电路如图 2-38 所示。

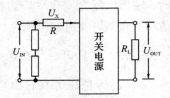

图 2-38　AC/DC 开关稳压电源转换效率测量电路

功率转换效率 η 可表示为

$$\eta = \frac{P_{\text{OUT}}}{P_{\text{IN}}} \times 100\% \qquad (2-24)$$

式中，输出功率 P_{OUT} 很容易计算出来，即

$$P_{\text{OUT}} = \frac{U_{\text{OUT}}^2}{R_{\text{L}}} \qquad (2-25)$$

式中，U_{OUT} 为输出直流电压，可用万用表直接测得；R_{OUT} 为额定输出功率条件下的负载电阻。式(2-24)中 P_{IN} 的计算和测量是 AC-DC 开关稳压电源转换效率计算和测量的关键和难点。图 2-39(a)为使用双踪示波器在图 2-38 所示电路的输入端测量出来的输入电压 u_{IN} 和电流 i_{IN} 的波形，输入电压 u_{IN} 类似于正弦波，而输入电流 i_{IN} 却类似于三角波(为了便于计算，将其近似为三角波，近似后的波形如图 2-39(b)所示)。设平均功率为 P_{i}，并且满足 $P_{\Delta 1} < P_{\text{i}} < P_{\Delta 2}$，见图 2-39(b)，则有

$$P_{\text{i}} = \frac{1}{T} \int_0^T v \cdot i \cdot \mathrm{d}t \qquad (2-26)$$

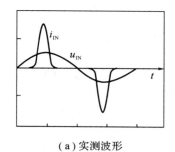

（a）实测波形

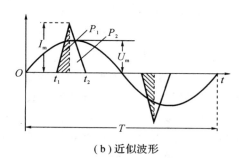

（b）近似波形

图 2-39　AC-DC 开关稳压电源输入电压和电流波形

当 Δ_1 与 Δ_2 较为接近，且 Δ 是 Δ_1 和 Δ_2 之间的任意一个三角波时，P_Δ 为对应的平均功率，那么便有

$$P_{\text{i}} \approx P_\Delta \approx P_{\text{IN}} \qquad (2-27)$$

如图 2-40 所示，由于 $P_\Delta = P_{\text{in}} \cdot \alpha$，其中，$\alpha$ 为功率因数；P_{in} 为输入有效值功率，如图 2-39 所示，即

$$P_{\text{in}} = U_{\text{in}} \cdot I_{\text{in}} \qquad (2-28)$$

式中，U_{in} 为输入电压的有效值，I_{in} 为输入电流的有效值，这两个参数均可由交流毫伏计测得。因此可得

$$P_{\text{IN}} = P_{\text{in}} \cdot \alpha = U_{\text{in}} \cdot I_{\text{in}} \cdot \alpha \qquad (2-29)$$

式中：

$$\alpha \approx \frac{2}{\pi} \sin\left(\frac{\pi}{2} \cdot \frac{t_2 - t_1}{T}\right) \qquad (2-30)$$

将式(2-25)、式(2-29)和式(2-30)代入式(2-24)后便可得到 AC-DC 开关稳压电源的转换效率：

$$\eta = \frac{\dfrac{U_{\text{OUT}}^2}{R_{\text{L}}}}{U_{\text{in}} \cdot I_{\text{in}} \cdot \alpha} \times 100\% = \frac{\dfrac{U_{\text{OUT}}^2}{R_{\text{L}}}}{U_{\text{in}} \cdot I_{\text{in}} \cdot \dfrac{2}{\pi} \sin\left(\dfrac{\pi}{2} \cdot \dfrac{t_2 - t_1}{T}\right)} \times 100\% \qquad (2-31)$$

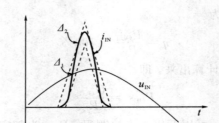

图 2-40 Δ_1 和 Δ_2 的示意图

2. DC-DC 电源的转换效率

DC-DC 电源不管是稳压源还是恒流源其转换效率 η 的计算与测量基本相同，也都非常简单，为输入功率与输出功率之比的百分数：

$$\eta = \frac{U_{\text{OUT}} \times I_{\text{OUT}}}{U_{\text{IN}} \times I_{\text{IN}}} \times 100\% \tag{2-32}$$

式中，U_{OUT} 为直流输出电压值，I_{OUT} 为直流输出电流值，U_{IN} 为直流输入电压值，I_{IN} 为直流输入电流值，均可用直流电压表直接测得。

3. DC-AC 电源的转换效率

DC-AC 开关稳压电源有时也叫逆变器电源，简称 UPS。其转换效率的计算和测量也分为两部分：一部分是输出端具有功率因数校正功能的 DC-AC 开关稳压电源转换效率的计算和测量，另一部分是输出端不具有功率因数校正功能的 DC-AC 开关稳压电源转换效率的计算和测量。由于输出端具有功率因数校正功能的 DC-AC 开关稳压电源转换效率的计算和测量比较简单，与上面刚刚讨论过的 AC-DC 线性稳压电源转换效率的计算和测量类似，因此这里就不再重述。由于输出端不具备功率因数校正功能，因此这类 DC-AC 开关稳压电源转换效率的计算和测量也是一个较为复杂的课题，但是却与输入端不具备功率因数校正功能的 AC-DC 开关稳压电源转换效率的计算和测量方法基本类似，只不过输入功率和输出功率刚好倒过来了，因此其测算公式如下：

$$\eta = \frac{U_{\text{out}} \cdot I_{\text{out}} \cdot \alpha}{U_{\text{IN}} \cdot I_{\text{IN}}} \times 100\% = \frac{U_{\text{out}} \cdot I_{\text{out}} \cdot \frac{2}{\pi} \cdot \sin\left(\frac{\pi}{2} \cdot \frac{t_2 - t_1}{T}\right)}{U_{\text{IN}} \cdot I_{\text{IN}}} \times 100\% \tag{2-33}$$

式中，U_{IN}、I_{IN} 分别为输入电源电压和电流的有效值，可用万用表直接测得；U_{out}、I_{out} 分别为输出电压和电流的有效值，可用交流毫伏计直接测得。

技 术 篇

第 3 章　高效低压差线性稳压器(LDO)实验

3.1　实　验　原　理

3.1.1　线性稳压器的工作原理

所谓的线性稳压电源，是指在稳压电源电路中的调整功率晶体管工作于线性放大区，而低压差线性稳压器则使稳压电源电路中的调整功率管不但工作于线性放大区，同时还要是一个低压差的功率晶体管，其原理方框图如图 3-1 所示。实验中通过芯片 UC3836 及相关电路来实现线性稳压电源的设计，UC3836 内部原理框图如图 3-3 所示。

实验电路由低压差线性稳压器控制器集成电路 UC3836、功率晶体管 3AD50C 和反馈取样分压器 $R_1 + R_2$ 组成，原理电路图如图 3-2 所示。

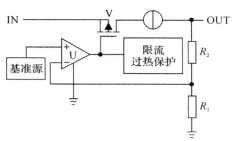

图 3-1　线性稳压器原理方框图

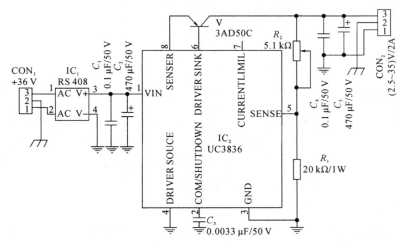

图 3-2　高效低压差线性稳压器原理电路图

低压差线性稳压器控制器集成电路 UC3836 采用 35 V 供电，引出端 6 产生的驱动信号直接驱动处于放大区的功率晶体管。引出端 5 作为反馈控制端接收由 R_1 和 R_2 组成的分压器所采集到的输出电压取样信号，从而控制引出端 6 所输出驱动信号的大小，最后达到控制功率晶体管输出放大倍数的目的。调节电阻 R_2 的阻值便可实现对输出电压的调节目的，

67

分压器 R_1 和 R_2 与输出电压 $U_。$ 之间的关系可由下式表示：

$$U_。 = 2.5 \times \left(1 + \frac{R_2}{R_1}\right) \tag{3-1}$$

1. 低压差线性稳压器控制器集成电路 UC3836

低压差线性稳压器控制器集成电路 UC3836 的内部原理框图如图 3-3 所示。该芯片具有下列功能：

（1）具有完整的大电流、低压差线性稳压器控制器的所有功能。

（2）可构成固定式 5 V 和可调输出式低压差线性稳压器。

（3）具有极高精确的 2.5 A 限流极限值和内置式限流电阻。

（4）为了得到较好的负载调整率，具有遥控采样功能。

（5）具有外部关闭、欠压封锁、电源电压极性加反和过热保护功能。

（6）具有 DIP-8 双列直插式封装形式。

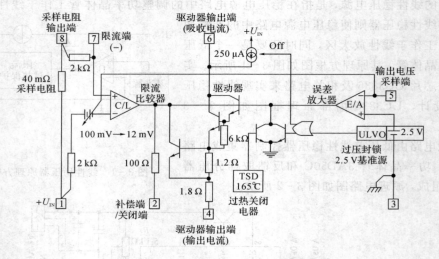

图 3-3   UC3836 内部原理框图

2. 绝对值电路

实验电路中所加的全桥整流电路 RS408 主要是起绝对值电路的功能，也就是防止学生在连接电路时将输入电源电压的极性接反而导致损坏低压差线性稳压器控制器集成电路 UC3836、功率晶体管 3AD50C 和后级的负载电路。因此，全桥整流电路不但可以用来进行全波整流，而且还可作为绝对值电路实现输入电源极性接反保护功能。

3. 滤波电路

在本实验电路中我们在低压差线性稳压器控制器集成电路 UC3836 的电源电压输入端分别外接了一个小容量的瓷片电容和一个大容量的电解电容，其作用是滤除供电电源电压中的交变成分，小容量瓷片电容滤除高频交变成分，大容量电解电容滤除低频交变成分。在所构成的低压差线性稳压器的输出端同样也外接了一个小容量的瓷片电容和一个大容量的电解电容，使输出的直流稳定电压中的纹波得到进一步的降低。另外，外接的电解电容一定要注意其正负极。

4. 小结

线性稳压器是通过对工作于线性放大区的功率管的放大倍数进行调节,使功率管的输出阻抗呈现线性限流或分压的纯阻抗作用,最后得到连续稳定可变的输出直流电压。实验中通过改变由电阻 R_1 和 R_2 组成的分压器中的电位器 R_2 阻值的大小,对输出电压进行调节和预置,再经后级滤波器电路滤波最终得到连续可变直流输出电压。在整个工作过程中,电路中的功率管始终是工作在线性放大区,因此顾名思义称其为线性稳压器,低压差只不过是所选用的功率管为 CMOS 功率管,其导通压降较低而已。

3.1.2　线性稳压电源的优点和缺点

1. 优点

(1) 电源稳定度较高。

(2) 输出纹波电压较小。

(3) 瞬态响应速度较快。

(4) 线路结构简单,便于理解和维修。

(5) 无高频开关噪声,EMC 容易通过。

(6) 成本低。

(7) 工作可靠性较高。

2. 缺点

(1) 内部功耗大,转换效率低,其转换效率一般只有 45% 左右。

(2) 体积大,重量重,不便于微小型化。

(3) 滤波效率低,必须具有较大的输入和输出滤波电容。

(4) 输入电压动态范围小,线性调整率低。

(5) 输出电压不能高于输入电压,同时也不能反极性输出。

(6) 单路输入时,不能多路输出。

造成这些缺点的原因如下:

(1) 从图 3-1 所示的线性稳压电源原理框图中可以看出,调整管 V 在电源的整个工作过程中一直是工作在晶体管特性曲线的线性放大区。调整管 V 本身的功耗与输出电流成正比,调整管 V 的集-射极管压降等于输入与输出电压差。这样一来调整管 V 本身的功耗不但随电源输出电流的增大而增大,而且还随输入与输出电压差的增大而增大,使调整管 V 的温度急剧升高。为了保证调整管 V 能够正常地工作,除选用功率大、耐压高的管子外,还必须采取一些必要的散热措施对管子进行冷却,如加散热器或轴流风机等进行风冷,这样又会导致电源整机体积大、重量重。

(2) 线性稳压电源电路中使用了 50 Hz 工频变压器,我们通常把这种变压器称为线性变压器。该线性变压器的功率转换效率一般最大只能达到 60%～80%。这样不但增加了电源的体积和重量,而且也大大降低了电源的效率。

(3) 由于线性稳压电源电路的工作频率较低,为 50 Hz,因此要降低输出电压中纹波电压的峰-峰值,就必须增大滤波电容的容量。

(4) 由于线性稳压电源电路中的功率管(有时也称为调整管)工作在线性放大区,只有在调整管集-射极管压降的基础上，才能实现稳压的目的。因此线性稳压器只有一般压差和低压差系列产品，而没有升压和反向式系列产品。

3.1.3　线性稳压器与开关稳压器的区别

线性稳压器与开关稳压器的区别如下：

（1）功率管工作状态不同。线性稳压器中的功率晶体管工作在线性放大状态，与负载系统是串联的关系，输出电压的稳定是靠调节或控制功率晶体管的导通管压降来实现的；而开关稳压器中的功率晶体管工作在 PWM/PFM 开关状态，输出电压的稳定是靠调节或控制工作在 PWM 开关状态的功率晶体管的 PWM/PFM 驱动信号的脉冲宽度或脉冲频率来实现的，正因为如此开关稳压器中的功率晶体管经常被称为开关功率管。

（2）控制与驱动不同。由于线性稳压器中的功率晶体管工作在线性放大区，与负载系统串联而构成分压器的关系，因此输出电压的稳定是靠调节或控制功率晶体管基极的偏置电压来实现的；而开关稳压器中的功率晶体管是工作在 PWM/PFM 开关状态，因此输出电压的稳定是靠调节或控制 PWM/PFM 驱动信号的占空比来实现的。

（3）输入电压与输出电压之间的关系不同。由于线性稳压器中的功率晶体管工作在线性放大区，与负载系统串联而构成分压器的关系，因此输入电压与输出电压的关系为线性关系，输入与输出之间的压差都降在功率晶体管上，压差越大，功率晶体管上的损耗越大，效率就越低，并且线性稳压器只有同向输出式和降压式；而开关稳压器中功率晶体管工作在开关状态，因此输出电压只与 PWM/PFM 驱动信号的占空比有关，并且可构成输出同向式降/升压型、反向式降/升压型、同向混合型和反向混合型稳压电源。

（4）功率转换效率不同。线性稳压器可分为一般压差式和低压差式两种。一般压差式线性稳压器由于压差均在 3 V 以上，因此转换效率一般均在 80% 以下；低压差式线性稳压器由于压差均在 3 V 以下，因此转换效率可达 80% 以上。由于开关稳压器工作在非线性的高频开关状态，因此一般效率均可达到 90% 以上。

（5）重量与体积不同。由于线性稳压器的效率不能做得较高，因而内部损耗会增大，这样就必须用较大的散热器来散热，另外还由于其工作在频率较低的工频点上，这就必须采用容量和体积较大的电解电容进行滤波，因此导致线性稳压器的重量与体积都大于开关稳压器。

3.1.4　线性稳压器的技术参数

1. 转换效率

线性稳压器转换效率 η 等于输入总功率与内部功率损耗比值，可表示为

$$\eta = \frac{U_{\text{IN}} \cdot I_{\text{IN}}}{(U_{\text{IN}} - U_{\text{OUT}}) \cdot I_{\text{OUT}} + U_{\text{IN}} \cdot I_{\text{Q}}} \tag{3-2}$$

式中，I_{Q} 为线性稳压器的静态工作电流，也就是当输出端开路时稳压器的输入电流，有时也称稳压器的接地电流。式（3-2）中电压的单位均为 V，电流的单位均为 A。另外，低压差线性稳压器（LDO）的内部损耗不能超过其封装形式的最大允许功耗，否则就必须外加散热器。

2. 输出和输入电容

线性稳压器的输出端和输入端均需要外加滤波电容，该电容若选择不当，其串联等效

电阻(ESR)R_{ESR}过大时就会影响滤波效果，导致其稳定性下降。具有较低 ESR(mΩ 量级)的陶瓷和聚丙烯介质电容通常是输出端和输入端外加滤波电容的首选，它们不但价格低廉，而且故障模式是开路，相比之下，钽介质电容比较昂贵，而且故障模式是短路，因此一般建议使用 X5R 或 X7R 的电容，容量应选取 1 μF 以上。

3. 压差

线性稳压器的压差实际上就是输入电压与输出电压的差值，是线性稳压器一个非常重要的参数。在保证输出电压稳定的条件下，该压差越低，其内部损耗越小，线性稳压器的性能就越好。

4. 负载调整率

线性稳压器的负载调整率被定义为，当稳压器输出端由重载变为开路的轻载时，或者是输出电流由最大值变化为零时，输出电压的相对变化率，如图 3－4 所示。负载调整率可表示为

$$\Delta U_{load} = \frac{U_o - U_t}{U_o} \times 100\% \qquad (3-3)$$

式中，U_{load} 为线性稳压器的负载调整率，U_o 为稳压器的额定输出电压值，U_t 为稳压器输出电流最大时的输出电压值，式中的电压单位均为 V。该技术参数主要是考量稳压器的带载能力的，其值越小说明稳压器的性能越好。

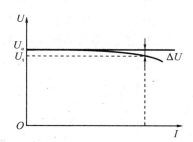

图 3－4　线性稳压器负载调整率的示意图

5. 线性调整率

线性稳压器的线性调整率被定义为，当稳压器输入电压在所设计(或所要求)的范围内由低端变到高端或由高端变到底端时，输出电压的相对变化率如图 3－5 所示。线性调整率可表示为

$$\Delta U_{line} = \frac{U_{t1} - U_{t2}}{U_o} \times 100\% \qquad (3-4)$$

式中 ΔU_{line} 为线性稳压器的线性调整率，U_o 为稳压器的额定输出电压值，U_{t1} 为稳压器输入电压最大时的输出电压值，U_{t2} 为稳压器输入电压最小时的输出电压值，式中的电压单位均为 V。该技术参数主要是考量稳压器的工作动态范围

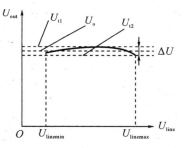

图 3－5　线性稳压器线性调整率的示意图

的，其值越小输入电压的变换对输出电压的影响越小，稳压器的性能也越好。

6. 电源纹波抑制比(PSRR)

线性稳压器的纹波电压是出现在输出电压上的一种与输入频率相同或二倍输入频率的噪声电压成分。PSRR 被定义为线性稳压器输入电压的变化量与输出电压变化量的比值，可表示为

$$PSRR = 20lg\left(\frac{U_{RIPPLE(out)}}{U_{RIPPLE(in)}}\right) \times 100\% \qquad (3-5)$$

式中，$U_{RIPPLE(out)}$ 和 $U_{RIPPLE(in)}$ 分别为线性稳压器的输出和输入纹波电压，其单位均为 V，PSRR 的单位为分贝(dB)。PSRR 是反映线性稳压器输出对输入纹波电压抑制能力的一个

重要参数，该值越小说明线性稳压器的性能越好。

7. 输出噪声

线性稳压器的输出噪声是出现在输出电压纹波以外的一种高频不稳定成分，其频率分布较广，很大一部分主要是来自于稳压器内部的基准源，特别是低压差线性稳压器（LDO）。为降低其输出噪声，基准电压源的输出端一般均应外接一个串联等效电阻非常小的旁路电容（钽电容为最佳选择）。增大该电容的容量虽然可以减小其输出噪声，但却会降低其输出电压的动态响应速度，因此应用时应兼顾考虑。线性稳压器的输出噪声一般被定义为，在 10 Hz～100 kHz 的频率范围内，一定输入电压下，线性稳压器输出噪声电压的均方根，其单位为 mV_{rms}。

8. LDO 在现代电源技术的地位

图 3-6 为现代电源技术框图，从图中可以看出 LDO 在现代电源技术中只能充当 DC-DC 变换器的末端稳压器的作用。

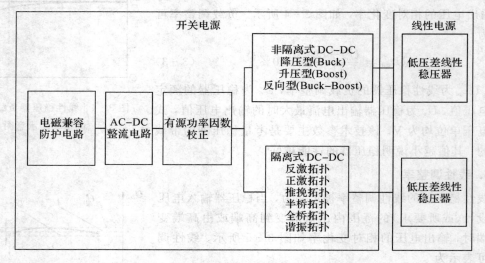

图 3-6　现代电源技术框图

3.2　低压差线性稳压器（LDO）实验板

1. 实验板的技术指标

（1）输入电压：24 V±1 V（由外置电源适配器提供）。

（2）IC 工作电压：15 V。

（3）输出电压/电流：（2.5～35）V 连续可调。

（4）输出电流：2 A。

2. 实验板的用途

低压差线性稳压器实验板的特点是使用低压差线性稳压器控制器与功率调整管一起构成低压差线性稳压器电路。通过示波器和数字万用表（晶体管毫伏计）可观察和测量相应电路中的各点信号波形和电压幅度；还可通过调节电路中的电位器，使输出电压发生改变。需要用到的测试仪器如下：

(1) 实验室专用安全隔离稳压电源 1 台(AC220/50 Hz 输入,DC36 V/3 A 输出)。

(2) 高效线性稳压器实验板 1 块(GXXXWYQ - WSP - 1)。

(3) 示波器 1 台(DS1062 型双踪示波器)。

(4) 晶体管毫伏计 1 台(DA - 16 型晶体管毫伏计)。

(5) J2354 型滑线变阻器 1 台(10Ω/3A)。

(6) 数字万用表 1 块(DT9205 型数字万用表)。

(7) 连接导线若干。

(8) 常用工具 1 套。

3. 实验板简介

(1) 实验板的电路原理框图。低压差线性稳压器(LDO)实验板的等效原理框图如图 3 - 7 所示。

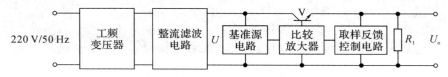

图 3 - 7　低压差线性稳压器(LDO)的等效原理框图

(2) 实验板的原理电路。低压差线性稳压器(LDO)实验板的原理电路如图 3 - 8 所示。

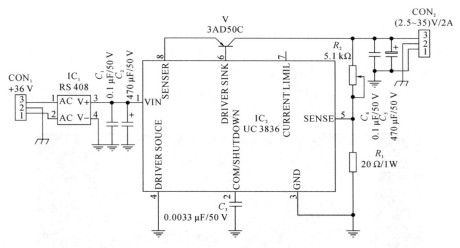

图 3 - 8　低压差线性稳压器(LDO)实验板的原理电路

(3) 低压差线性稳压器(LDO)实验板。低压差线性稳压器(LDO)实验板如图 3 - 9 所示。

(4) 实验板的组成。

① 全波整流桥:其作用是可以防止将输入直流供电电源极性接反,也可以输入交流供电电源。

② 低压差线性稳压器(LDO)的控制器 UC3836:其作用是与功率调整管 3AD50C 一起构成低压差线性稳压器(LDO)。

③ 电位器 R_2:其作用是改变反馈采样分压器的分压比,使输出电压可在可调节范围内

发生改变，并且使输出电压和输入电压之间满足式(3-1)所示的关系。

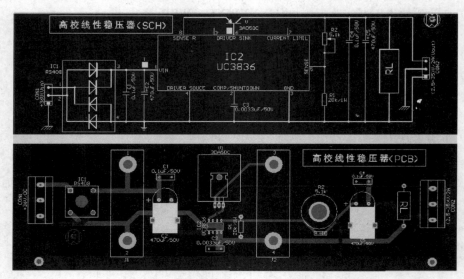

图 3-9　低压差线性稳压器(LDO)实验板图

3.3　实　验　内　容

1. 实验电路连接

　　按照图 3-10 所示的方法将安全供电适配器电源正确连接于低压差线性稳压器(LDO)实验板上，使用四位半数显万用表测量实验板上"CON1"的"＋"与"－"两端，应为DC36V，这时即可打开实验板上的开关"S1"，然后再使用万用表测量"VCC"与"GND"之间的电压应为 DC 35 V。

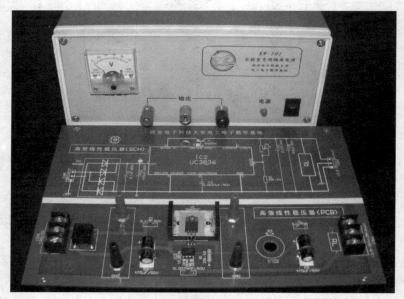

图 3-10　实验电路连接图

2. 实验测试内容

（1）波形观察。利用示波器对实验板上的 LDO 中各个测试点的正常工作波形进行测试、观察和记录，并加以分析。

（2）电源纹波抑制比(PSRR)测试。根据线性稳压器输出纹波电压的定义，利用所给出的实验电路板、可变负载和示波器连接电路，设计测试数据记录表格，对实验板中所提供的低压差线性稳压器的电源纹波抑制比(PSRR)进行测试和数据处理。

（3）线性调整率测量。根据线性稳压器线性调整率的定义和计算公式，利用所给出的实验电路板、可变负载和测量仪器连接电路，设计测试数据记录表格，对实验板中所提供的低压差线性稳压器的线性调整率进行测试和数据处理。

（4）负载调整率测量。根据线性稳压器负载调整率的定义和计算公式，利用所给出的实验电路板、可变负载和测量仪器连接电路，设计测试数据记录表格，对实验板中所提供的低压差线性稳压器的负载调整率进行测试和数据处理。

（5）转换效率测量。根据线性稳压器转换效率的定义和计算公式，利用所给出的实验电路板、可变负载和测量仪器连接电路，设计测试数据记录表格，对实验板中所提供的低压差线性稳压器的转换效率进行测试和数据处理。

（6）完成实验内容。使用示波器分别观察低压差线性稳压器(LDO)、R_1 与 R_2 组成的分压器输出端和功率调整管基极的输出波形。旋转多圈精密电位器 R_2 旋钮，使用数字万用表或晶体管毫伏计分别监测实验板输入端、输出端以及测试点 J1 和 J2 各点直流电压的变化并做记录，完成表 3 - 1 中的实验内容。

表 3 - 1　低压差线性稳压器(LDO)实验内容表

序号	项目	内　容		
1	万用表测量	CON1		
		J1		
		J2		
		V 基极		
		CON2		
	计算	线性调整率		
		负载调整率		
2	示波器	观察波形并绘制在右表格中	J1	
			J2	
			V 基极	
		测试电压纹波	输入电压纹波	
			输出电压纹波	
3	电源纹波抑制比(PSRR)测试计算			

◦•▶ 开关电源原理与应用设计实验教程

3. 实验异常现象的处理

在实验过程中若出现异常现象，例如，观察到的波形、测量出的数据不正常，或闻到异常的味道等时，不可轻易忽略，也不必慌乱，应认真观察和记录，并加以分析和理解，若无法解决则需请教辅导老师。这对于培养学生的实验观察能力和分析能力是非常重要的，也为他们将来在工作中善于发现问题和解决问题打好基础。

4. 注意事项

通电前一定要检查各连接线路，确保接线无误，测试端无短路。在使用示波器观察和测试各种波形的过程中，应打开示波器通道中的"带宽限制"功能，这样波形质量更好。

3.4 思 考 题

（1）试分析实验电路中 UC3836 集成控制芯片引脚端 6 的输出信号受哪些因素的影响？如何影响？如何避免这些影响？

（2）试分析实验电路中电容 C_3 的作用。

（3）试分析实验电路中当电位器 R_2 断路或短路时，控制芯片 UC3836 的工作状态将发生怎样的变化。

（4）试推导实验 8 电路中调整功率管 V 的集电极输出信号与驱动信号之间的关系遵循什么规律。

（5）简述 NPN 型三极管与 PNP 型三极管的工作原理，并说明它们的截止区、放大区和饱和区与其基极驱动电压之间的关系。

76

第 4 章　脉宽调制信号(PWM)发生器实验

4.1　实验原理

4.1.1　脉宽调制(PWM)信号发生器

1. PWM 信号发生器的硬件电路结构

PWM 信号发生器的硬件电路结构的等效电路如图 4-1 所示。从图中可以看出,PWM 驱动信号发生器的基本电路是由一个方波发生器、RC 积分器、比较器以及反馈控制电路等组成的。

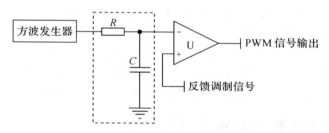

图 4-1　PWM 信号发生器的硬件电路结构等效电路

2. PWM 信号发生器输入和输出信号时序波形

PWM 信号发生器输入和输出信号的时序波形如图 4-2 所示。

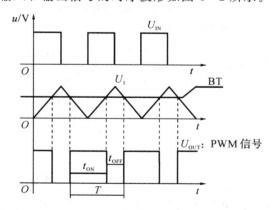

图 4-2　PWM 信号发生器输入和输出信号时序波形图

3. PWM 信号发生器的几个重要参数

(1) 占空比 D。PWM 驱动信号的占空比 D 可表示为

$$D = \frac{t_{ON}}{T} = 1 - \frac{t_{OFF}}{T} \tag{4-1}$$

式中，t_{ON} 为 PWM 驱动信号高电平的宽度，也就是 DC-DC 变换器中功率开关的导通时间；t_{OFF} 为 PWM 驱动信号低电平的宽度，也就是 DC-DC 变换器中功率开关的关闭时间；T 为 PWM 驱动信号的周期时间。

（2）振荡频率 f。PWM 信号的频率 f 取决于方波信号的频率，因此要实现对 PWM 信号频率的调节，只要改变方波发生器的工作频率即可。

（3）调制深度。从图 4-2 中可以看出，PWM 驱动信号的调制深度主要取决于三角波的幅度，而三角波的幅度又取决于 RC 积分器的时常数 τ。时常数 τ 可表示为

$$\tau = RC \tag{4-2}$$

式中，R 为 RC 积分器中的定时电阻，其单位为欧（Ω）；C 为 RC 积分器中的定时电容，其单位为法（F）；时常数 τ 的单位为秒（s）。

（4）在 DC-DC 变换器中的作用。PWM 信号发生器是 DC-DC 变换器中的核心。一般情况下，将驱动、控制、保护、软启动和前沿抑制等功能电路都集成于 PWM 信号发生器中，构成一个专用集成电路。这种集成电路包括单路输出式、双路输出式、四路输出式和软开关输出式几种类型。单路输出式可构成单端式 DC-DC 变换器电路（单端正激式和单端反激式），如 MC33063A（电压控制模式）和 UC3842（电流控制模式）；双路输出式可构成双端式 DC-DC 变换器电路（推挽式和半桥式），如 SG3525（双路输出电压控制模式）和 UC3846（双路输出电流控制模式）；四路输出式可构成全桥式 DC-DC 变换器电路（全桥式），如 ISL83202 和 IR2086S（电流控制模式）；软开关输出式可构成无电压和电流应力的谐振式变换器，如 UCC25600（电压控制模式）和 UC2856-Q1（电流控制模式）。

4.1.2 正弦波脉宽调制（SPWM）信号发生器

1. SPWM 信号发生器的硬件电路结构

SPWM 信号发生器的硬件电路结构的等效电路如图 4-3 所示。从图中可以看出，SPWM 信号发生器与 PWM 信号发生器非常相似，区别只是将比较器反相输入端的慢变化直流反馈调制信号改换成了全波整流后的正弦波信号。

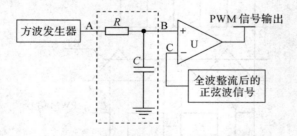

图 4-3 SPWM 发生器硬件结构等效电路

在一般的实际应用中，SPWM 信号发生器主要应用于逆变电源（UPS）、变频器和 D 类功放电路中。在 D 类功放电路中，全波整流后的正弦波信号会变为音频信号。另外，需要重点说明的是，图 4-3 中全波整流后的正弦波信号是由两部分信号合成的：一部分是与输出要求的正弦波频率相同的标准正弦波信号，另一部分是来自于输出端的反馈取样信号。

其中反馈取样信号又包括输出的电压、电流、频率和相位等信号。

2. SPWM 信号发生器输入与输出信号时序波形

SPWM 信号发生器的输入和输出信号时序波形如图 4-4 所示。将 SPWM 信号发生器的硬件电路结构和时序波形与 PWM 信号发生器的硬件电路结构和时序波形进行比较后就可以看出，对于 SPWM 信号发生器来说，若输出信号为 PWM 信号，则图 4-4 中的正弦波就为稳压电源输出采样的慢变化直流信号；若为 D 类音频功放电路，则图 4-4 中的正弦波就为不全波整流的音频信号，实际上输出的正弦波脉宽调制信号就变成音频信号脉宽调制信号。

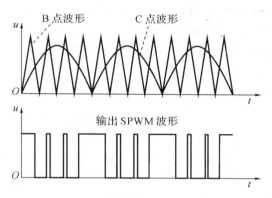

图 4-4 SPWM 信号发生器的输入和输出信号时序波形图

3. 用于 D 类功放中的 SPWM 信号发生器时序波形

用于 D 类功放中的 SPWM 信号发生器的时序波形如图 4-5 所示。为了说明问题，这里的音频信号仍采用正弦波信号，只是未进行全波整流处理而已。

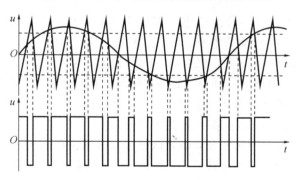

图 4-5 用于 D 类功放的 SPWM 信号发生器输入与输出信号时序波形

4.1.3 PWM 信号发生器的应用

1. 单端它激式正激型 DC-DC 变换器中的 PWM 电路

单端它激式正激型 DC-DC 变换器电路中的 PWM 电路包括 PWM 信号发生器、PWM 驱动器、PWM 控制器等电路。由于微电子技术的飞速发展，包含有 PWM 发生器、PWM 驱动器、PWM 控制器等电路的 PWM 集成电路在 20 世纪 80 年代末就已问世，并且种类多样，有电压控制型、电流控制型、软开关控制型等，极大地方便了单端它激式 DC-DC 变换器的设计。另外，由于单端式 PWM 控制与驱动集成电路是单端式 DC-DC 变换器的核心，也是 DC-DC 变换器技术及应用学术方面的热门话题和讨论的焦点，并且介绍这一方面的书籍和资料也非常多，同时本书后面的参考资料中也列举了许多，因此这里也就不再过多地叙述了。

2. 单端它激式反激型 DC-DC 变换器中的 PWM 电路

单端它激式反激型 DC-DC 变换器电路中的 PWM 电路与单端它激式正激型 DC-DC 变换器电路中的 PWM 电路一样，也同样包括 PWM 信号发生器、PWM 驱动器、PWM 控制器等电路。因此，能够构成单端它激式正激型 DC-DC 变换器电路的 PWM 驱动与控制集成电路，也同样能够构成单端它激式反激型 DC-DC 变换器电路，只是控制和驱动的方式、功率开关的位置、功率开关变压器的绕组结构和匝数、功率变换器的结构以及整流、续流和储能等方面有所不同，这里就不再赘述。

3. 半桥/全桥/推挽式 DC-DC 变换器中的 PWM 电路（双端式）

全桥/半桥/推挽式 DC-DC 变换器中的 PWM 电路与单端式 DC-DC 变换器中的 PWM 电路一样，也包括 PWM 信号发生器、PWM 驱动器、PWM 控制器等电路，不同之处就是把单端驱动输出变为相位相差 180°的双端驱动输出。双端式 PWM 控制与驱动集成电路是双端式 DC-DC 变换器的核心，双端输出式电压控制型集成芯片包括 UC3525A、UC3527A、TL494 等，双端输出式电流控制型集成芯片包括 UC3846、UC3895、LM5030 等，这些都是应用最为广泛的全桥/半桥/推挽式 DC-DC 变换器中的 PWM 电路。

4.1.4 悬浮栅驱动器

1. 对悬浮栅驱动器的要求

MOSFET 和 IGBT 是一种常见的电压型功率开关器件，具有开关速度快、高频性能好、输入阻抗高、噪声小、驱动功率小、动态范围大、安全工作区域（SOA）宽等一系列的优点，因此被广泛地应用于 DC-DC 变换器、电机控制、电动工具等各行各业。栅极作为 MOSFET 和 IGBT 本身较薄弱的环节，如果其驱动电路设计不当，就容易造成这些器件被击穿。因此对栅极驱动电路就有下列的要求：

（1）去除电路耦合噪声，以提高系统的可靠性。

（2）加速功率器件的导通和关断，以降低导通和关断损耗。

（3）降低功率器件的电压和电流应力，以保护功率器件的同时抑制 EMI 干扰。

（4）保护栅极，以防异常高压条件下栅极被击穿。

（5）增加驱动能力，从而在较小的信号下，可以驱动 MOSFET。

（6）对于具有悬浮栅结构的电源电路必须采用悬浮栅驱动器。

在功率变换器中，根据主电路的结构，其功率开关一般采用直接驱动和隔离式驱动两种方式，对于具有悬浮栅结构的功率变换器就必须采用隔离式驱动和集成电路式驱动。采用隔离式驱动时需要将多路驱动电路、控制电路、主电路互相隔离，以免引起灾难性的后果。隔离式驱动可分为电磁隔离式（变压器隔离）和光电隔离式（IC 隔离）两种方式。下面就隔离式驱动和集成电路式驱动这两种悬浮栅驱动技术分别进行讲解。

2. 隔离式悬浮栅驱动器

1）磁隔离式（变压器）悬浮栅驱动器

隔离用脉冲变压器作为磁隔离元件，响应速度快（脉冲前后沿），初次级绝缘强度高，du/dt 共模干扰抑制能力强。但信号的最大传输宽度受磁饱和特性的限制，因而信号的顶部不易传输，最大占空比被限制在 50%，且信号的最小宽度受磁化电流所限，脉冲变压器体积大、笨重、加工复杂。采用变压器构成的悬浮栅驱动器电路如图 4-6 所示。该电路通过一个高频脉冲变压器把 PWM 驱动信号耦合给次级，实现了将 PWM 驱动信号悬浮到功率器件的栅极与源极之间。该驱动器电路具有如下的特点：

（1）不需要辅助电源，为无源式悬浮栅驱动器。

（2）控制（弱电）与变换电路（强电）之间实现了隔离。

（3）成本低，电路可靠性高。

（4）驱动变压器设计复杂，难度增大，不能小型化。

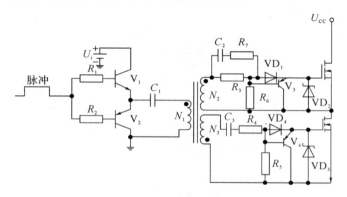

图 4-6　变压器悬浮栅驱动器

图 4-6 中的变压器为脉冲驱动变压器，有时也称其为脉冲隔离变压器。变压器的磁芯可选用价廉的铁氧体磁性材料，绕组满足 $N_2 = N_3 = (1/2)N_1$，工作频率为 $20 \sim 100$ kHz。

2）光隔离式悬浮栅驱动器

光隔离式悬浮栅驱动器电路如图 4-7 所示。光隔离式悬浮栅驱动器具有体积小、结构简单、价格低、便于小型化等优点，但存在着共模抑制能力差、传输速度慢的缺点，快速光耦的速度也仅为几十千赫兹。

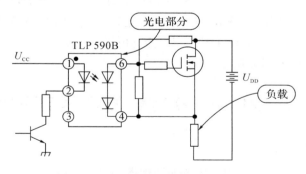

图 4-7　光隔离式悬浮栅驱动器电路

3. 集成电路(IC)式悬浮栅驱动器

集成电路式悬浮栅驱动器电路如图 4-8 所示。磁隔离式悬浮栅驱动器具有体积大、设计加工难度大的缺点，而光隔离式悬浮栅驱动器却需要一组辅助电源，若是三相桥式，则需要六组，而且还要互相悬浮，增加了电路的复杂性。随着科技的发展，已有多种集成驱动器推出。如 EXB840/841、EXB850/851、M57959L/AL、M57962L/AL、HR065 等，它们均采用的是光耦隔离，仍受上述缺点的限制。美国 IR 公司生产的 IR2110 系列悬浮栅驱动器，兼有光耦隔离(体积小)和电磁隔离(速度快)的优点，是中小功率变换器中悬浮栅驱动器的首选品种。IR2110 采用 HVIC 和闩锁抗干扰 CMOS 制造工艺，DIP-14 型封装，具有独立的低端和高端输入通道；悬浮电源采用自举电路，其高端工作电压可达 500 V，$\mathrm{d}u/\mathrm{d}t = \pm 50$ V/ns；15 V 下静态功耗仅 116 mW；输出的栅极驱动电压范围为 10～20 V；逻辑电源电压范围为 5～15 V，可方便地与 TTL、CMOS 电平相匹配，而且逻辑地和功率地之间允许有±5 V 的偏移量；工作频率高达 500 kHz；开通、关断延迟小，分别为 120 ns 和 94 ns；图腾柱输出峰值电流可达 2 A。

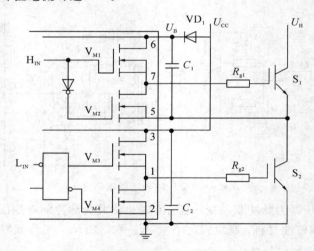

图 4-8 集成电路式悬浮栅驱动器电路

图 4-8 中 C_1、VD_1 分别为自举电容和二极管，C_2 为 U_{CC} 的滤波电容。假定在 S_1 关断期间 C_1 已充到足够的电压($U_{C1} \approx U_{CC}$)。当 H_{IN} 为高电平时，V_{M1} 开通，V_{M2} 关断，U_{C1} 加到 S_1 的门极和发射极之间，C_1 通过 V_{M1}，R_{g1} 和 S_1 门极栅极电容 C_{gc1} 放电，C_{gc1} 被充电。此时 U_{C1} 可等效为一个电压源。当 H_{IN} 为低电平时，V_{M2} 开通，V_{M1} 断开，S_1 栅电荷经 R_{g1}、V_{M2} 迅速释放，S_1 关断。经短暂的死区时间(t_d)之后，L_{IN} 为高电平，S_2 开通，U_{CC} 经 VD_1，S_2 给 C_1 充电，迅速为 C_1 补充能量。如此循环反复。

4.2 PWM/SPWM 发生器实验板

1. 实验板的技术指标

(1) 输入电压：24 V±1 V(由外置电源适配器提供)。

(2) IC 工作电压：5 V。

(3) PWM 信号频率 f：10 kHz±1。

(4) PWM 信号占空比 D 的调节范围：0%～100%可调 PWM 波。

(5) 具有供电电源极性加反保护功能。

(6) 加电 LED 指示灯指示。

2. 实验板的用途

PWM/SPWM 信号发生器实验板采用 PWM 信号发生器电路，通过示波器可观察和测量相应 PWM 信号的频率和幅度，还可通过调节电路中的调制电压，使用示波器观察和测量相应 PWM 信号占空比的变化，从而掌握 PWM 调宽原理。需要用到的实验器材如下：

(1) 四位半数显万用表 1 块。

(2) 频率≥40 MHz 的双踪示波器 1 台。

(3) PWM/SPWM 发生器实验板 1 套。

(4) 晶体管毫伏计 1 台(DA–16 型晶体管毫伏计)。

(5) 连接导线若干。

(6) 常用工具 1 套。

3. 实验板的硬件组成

(1) 实验板的原理框图。PWM 信号发生器实验板的等效原理框图如图 4–9 所示。

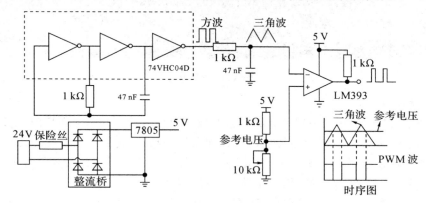

图 4–9　PWM 发生器实验板等效原理框图

(2) 实验板的原理电路。PWM 发生器实验板的原理电路如图 4–10 所示。

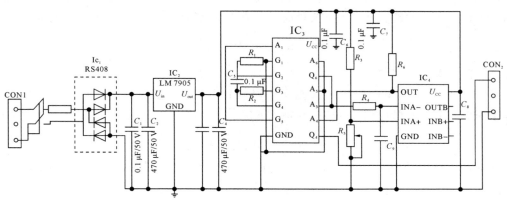

图 4–10　PWM 发生器实验板的原理电路图

（3）PWM 发生器实验板外形。PWM 发生器实验板的外形如图 4-11 所示。

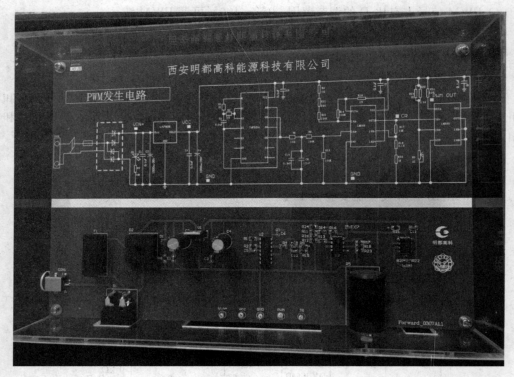

图 4-11　PWM 信号发生器实验板图

（4）实验板简介。

① 全波整流桥：作用是可以防止将输入直流供电电源极性接反，而导致烧坏电源实验电路板或供电电源（也就是具有电源电压极性加反保护功能）；也可以输入交流供电电压。

② 三端线性稳压器 LM7805：作用是将 24 V 输入直流电压转换为 5 V 直流供电电压，为 PWM 信号发生器电路中的方波发生器 74VHC04 和比较器 LM393 提供工作电源电压。

③ 方波发生器 74VHC04：利用 74VHC04 内部的非门电路与外接阻容元件可产生 10 kHz 左右的固定频率方波信号。

④ 三角波发生器：74VHC04 输出的方波信号，经过 RC 积分器后可生成三角波信号。当 RC 积分器的时常数 τ 满足以下条件时，三角波发生器将输出等腰三角形信号：

$$\tau = RC = \frac{1}{f} \tag{4-3}$$

式中，f 为方波的频率。

⑤ 电位器 R_5：调节电位器 R_5 旋钮，可以调节比较器的参考电压，不同的参考电压与三角波进行比较，便可得到不同占空比的 PWM 信号。PWM 信号频率的估算方法如下：

$$f = \frac{1}{2.2 \cdot R \cdot C} \tag{4-4}$$

当式（4-4）中的 $R = 1$ kΩ，$C = 47$ nF 时，其 PWM 信号的频率 $f \approx 13$ kHz。

4.3 实验内容

1. 实验电路连接

按照图 4-12 所示的方法将安全供电适配器电源正确连接于 PWM 信号发生器实验板,使用四位半数显万用表测量实验板上"CON1"的"+"与"-"两端,应为 DC24V,这时即可打开实验板上的开关"S1",然后再使用万用表测量"VCC"与"GND"之间的电压,应为 DC 5 V。

图 4-12 实验电路连接图

2. 实验测试

使用示波器分别观察方波发生器、RC 积分器和比较器的输出波形。调节多圈精密电位器 R_5 的旋钮,使用示波器监测实验板输出端 PWM 信号的变化,完成表 4-1 中的实验内容。表 4-1 中的 R_5 位置 1、R_5 位置 2 和 R_5 位置 3 不做限定,可任意选择、自由调节,其目的是观察和测量比较器在不同的反馈电压时,输出 PWM 信号的波形、频率和占空比 D 的变化。

表 4 - 1   PWM 信号发生器实验内容表

序号	项目		内 容		
1	万用表	CON1/V			
		U_{CC}/V			
2	示波器	观察波形	方波发生器输出波形		
			RC 积分器输出波形		
			比较器输出波形		
		测试数据	R_5 位置 1	f/Hz	
				D/%	
			R_5 位置 2	f/Hz	
				D/%	
			R_5 位置 3	f/Hz	
				D/%	

4.4 思 考 题

（1）在图 4 - 1 所示的 PWM 信号发生器的原理电路图中，如何选择积分器 RC 的参数值，才能得到图 4 - 2 所示时序波形图中的等腰三角形波？给出 R、C、$f(T)$ 之间关系式。

（2）结合 PWM 信号发生器的原理电路图，自己试设计一款 PFM 发生器原理电路，并给出各点时序波形图。

（3）试分析和说明脉宽调制深度除了与方波的幅度有关以外，还与哪些元器件的参数有关。

（4）SPWM 发生器中，方波或三角波频率与正弦波频率之间的关系是什么？要保证逆变器最后输出的正弦波失真度小，它们之间应满足什么关系？

（5）单端输出式 PWM 驱动器（内含 PWM 发生器）能否作为双端输出式 PWM 驱动器使用？为什么？

第 5 章　非隔离式升压型 DC – DC 变换器(Boost)实验

5.1　实　验　原　理

5.1.1　非隔离式升压型 DC – DC 变换器的工作原理

1. 升压型 DC – DC 变换器的电路结构

升压型 DC – DC 变换器的电路结构如图 5 – 1 所示。它由开关功率管 V、二极管 VD、储能电感 L、滤波电容 C、驱动电路和反馈控制电路等组成。图 5 – 1(a)为升压型 DC – DC 变换器的基本电路图,图 5 – 1(b)为电路中各点信号波形的时序图。

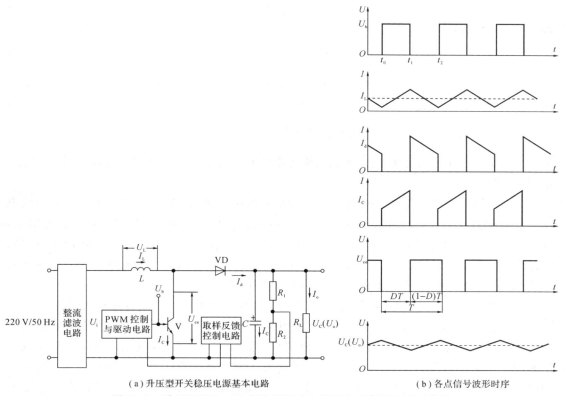

(a) 升压型开关稳压电源基本电路　　　　　　　(b) 各点信号波形时序

图 5 – 1　升压型 DC – DC 变换器基本电路及各点信号波形时序图

2. 升压型 DC – DC 变换器的工作原理

设开关功率管 V 的转换周期为 T,导通时间为 t_{ON},截止时间为 t_{OFF},占空比 $D(D=$

t_{ON}/T)。其工作原理为：当开关功率管 V 处于导通期间时，输入电压 U_i 加到储能电感 L 的两端(这里忽略了开关功率管 V 的饱和导通压降)，二极管 VD 因被反向偏置而截止。在此期间内流过储能电感 L 上的电流 I_L 为近似线性上升的锯齿波电流，并以磁能的形式存储在储能电感 L 中。在此期间储能电感 L 中流过电流的变化量为

$$\Delta I_{L1} = \frac{U_i}{L} \cdot t_{ON} \qquad (5-1)$$

当开关功率管 V 截止时，储能电感 L 两端的电压极性相反，此时二极管 VD 被正向偏置而导通。存储在储能电感 L 中的能量通过二极管 VD 传输给负载电阻 R_L 和滤波电容 C。在此期间储能电感 L 中的泄放电流 I_L 是锯齿波电流的线性下降部分。在此期间储能电感 L 中流过电流的变化量为

$$\Delta I_{L2} = \frac{U_i - U_o - U_d}{L} \cdot t_{OFF} \qquad (5-2)$$

同理，开关功率管 V 饱和导通期间在储能电感 L 中增加的电流数值，应等于开关功率管 V 截止期间在储能电感 L 中所减少的电流数值。只有这样才能达到动态平衡，满足一个稳压电源最基本的条件，并且给负载电阻 R_L 提供一个稳定的输出电压。因此

$$\frac{U_i}{L} \cdot t_{ON} = \frac{U_i - U_o - U_d}{L} \cdot t_{OFF} \qquad (5-3)$$

将 $t_{ON} = T \cdot D$，$t_{OFF} = T(1-D)$ 和 $U_d = 0$(忽略了二极管的正向压降)代入式(5-3)中，再经化简、整理后可得

$$U_o = \frac{t_{ON}}{t_{OFF}} \cdot U_i = U_i \cdot \frac{1}{1-D} \qquad (5-4)$$

这就是升压型 DC-DC 变换器输出电压 U_o 和输入电压 U_i 之间的关系式。从这个关系式中可以得到以下结论：

(1) 该关系式是在忽略了输出整流二极管的正向压降后得到的，并且 $\frac{1}{1-D}$ 永远是一个大于 1 的数，因此输出电压 U_o 永远大于输入电压 U_i，这就是为什么称之为升压型开关稳压电源的原因所在。

(2) 控制开关功率管 V 基极所加的驱动信号的占空比 D，就可以克服由于输入交流电网电压或输入直流电压以及其他参数的变化而引起的对 DC-DC 变换器输出电压的影响，能够起到降低输出电压的波动、稳定输出电压的作用。从后面的 DC-DC 变换器实用电路中也将会看出，它们都是采用取样、放大、比较、反馈、耦合等环节构成闭环控制系统来自动实现对占空比 D 的控制，也就是脉宽调制(PWM)原理。

(3) 升压型 DC-DC 变换器电路有调宽型、调频型和混合型三种电路形式。

(4) 在 DC-DC 变换器电路的工作原理中，不管是升压型还是降压型电路，它们的工作过程均是依靠施加在开关功率管 V 基极的驱动信号使其启动、导通和关闭，最后实现导通和截止的功率转换状态。这样可以在输出端或功率转换过程中增加一取样电路，将输出的电流 I_o 或电压 U_o 的变化量取出，经过放大、处理和比较后，再形成一个与输出的电流 I_o 或电压 U_o 有关的，也就是能够自动控制和调节驱动信号占空比 D 的驱动信号来控制和驱动开关功率管 V 的工作状态。如果输出端或者负载电路出现短路而造成过流现象，或者由于其他原因造成输出端过压或功率器件过温度等现象，施加于开关功率管 V 基极的驱动信

号便可将开关功率管 V 及时关断,并使其处于截止状态,最后使 DC - DC 变换器停止工作。这样既保护了 DC - DC 变换器电路本身免遭损坏,又保护了负载电路系统不被损坏。这也是过流、过压、过热等保护电路的基本原理。

3. 升压型 DC - DC 变换器的四种工作状态

上面仅对开关功率管导通与截止状态下电感中电流变化量相等的状态进行了讨论,从而得出了升压型 DC - DC 变换器输出与输入电压之间的关系式。现在来讨论一下开关功率管在导通或截止时电感中电流变化量的四种工作状态。

(1) $\Delta I_{L1} > \Delta I_{L2}$。当开关功率管导通状态下电感中电流的变化量大于截止状态下电感中电流的变化量时,对应输出高阻抗或开路状态,这时电感中所存储的能量仅为输出电容充电。

(2) $\Delta I_{L1} < \Delta I_{L2}$。当开关功率管导通状态下电感中电流的变化量小于截止状态下电感中电流的变化量时,对应输出过流或短路状态,这时电感中所存储的能量与输出电容中所存储的能量一起为输出负载提供能量。

(3) $\Delta I_{L1} = \Delta I_{L2}$(临界状态)。这时电感中所存储的能量正好等于输出负载所需的能量。这种状态下储能电感 L 的电感量就为 DC - DC 变换器的临界电感量。

(4) 直通状态。从图 5 - 1(a)所示的升压型 DC - DC 变换器的原理框图中可以看出,当由于过流、过压或过热导致电源电路被保护而使功率开关 V 处于截止状态时,由于这时的储能电感对于直流供电电源相当于短路,此时续流二极管正处于正向偏置而导通状态。这种情况下,未稳压的、低于输出电压的输入直流电源电压就会直接通过电感和二极管施加给负载系统,使负载系统工作于不正常的供电状态,即直通状态。这种状态是最可怕的,也是升压型 DC - DC 变换器不可避免的先天性的缺陷。

4. 升压型 DC - DC 变换器的设计

升压型 DC - DC 变换器的设计主要是对开关功率管 V、二极管 VD、储能电感 L 和输出滤波电容 C 的计算和选择。

1) 开关功率管 V 的选择

(1) 集电极电压 U_{ceo} 的计算和选择。从图 5 - 1(a)所示的升压型 DC - DC 变换器的原理框图中可以看出,开关功率管 V 上所承受的最大电压也就是开关功率管 V 截止时所承受的电压 U_i。从输入电压和输出电压之间的关系式(5 - 4)可以得到 $U_i = U_o(1 - D)$。考虑到输入电压具有 10% 的波动,储能电感 L 上的峰-峰尖刺电压为稳定值的 20%。因此,开关功率管 V 上所承受的电压实际上为 $1.1 \times 1.2 U_i = 1.32 U_i$。通常选择开关功率管 V 时要留有一定的裕量,所以取其工作电压为 80% 的额定电压值,则有 $1.32 U_i = 0.8 U_{ceo}$。这样就可以得到所要选择的开关功率管 V 集电极电压的额定电压值为

$$U_{ceo} = \frac{1.32}{0.8} U_i = 1.65 U_i = 1.65(1 - D) \cdot U_o \qquad (5 - 5)$$

式(5 - 5)就是设计升压型 DC - DC 变换器电路时,选择开关功率管 V 集电极电压额定值 U_{ceo} 应遵循的原则和计算公式。

(2) 集电极电流 I_c 的计算。从升压型 DC - DC 变换器的工作原理分析中可以看出,在开关功率管 V 导通期间,流过开关功率管 V 的电流也就是在此期间内流过储能电感 L 中

的电流，同时也是输入电流 I_i。如果不考虑电路中的其他功率损耗，那么有

$$I_i = I_o \cdot \frac{U_o}{U_i} = \frac{1}{1-D} \cdot I_o \qquad (5-6)$$

选择开关功率管 V 的集电极电流 I_c 和选择集电极电压 U_{ceo} 一样，也要留有一定的裕量。因此应把工作电流取为 80% 的额定电流值，这样式(5-6)就应改为

$$0.8I_c = I_i = I_o \cdot \frac{U_o}{U_i} = \frac{1}{1-D} \cdot I_o$$

所以就有

$$I_c = 1.25I_o \cdot \frac{U_o}{U_i} = 1.25I_o \cdot \frac{1}{1-D} \qquad (5-7)$$

式(5-7)就是设计升压型 DC-DC 变换器电路时，选择开关功率管 V 集电极电流额定值 I_c 应遵循的原则和计算公式。

（3）集电极功率损耗 P_c 的计算。开关功率管 V 在导通期间的平均功率损耗 P_{ON} 为

$$P_{ON} = \frac{I_o \cdot U_o \cdot U_{ces} \cdot t_{ON}}{U_i \cdot T} \qquad (5-8)$$

在截止期间，由于集电极与发射极之间流过的电流很小，因此近似可以认为该期间内的功率损耗为零。在导通与截止的转换过程中，各种重叠功率损耗实际上就是直流平均损耗，因此可以得到开关功率管 V 的集电极功率损耗为

$$P_c = 2P_{ON} \approx \frac{2I_o U_o U_{ces} t_{ON}}{U_i T} = \frac{2I_o U_o U_{ces} D}{U_i} \qquad (5-9)$$

式(5-9)就是设计升压型 DC-DC 变换器电路时，选择开关功率管 V 集电极功率损耗额定值 P_c 应遵循的原则和计算公式。

2）二极管 VD 的选择

（1）反向耐压 U_d 的计算。在开关功率管 V 导通期间，二极管 VD 因反向偏置而截止，此时二极管 VD 上所承受的电压为输出电压 U_o（开关功率管 V 的正向饱和电压被忽略）。此外，在选择二极管 VD 时，一般应留有 20% 的裕量，所以二极管 VD 的反向耐压为

$$U_d = \frac{1}{1-0.2}U_o = 1.25U_o \qquad (5-10)$$

（2）正向导通电流 I_d 的计算。在开关功率管 V 截止期间，二极管 VD 因正向偏置而导通，此时流过二极管 VD 上的电流 I_d 正好就是电流 I_i，也就是此期间流过储能电感 L 上的电流 I_L，因而有

$$I_i = I_o \frac{U_o}{U_i} \qquad (5-11)$$

考虑到二极管 VD 为发热器件，同时二极管 VD 的发热温度与流过电流的大小关系很大，因此，在选择二极管 VD 的正向工作电流时应留有较大的裕量，通常裕量为 50%，因而有

$$0.5I_d = I_i = I_o \frac{U_o}{U_i} = \frac{I_o}{1-D} \qquad (5-12)$$

由式(5-12)可得出二极管 VD 正向导通电流 I_d 为

$$I_d = \frac{2I_o U_o}{U_i} = \frac{2I_o}{1-D} \qquad (5-13)$$

（3）正向导通功率损耗 P_d 的计算。式(5-13)计算出了在开关功率管 V 截止期间，二

极管 VD 因正向偏置而导通的电流 I_d。设二极管 VD 的正向导通管压降为 U_s，那么二极管 VD 正向导通功率损耗 P_d 为

$$P_d = I_d U_s = \frac{2I_o}{1 - D} \cdot U_s \tag{5 - 14}$$

从式(5 - 14)中可以看出，要想降低二极管 VD 正常工作时的热量或温升，除上面所说的在选择正向导通电流 I_d 时要留有足够大的裕量以外，减小二极管 VD 正向导通管压降 U_s 也是一个非常有效的方法。因此，具有非常低正向导通管压降 U_s 的肖特基二极管是首选对象。

3) 输出滤波电容 C 的选择

(1) 电容容量的计算。升压型 DC - DC 变换器达到动态平衡后，输出电压稳定在所设计的恒定电压值 U_o 上，这时的输出电流为 I_o。由于在开关功率管 V 导通期间负载电阻 R_L 上所需的全部电流 I_o 都是由滤波电容 C 提供的，所以这时滤波电容 C 上的电流就等于稳压电源的输出电流 I_o，并且在此期间滤波电容 C 上电压的变化量为输出电压的纹波电压值 ΔU_o，因此有如下的关系式：

$$\Delta U_o = \frac{I_o t_{ON}}{C} = \frac{I_o DT}{C} \tag{5 - 15}$$

从式(5 - 15)中可以计算出所选择的滤波电容的容量为

$$C = \frac{I_o t_{ON}}{\Delta U_o} = \frac{I_o DT}{\Delta U_o} \tag{5 - 16}$$

把 $D = \dfrac{U_o - U_i}{U_o}$ 代入式(5 - 16)中可以得到

$$C = \frac{I_o (U_o - U_i)}{\Delta U_o f U_o} \tag{5 - 17}$$

式(5 - 17)就是输出滤波电容 C 的容量的计算公式。从该公式中可以看出，输出滤波电容 C 的容量除了与其他的因素有关以外，最主要的是与工作开关频率 f 成反比。因此，要减小输出滤波电容 C 的容量和降低输出滤波电容的体积、重量，提高 DC - DC 变换器的工作频率 f 是最有效的方法，这就是为什么人们一直在努力提高 DC - DC 变换器工作频率 f 的原因。

(2) 耐压值 U_C 的计算。在开关功率管 V 截止期间，加在滤波电容 C 两端的电压为输入电压 U_i；在开关功率管 V 导通期间，加在滤波电容 C 两端的电压为输出电压 U_o(储能电感 L 上的电压降和二极管 VD 的正向导通管压降 U_s 在这里均被忽略)。另外，对于升压型 DC - DC 变换器电路来说，它的主要特性就是输出电压 U_o 比输入电压 U_i 高，这里就取输出电压 U_o。在确定输出滤波电容 C 的标称值时应留有 50% 的裕量，因此输出滤波电容 C 的耐压标称值 U_C 应由式(5 - 18)来确定：

$$0.5 U_C = U_o \tag{5 - 18}$$

所以就有

$$U_C = 2 U_o \tag{5 - 19}$$

(3) 电容温度范围的选择。一个好的 DC - DC 变换器，除了具有较高的输入和输出技术指标以外，稳压电源的工作可靠性和无故障工作寿命时间也是一个非常重要的衡量指标。而唯有电路中的电解电容(输入滤波电容和输出滤波电容)是影响 DC - DC 变换器工作

可靠性和无故障工作寿命时间的元件。另外大家都知道，影响这些电解电容寿命的关键因素就是其工作的环境温度。当这些电解电容的工作环境温度升高时，其寿命时间与温度的升高成指数关系下降。因此，为了增加所设计 DC-DC 变换器的工作可靠性和无故障工作寿命时间，在成本和造价允许的条件下，应选用高温电解电容来充当输出滤波电容 C（一般高温电解电容的温度标称值为 $125℃$，一般电解电容的温度标称值为 $85℃$）。

4）储能电感 L 的选择

在分析升压型 DC-DC 变换器的工作原理时已经讲过，在开关功率管 V 导通的 t_{ON} 期间内储能电感 L 上电流的增加量应与开关功率管 V 截止的 t_{OFF} 期间内储能电感 L 上电流的减少量相等，因此有

$$\Delta I_{L(+)} = \Delta I_{L(-)} \tag{5-20}$$

式中，（＋）表示增加量，（－）表示减少量，即在两种工作状态下，储能电感 L 上电流的变化量是相等的，仅变化的方向是相反的。式（5-1）给出了储能电感 L 上电流的增加量，式（5-2）又给出了储能电感 L 上电流的减少量，现在就可以计算出储能电感 L 上的电流在一个转换周期内变化的峰-峰值（忽略二极管的正向压降，即 $U_d=0$）为

$$\Delta I_L = \Delta I_{L(+)} - \Delta I_{L(-)} = \Delta I_{L1} - \Delta I_{L2}$$
$$= \frac{U_i}{L}t_{ON} - \frac{U_i - U_o}{L}t_{OFF} = \frac{U_i t_{ON} - (U_i - U_o)t_{OFF}}{L} \tag{5-21}$$

在实际设计和应用中，储能电感 L 上电流的峰-峰值 $\left(I_i + \dfrac{\Delta I_L}{2}\right)$ 不应大于最大平均电流的 20%，这样就可以避免储能电感 L 的磁饱和，也起到了限制开关功率管 V 的峰值电流、峰值电压和功率损耗的目的。这里将 $\Delta I_L = 1.4 I_i$ 代入式（5-21）中就可以计算出储能电感 L 的电感量为

$$L = \frac{U_i t_{ON} - (U_i - U_o)t_{OFF}}{1.4 I_i} \tag{5-22}$$

为了求得与稳压电源转换效率 η、输出电流 I_o、占空比 D 和工作频率 f 有关的比较实用的计算储能电感 L 的实际公式，现作如下推导。已知稳压电源转换效率 η 与输入功率 $U_i I_i$ 和输出功率 $I_o U_o$ 之间的关系式为

$$I_o U_o = \eta I_i U_i$$

因此有

$$I_i = \frac{I_o U_o}{\eta U_i} \tag{5-23}$$

将式（5-23）代入式（5-22）中，并将 $t_{ON} = TD$、$t_{OFF} = T(1-D)$ 和 $U_i = U_o(1-D)$ 也一起代入，经过化简和整理便可得到储能电感 L 的实际计算公式为

$$L = \frac{10\eta D U_i^2}{7 I_o U_o f} \tag{5-24}$$

$$L = \frac{10\eta D U_o (1-D)^2}{7 I_o f} \tag{5-25}$$

这里虽然推导出了升压型 DC-DC 变换器电路中储能电感 L 的较为实用的实际计算公式，但是和降压型 DC-DC 变换器电路一样，在实际的应用和调试中，也存在着储能电感 L 的电感量应大于等于临界电感量 L_c 的问题。解决这个问题的实际方法，请参考本书所讲

的降压型 DC - DC 变换器电路设计中的相关内容。

5.1.2 功率因数校正(PFC)

1. 功率因数校正的物理概念

(1)功率因数的定义。功率因数(PF)是有功功率 P 与视在功率 S 的比值,可表示为

$$PF = \frac{P}{S} \qquad (5-26)$$

当电压、电流为正弦波,负载为电阻、电容或电感等阻抗时,由于电压、电流之间存在着相位差,因此其有功功率为

$$P = U \cdot I \cdot \cos\phi \qquad (5-27)$$

式中,$\cos\phi$ 为相移功率因数,即

$$\cos\phi = \frac{P}{S} = PF \qquad (5-28)$$

在非线性负载电路中,当输入电压不是正弦波时,都会导致电流和电压波形的失真和相位的偏差,其功率因数定义为

$$PF = r \cdot \cos\phi \qquad (5-29)$$

式中,r 为基波因数,有时也称为输入电流的基波有效值因子,$r=$ 电流基波有效值/总电流有效值。

(2)功率因数校正。功率因数校正(Power Factor Correction,PFC)指的是有效功率与总耗电量(视在功率)之间的关系,也就是有效功率除以总耗电量(视在功率)的比值。基本上功率因数可用于衡量电力被有效利用的程度,功率因数值越大,电力利用率就越高。交流输入电源经整流和滤波后,非线性负载一方面使得输入电压和电流的相位出现偏差,另一方面使得输入电流波形出现畸变而呈脉冲波形,含有大量的谐波分量,并导致功率因数很低。由此带来的问题是:谐波电流污染电网,干扰其他用电设备;在输入功率一定的条件下,输入电流较大,必须增大输入断路器的容量和电源线的线径;三相四线制供电时中线中的电流较大,由于中线中无过流防护装置,有可能过热甚至起火。为此,没有功率因数校正电路的 DC - DC 变换器被逐渐限制应用或禁用。因此,DC - DC 变换器必须减小谐波分量,提高功率因数。提高功率因数对于降低能源消耗,减小电源设备的体积和重量,缩小导线截面积,减弱电源设备对外辐射和传导干扰都具有重大意义。功率因数校正实际上就是将畸变的输入电流校正为正弦电流,并使之与输入电压同相位,从而使功率因数接近于1。

(3)功率因数校正的基本方法。DC - DC 变换器中功率因数校正的基本方法有无源式功率因数校正(PFC)和有源式功率因数校正(APFC)两种。前者只能校正由于交流电压和电流的相位不相同而导致的功率因数下降,而后者不但可以校正由于相位导致的功率因数下降,还可校正由于电流和电压波形的失真而导致的功率因数下降。因此,APFC 在实际应用中使用得最多,效果也是最好的。

2. 功率因数校正(PFC)电路

1)无源 PFC 电路

无源 PFC 电路的理论基础就是输入阻抗匹配,也就是 LC 谐振。一般采用电感或电容

补偿的方法来减小交流输入的基波电流与电压之间相位差，从而提高功率因数。当负载为容性负载时采用串联电感的方法进行补偿，当负载为感性负载时则采用并联电容的方法进行补偿，如图5-2所示。串联补偿电感和并联补偿电容的大小满足 LC 谐振原理，其值的大小可由下式确定：

$$2\omega\pi L = \frac{1}{2\pi\omega C_{L}} \text{ 或 } 2\pi\omega L_{L} = \frac{1}{2\pi\omega C} \tag{5-30}$$

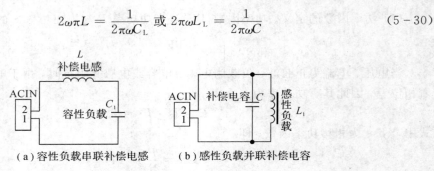

（a）容性负载串联补偿电感　　（b）感性负载并联补偿电容

图5-2　无源式PFC电路

无源式PFC电路只能将功率因数校正到 $0.7\sim0.8$，这种PFC电路的结构也较为简单。实际上它利用电感上的电流不能突变和电容上的电压不能突变的原理来调节电路中的电压及电流的相位差，使电流和电压趋向于正弦化和同相位以提高功率因素。无源式PFC电路的结构复杂，相对于有源式PFC电路的功率因数要低得多。因此，无源式PFC电路具有下列不可克服的缺点：

（1）当欧洲标准的谐波规范越来越严格时，电感和电容的质量需提升，而生产的难度将会不断提高，价格将会不断上涨。

（2）补偿电感和电容的重量和体积增大，导致DC-DC变换器的重量和体积也随之增加。

（3）功率因数不能被校正得很高，最大只能提高到 70% 左右。

（4）若负载为容性负载而需要采用补偿电感来校正，则当补偿电感的结构固定不正确时容易产生震动噪声。

（5）当DC-DC变换器的输出功率超过 $300W$ 以上时，无源式PFC电路所使用的电感或电容的成本将会达到不可接受的地步。

2）有源式功率因数校正（APFC）电路

（1）APFC电路简介。

有源式PFC电路由高频电感、开关功率管、快恢复续流二极管和电容等元器件构成，实际上也就是升压型DC-DC变换器电路（Boost），这种PFC电路能将 $110V$ 或 $220V$ 的交流市电转变为 $400V$ 左右的直流高压。有源式PFC电路具有体积小、重量轻、输入电压范围宽和功率因数高（通常可达 98% 以上）等特点，其缺点为成本较高和电路结构复杂等。这种PFC电路通常都使用专用的IC去调整输入电流和电压的波形及相位，对电流和电压间的波形及相位差进行校正、补偿，其电路拓扑结构如图5-3（a）所示，典型应用电路如图5-3（b）所示。此外，有源式PFC电路还可用作辅助电源，因此在有源式PFC电路中，往往不需要待机变压器，而且有源式PFC电路的输出直流电压的纹波很小，这种电源不必采用很大容量的滤波电容。与无源式PFC电路类似，有源式PFC电路工作时也会产生震动噪声,只不过是高频噪声。相对于无源式 PFC 电路,有源式 PFC 电路的结构复杂,成本也高得多,主要应用于中高端 DC－DC 变换器产品和 100 W 以上的中大功率输出的 DC－DC 变换器中。

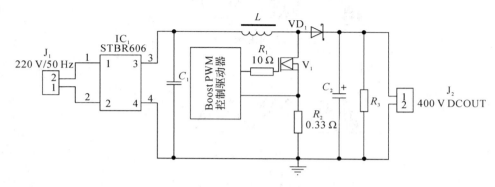

(a)有源式 PFC 电路拓扑结构

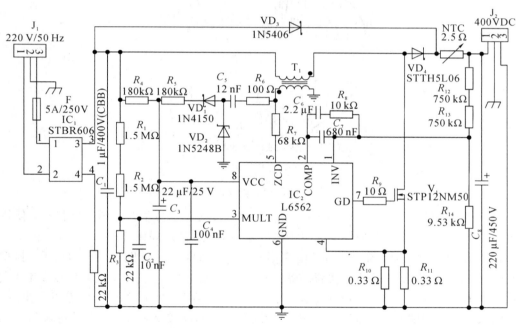

(b)有源式 PFC 典型应用电路

图 5－3　有源式 PFC 电路

(2) 有源式 PFC 电路的种类。

① 平均电流型:工作频率固定,输入电流连续(CCM),波形如图 5－4(a)所示。典型的控制驱动 IC 有 UC3854。这种平均电流控制方式的 PFC 电路的优点是:恒频控制,工作在电感电流连续状态,开关功率管电流有效值小,EMI 滤波器体积小,能抑制开关噪声,输入电流波形失真小。主要缺点是:控制电路复杂,须用乘法器和除法器,需检测电感电流,需电流控制环路。

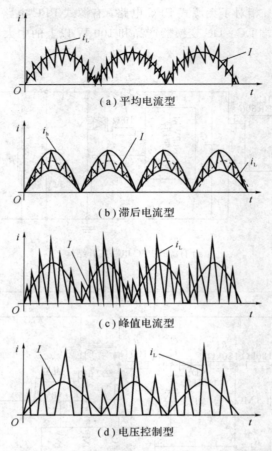

图 5-4　各种有源 PFC 电路的输入电流波形

② 滞后电流型：工作频率可变，电流达到滞后带内发生功率开关通与断操作，使输入电流上升、下降。电流波形平均值取决于电感输入电流，波形如图 5-4(b)所示。

③ 峰值电流型：工作频率变化，电流不连续(DCM)，波形如图 5-4(c)所示。典型的控制驱动 IC 有 L6562。DCM 采用跟随器方法，具有电路简单、易于实现的优点。其缺点包括：PF 和输入电压 U_{in} 与输出电压 U_o 的比值有关，即当 U_{in} 变化时，PF 值也将发生变化，同时输入电流波形随 U_{in}/U_o 值的加大而使谐波失真(THD)变大；开关功率管的峰值电流大(在相同容量的情况下，DCM 中通过开关器件的峰值电流为 CCM 的 2 倍)，从而导致开关功率管损耗增加。所以在大功率 APFC 电路中，常采用 CCM 方式。

④ 电压控制型：工作频率固定，电流不连续，采用固定占空比的方法，电流自动跟随电压。这种控制方法一般用在输出功率比较小的场合，另外在单级功率因数校正中多采用这种方法，后面会介绍。波形如图 5-4(d)所示。

⑤ 非线性载波控制技术：非线性载波控制(NLC)不需要采样电压，内部电路作为乘法器，即载波发生器为电流控制环产生时变参考信号。这种控制方法工作在 CCM 模式，可用于 Flyback、Cuk、Boost 等拓扑中，其调制方式有脉冲前沿调制和脉冲后沿调制。

⑥ 单周期控制技术：单周期控制是一种非线性控制技术，其原理如图 5-5 所示，该控制方法的突出特点是，无论是稳态还是暂态，它都能保持受控量(通常为斩波波形)的平均

值恰好等于或正比于给定值，即能在一个开关周期内有效地抑制电源侧的扰动，既没有稳态误差，也没有暂态误差。这种控制技术可广泛应用于非线性系统的场合，不必考虑电流模式控制中的人为补偿。

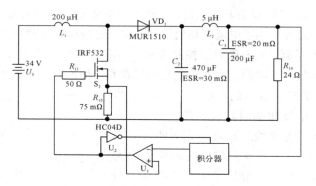

图 5－5　单周期控制技术的 PFC 电路

　　⑦ 电荷泵控制技术：利用电流互感器检测开关功率管的开通电流，并给检测电容充电，当充电电压达到控制电压时关闭开关功率管，同时释放检测电容上的电压，直到下一个时钟脉冲到来使开关功率管再次开通，控制电压与电网输入电压同相位，并按正弦规律变化。由于控制信号实际为开关电流在一个周期内的总电荷，因此称为电荷控制方式。

　　(3) 功率因数校正技术的发展趋势。

　　① 两级功率因数校正技术的发展趋势。目前研究的两级功率因数校正，一般都是指 Boost PFC 前置级和后随 DC－DC 功率变换级，如图 5－6 所示。对 Boost PFC 前置级研究的热点有两个：一是功率电路进一步完善，二是控制简单化。如果工作在 PWM 硬开关状态下，MOSFET 的开通损耗和二极管的反向恢复损耗都会相当大。因此，最大的问题是如何消除这两个损耗，相应就有许多关于软开关 Boost 变换器理论的研究，现在具有代表性的有两种技术：一是有源软开关；二是无源软开关，即无源无损吸收网络。

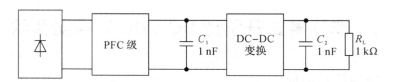

图 5－6　两级 PFC 电路

　　有源软开关采用附加的一些辅助开关功率管和一些无源的电感电容以及二极管，通过控制主开关功率管和辅助开关功率管导通时序来实现零电压开关(ZVS)或者零电流开关(ZCS)。比较成熟的有 ZVT－Boost、ZVS－Boost、ZCS－Boost 电路等。虽然有源软开关能有效地解决主开关功率管的软开关问题，但辅助开关功率管往往还是硬开关，仍然会产生很大损耗，再加上复杂的时序控制，使变换器的成本增加、可靠性降低。

　　无源无损吸收则是采用无源元件来减小 MOSFET 的 du/dt 和二极管的 du/dt，从而减小开通损耗和反向恢复损耗。它的成本低廉，不需要复杂的控制，可靠性较高。

　　除了软开关的研究之外，另一个令人们关心的研究方向是控制技术。目前最为常用的控制方法是平均电流控制、CCM/DCM 临界控制和滞后控制三种方法。但是新的控制方法不断出现，其中大部分是非线性控制方法，比如非线性载波技术和单周期控制技术。这些控制技术的主要优点是使电路的复杂程度大大降低，可靠性增强。现在商业化的非线性控制芯片有英飞凌公司的一种新的 CCM 的 PFC 控制器，被命名为 ICE1PCSOI，是基于一种新的控制方案开发出来的。与传统的 PFC 解决方案比较，这种新的集成芯片(IC)无需直接来自交流电源的正弦波参考信号。该芯片采用了电流平均值控制方法，使得功率因数可以达到 1。另外，还有 IR 公司的 IRIS51XX 系列，基于单周期控制原理，不需要采集输入电压，外围电路简单。最后，怎样提高功率因数校正器的动态响应是当前摆在我们面前的一个难题。

② 单级功率因数校正技术的发展趋势。在 20 世纪 90 年代初提出了单级功率因数校正技术，主要是将 PFC 级和 DC - DC 变换级集成在一起，两级共用开关功率管，如图 5 - 7 所示。它与传统的两级电路相比省掉了一个 MOSFET，增加了一个二极管。另外，其控制采用一般的 PWM 控制方式，电路结构相对简单多了。但是单级功率因数校正存在一个非常

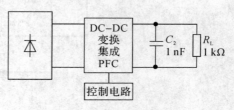

图 5 - 7　单级 PFC 电路

严重的问题，那就是当负载变轻时，由于输出能量迅速减小，但占空比瞬时不变，输入能量不变，使得输入功率大于输出功率，中间储能电容电压升高，此时占空比减小以保持 DC - DC 级输出稳定，最终达到一个新的平衡状态。这样中间储能电容的耐压值需要很高，甚至达到 1000 V。当负载变重时，情况相反。怎样降低储能电容上的电压是现在单级功率因数校正研究的热点。

(4) 常用的功率因数校正集成芯片如下：

① 非连续电流模式 PFC 芯片：如 TDA4862、TDA4863、L6561、L6562、FAN7527、UC3852、UCC38050、SG6561、MC33262、MC34262、MC33261 等。

② 连续电流模式 PFC 芯片：如 TDA16888（PFC＋PWM）、1PCS01（PFC）、L498I、FA4800（PFC＋PWM）、UC3854、UCC3817、UCC3818、L6562 等。

5.2　非隔离式升压型 DC - DC 变换器实验板

5.2.1　实验板的技术指标

1. 输入和输出参数

(1) 输入电压：24V±1V（由外置电源适配器提供）；

(2) PWM 信号驱动器 IC 工作电压：15 V；

(3) PWM 信号频率 f：30 kHz；

(4) PWM 信号占空比 D 的调节范围：0%～100%；

(5) 输出电压/电流：30 V/500 mA。

2. 保护功能

(1) 输入电源电压极性加反保护；

(2) 输出过流保护；

（3）输出过压保护；

（4）正常工作 LED 指示灯指示。

5.2.2　实验板的用途

该实验板为非隔离式升压型 DC-DC 变换器电路，通过使用示波器观察和测量相应的 PWM 信号的频率、幅度和极性，验证图 5-1 所示的非隔离式升压型 DC-DC 变换器电路各点信号波形时序图。使用示波器和万用表测量输入供电电压 U_i、PWM 发生器驱动器 IC 工作电压、PWM 驱动信号的占空比 D 和输出电压 U，验证上面推导出的非隔离式升压型 DC-DC 变换器输入电压、输出电压与占空比 D 之间的关系式（5-4）。通过这些观察、测试、比较和计算，掌握非隔离式升压型 DC-DC 变换器电路的工作原理。需要用到的测试器材如下：

（1）四位半数显万用表 1 块；

（2）频率≥40 MHz 的双踪示波器 1 台；

（3）非隔离式升压型 DC-DC 变换器实验板 1 套；

（4）晶体管毫伏计 1 台（DA-16 型晶体管毫伏计）；

（5）连接导线若干；

（6）常用工具 1 套。

5.2.3　实验板的硬件组成

1. 实验板的原理电路和印制板图

非隔离式升压型 DC-DC 变换器实验板的原理电路和印制板图如图 5-8 所示。

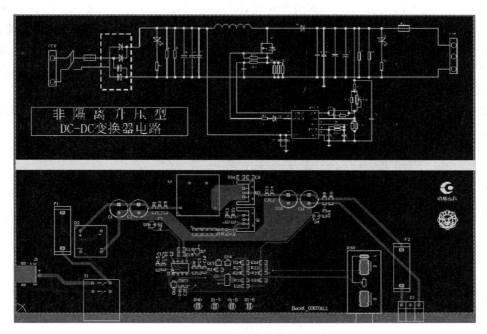

图 5-8　非隔离式升压型 DC-DC 变换器实验板的原理电路和印制板图

2. 非隔离式升压型 DC - DC 变换器实验板的外形

非隔离式升压型 DC - DC 变换器实验板的外形如图 5 - 9 所示。

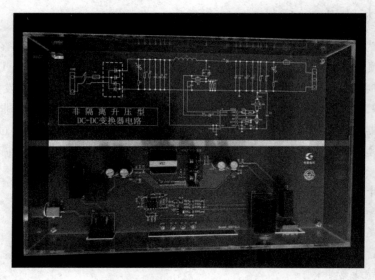

图 5 - 9 非隔离式升压型 DC - DC 变换器实验板的外形图

3. 实验板简介

（1）全波整流桥。其作用一是防止将输入直流供电电源极性接反，而导致烧坏电源实验电路板或供电电源（也就是具有电源电压极性加反保护功能）；二是可以输入交流供电电源。

（2）PWM 驱动器 UC3845。UC3845 是高性能固定工作频率电流模式、PWM 发生、驱动和控制器，是专门为 DC - DC 变换器而设计的，为设计人员提供只需最少外部元器件就能获得性价比高的解决方案。该芯片具有频率可微调的 PWM 发生器、精确的占空比控制、温度补偿的参考点、高增益误差放大器、电流取样比较器和大电流图腾柱式输出，是驱动 MOSFET 和 IGBT 功率开关的理想 IC；还具有输入和参考电压欠压锁定、带有滞后的周期性限流、可编程的死区时间和逐个脉冲检测的锁存等功能。另外，为了应用方便起见，该芯片还提供 DIP - 8、DIP - 14、SO - 8 和 SO - 14 四种封装形式供用户选择。其内部原理框图如图 5 - 10 所示。

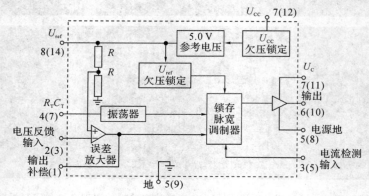

图 5 - 10 UC3842 内部原理框图

5.3　实验内容

(1) 将安全供电适配器电源正确连接于图 5-9 所示的非隔离式升压型 DC-DC 变换器实验板,使用四位半数显万用表测量实验板上"S1"端直流电压应为 DC24 V、输出端电压应为 36 V,这时再使用示波器测量出"S3"端 PWM 驱动信号的占空比 D 和工作频率 f,然后将这三个测量值代入公式(5-1)中对其进行验证。然后将输出端接 50 Ω/50 W 功率电阻,将多圈电位器左旋到最大,用万用表测量输出电压,探头夹实验板的测试端子"Q-G"和"Q-S"上,用示波器测量 PWM 信号的占空比,将结果记录在表 5-1 中。

表 5-1　非隔离式升压型 DC-DC 变换器实验内容(一)

序号	项目	内　容		
1	万用表	S1/V		
		CON2/V		
		CON3/V		
2	示波器	观察波形	S2 输出波形	
			S3 输出波形	
			S4 输出波形	
		测试数据	S3	f/Hz
				D/%
			输入电压纹波	
			输出电压纹波	
			线性调整率	
			负载调整率	
3	电源纹波抑制比(PSRR)测试计算			

(2) 使用万用表分别测量实验板上"S1"端、输出"CON2"端的直流电压,再使用示波器分别观察、记录和绘制"S2"、"S3"、"S4"端的输出波形,完成表 5-1 中的实验内容。观察、记录和绘制"S2"、"S3"、"S4"端的输出波形时,应注意它们之间的时序,并且一定要和非隔离式升压型 DC-DC 变换器工作原理中给出的时序波形进行比较。

(3) 输出端接 100 Ω/50 W 功率电阻,将多圈电位器右旋到最小,用万用表测量输出电压,用示波器测量 PWM 信号的占空比,将结果记录在表格中。输出端接 50 Ω/50 W 功率电阻,将多圈电位器旋到大概中间位置保持不变,用万用表测量输出电压,用示波器测量 PWM 信号的占空比,将结果记录在表格中。输出端接 100 Ω/50 W 功率电阻,将多圈电位器旋到大概中间位置保持不变,用万用表测量输出电压,用示波器测量 PWM 信号的占空比,将结果记录在表 5-2 中。最后通过所测量的数据与所带负载将转换效率计算出来。

表 5 - 2　非隔离式升压型 DC - DC 变换器实验内容（二）

实验项目		输出电压/V	占空比/%	转换效率/%	输出带载/Ω	备　注
内容 1	输入电压 24 V				50	输出端接的电阻推荐使用 RX24 型金黄色铝壳电阻，参数是功率 50W，阻值 50Ω/100Ω
内容 2					50	
内容 3					100	
内容 4					100	

5.4　思　考　题

（1）使用 UC3842 PWM 驱动器芯片试设计一款升压式 DC - DC 变换器应用电路。

（2）为了提高升压型 DC - DC 变换器的可靠性和无故障工作时间（寿命），除了应选用高温电解电容来充当输出滤波电容 C 以外，还应注意哪些问题？

（3）在图 5 - 3(b)所示的 PFC 应用电路中，认真阅读 L6562 的 PDF 资料后，请回答下列问题：

① 储能电感 L_1 中副绕组的作用是什么？

② 芯片 L6562 的 3 脚为乘法器的输入端，它为什么要采集输入电压的波形？

③ 在该应用电路中，对输入的交流电源电压进行全波整流后为什么仅加了一个小容量的无极性滤波电容，而没有接一个大容量的铝电解电容呢？

④ 请在该电路中找出软启动电路来，并且说出如何改变软启动时间。

（4）无源功率因数校正的理论基础是什么？

（5）并联 LC 谐振与串联 LC 谐振在实际应用中有什么区别？请举例说明之。

第6章 非隔离式降压型 DC - DC 变换器(Buck)实验

6.1 实验原理

6.1.1 非隔离式降压型 DC - DC 变换器的工作原理

1. 非隔离式降压型 DC - DC 变换器的电路结构

非隔离式降压型 DC - DC 变换器的电路结构如图 6 - 1(a)所示，各点的时序波形如图 6 - 1(b)所示。由图中可以看出，降压型 DC - DC 变换器的基本电路由一次整流和滤波、开关功率管 V、续流二极管 VD、储能电感 L、二次滤波电容 C、PWM 控制和驱动电路以及取样和反馈电路等组成。此外，这里仅给出了发射极输出（NPN 型开关功率管）的降压型 DC - DC变换器的原理框图和各点的输出波形时序图，没有给出集电极输出（PNP 型开关功率管）的降压型 DC - DC 变换器的原理框图和各点的输出波形时序图。这是因为它们的工作原理都是一样的，只是输入和输出的电流、电压极性相反而已。

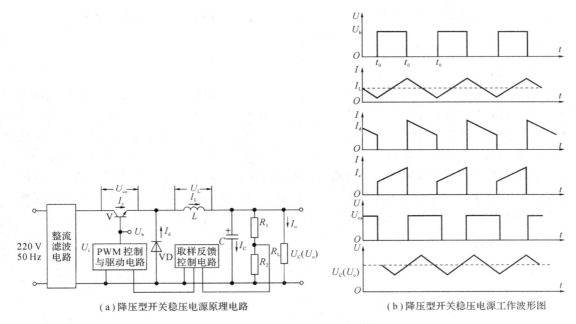

(a)降压型开关稳压电源原理电路　　　　　(b)降压型开关稳压电源工作波形图

图 6 - 1　降压型 DC - DC 变换器原理电路及波形图

2. 降压型 DC‑DC 变换器的工作原理

1) 工作原理分析

把图 6‑1(b)所示的驱动方波信号施加到图 6‑1(a)所示电路中开关功率管 V 的基极上，这样开关功率管 V 就会按照驱动方波信号的频率周期性地导通与关闭，开关功率管 V 的工作周期 $T = t_{ON} + t_{OFF}$，占空比 $D = t_{ON}/T$。其工作过程可以从开关功率管 V 的导通、关闭以及 DC‑DC 变换器实现动态平衡等过程来说明。另外，t_{ON} 和 t_{OFF} 分别为开关功率管的导通时间和关闭时间。

(1) 开关功率管 V 的导通期。

在 $t_{ON} = t_1 - t_0$ 期间，开关功率管 V 导通，续流二极管 VD 因反向偏置而截止。储能电感 L 两端所加的电压为 $U_i - U_o$。虽然输入电压 U_i 为直流电压，但电感 L 中的电流不能突变，而在开关功率管 V 导通的 t_{ON} 期间内，电感 L 中的电流 I_{L1} 将会线性地上升，并以磁能的形式在储能电感中存储能量。这时，电感 L 中的电流 I_{L1} 为

$$I_{L1} = \frac{U_i - U_o}{L} \cdot \left[(t_1 - t_0) + I_{L0} \right] \qquad (6-1)$$

式中，I_{L0} 为 t_0 时刻储能电感 L 中的电流。在 t_1 时刻，也就是驱动信号正半周要结束的时刻，储能电感 L 中的电流上升到最大值，其最大值为

$$I_{Lmax} = \frac{U_i - U_o}{L} \cdot \left[(t_1 - t_0) + I_{L0} \right] \qquad (6-2)$$

从式(6‑1)和式(6‑2)就可以计算出储能电感 L 中电流的变化量为

$$\Delta I_{L1} = I_{Lmax} - I_{L1} = \frac{U_i - U_o}{L} \cdot (t_1 - t) \qquad (6-3)$$

当式(6‑3)中的 $t = t_0$ 时，储能电感 L 中的电流变化量为最大，其最大变化量为

$$\Delta I_{Lmax1} = \frac{U_i - U_o}{L} \cdot (t_1 - t_0) = \frac{U_i - U_o}{L} \cdot t_{ON} \qquad (6-4)$$

(2) 开关功率管 V 的截止期。

在 $t_{OFF} = t_2 - t_1$ 期间，开关功率管 V 截止。但是在 t_1 时刻，由于开关功率管 V 刚刚截止，并且储能电感 L 中的电流不能突变，于是 L 两端就产生了与原来电压极性相反的自感电动势。此时，续流二极管 VD 开始正向导通，储能电感 L 所存储的磁能将以电能的形式通过续流二极管 VD 和负载电阻 R_L 开始泄放。这里的二极管 VD 起着续流和补充电流的作用，这也正是它被称为续流二极管的原因。储能电感 L 所泄放的电流 I_{L2} 的波形就是锯齿波中随时间线性下降的那一段电流波形。为了简化计算，将续流二极管 VD 的导通压降忽略不计，因而储能电感 L 两端的电压近似为 U_o，所通过的电流可由下式计算出来：

$$I_{L2} = -\frac{U_o}{L} \cdot (t - t_1) + I_{Lmax} \qquad (6-5)$$

在 $t = t_2$ 时，储能电感 L 中的电流达到最小值 I_{Lmin}，其最小值可由下式计算出来：

$$I_{Lmin} = -\frac{U_o}{L} \cdot (t_2 - t_1) + I_{Lmax} \qquad (6-6)$$

由式(6‑5)和式(6‑6)可以求出在开关功率管 V 截止期间，储能电感 L 中的电流变化值为

$$\Delta I_{L2} = -\frac{U_o}{L} \cdot (t_2 - t) \qquad (6-7)$$

当 $t = t_1$ 时，储能电感 L 中的电流变化值为最大，其最大变化量为

$$\Delta I_{Lmax2} = -\frac{U_o}{L} \cdot (t_2 - t_1) = -\frac{U_o}{L} \cdot t_{OFF} \tag{6-8}$$

（3）开关功率管 V 导通期与截止期能量转换的条件。

只有当开关功率管 V 导通期间 t_{ON} 内储能电感 L 增加的电流 ΔI_{Lmax1} 等于开关功率管 V 截止期间 t_{OFF} 内减少的电流 ΔI_{Lmax2} 时，开关功率管 V 才能达到动态平衡，才能保证储能电感 L 中一直有能量，才能保证源源不断地向负载电路提供能量和功率。这就是构成一个稳压电源的最基本的条件，因此下面的关系式一定成立：

$$\frac{U_i - U_o}{L} \cdot t_{ON} = \frac{U_o}{L} \cdot t_{OFF} \tag{6-9}$$

将式（6-9）化简整理后得到输出电压 U_o 与输入电压 U_i 之间的关系为

$$U_o = \frac{t_{ON}}{t_{ON} + t_{OFF}} \cdot U_i = D \cdot U_i = \frac{t_{ON}}{T} \cdot U_i \tag{6-10}$$

从式（6-10）中就可以看出，由于占空比 D 永远是一个小于 1 的常数，因此输出电压 U_o 永远小于输入电压 U_i。这就是降压型 DC－DC 变换器的输出电压 U_o 和输入电压 U_i 之间的关系。

2）结果分析

（1）开关功率管的占空比 D 为

$$D = \frac{t_{ON}}{t_{ON} + t_{OFF}} = \frac{t_{ON}}{T} = \frac{U_o}{U_i} \tag{6-11}$$

降压型 DC－DC 变换器的输出电压 U_o 和输入电压 U_i 之间的比值也正好等于这个值。由于占空比 D 永远是一个小于 1 的常数，因此输出电压 U_o 永远小于输入电压 U_i。故这种 DC－DC 变换器电路常被称为降压型 DC－DC 变换器。

（2）式（6-11）中的占空比 D 与开关功率管 V 的导通时间 t_{ON} 有关。如保持开关功率管的工作周期 T 不变，则通过改变开关功率管 V 的导通时间 t_{ON} 就可以实现改变和调节输出电压 U_o 大小的目的。因此，由此原理设计出的 DC－DC 变换器电路通常被称为脉宽调制（PWM）型 DC－DC 变换器电路。

（3）从式（6-11）中可以看出，占空比 D 不但与开关功率管 V 的导通时间 t_{ON} 有关，而且还与开关功率管 V 的工作周期 T 有关，也就是与工作频率 f 有关。因此，在保持其他条件不变，仅改变开关功率管 V 的周期时间 T 或工作频率 f，同样也可以实现改变和调节输出电压 U_o 大小的目的。由此原理设计出的 DC－DC 变换器电路通常被称为脉频调制（PFM）型 DC－DC 变换器电路。

（4）从式（6-11）中又可以看出，同时改变开关功率管 V 的导通时间 t_{ON} 和工作周期时间 T（或者工作频率 f），同样也可以起到调节和改变占空比 D 或者输出电压 U_o 的目的。根据这样的原理设计出的 DC－DC 变换器电路通常被称为混合型（PWM/PFM）DC－DC 变换器电路。

3. 降压型 DC－DC 变换器重要参数的计算

1）输出电压纹波 ΔU_o 的计算

从 DC－DC 变换器的原理框图 6-1 中可以看出，输出滤波电容 C 两端的电压实际上

就等于 DC - DC 变换器的输出电压 U_o。那么该滤波电容 C 两端电压的变化量实际上就是所要计算的 DC - DC 变换器的输出电压纹波值 ΔU_o。从图 6 - 1 所示的电容两端电压 U_C（即输出电压 U_o）的波形图中就可以看出，在开关功率管 V 导通（$t = t_1 - t_0$）的 $t_{ON}/2$ 到 t_{ON} 的时间内，滤波电容 C 开始充电，充至与输入电压 U_i 相等的值时，开关功率管 V 截止，滤波电容 C 这段时间内充电电压的变化量应为 ΔU_{o1}；从 t_1 时刻开关功率管 V 开始截止直到 $t_{OFF}/2$ 这段时间内开关功率管 V 一直处于截止状态，并且这段时间内储能电感 L 要承担一边向负载提供能量、一边又向滤波电容 C 继续充电的任务。滤波电容 C 不断被充电，两端电压不断上升，最后达到电压最大值。设这段时间内滤波电容 C 两端电压变化量为 ΔU_{o2}，那么就有

$$\Delta U_o = \Delta U_{o1} + \Delta U_{o2} \tag{6-12}$$

（1）ΔU_{o1} 的计算。

从图 6 - 1(b) 所示的 I_C、I_L 和 U_C（U_o）的波形中可以看出，设 $t = t_0$ 时，开关功率管 V 开始导通，滤波电容 C 放电电流开始减小，在经过 $t_{ON}/2$ 时间之后，放电电流等于零，此时滤波电容 C 两端的电压具有最小值。然后滤波电容 C 开始充电，滤波电容 C 两端的电压 U_C 开始上升。当滤波电容 C 的充电一直维持到经过 t_{ON}（$t_{ON} = t_1 - t_0$）时间，开关功率管 V 开始截止。在这段时间内滤波电容 C 两端电压的变化值 ΔU_{o1} 取决于滤波电容 C 的充电电流 I_C 和充电时间 $t_{ON} - t_{ON}/2$，故 ΔU_{o1} 为

$$\Delta U_{o1} = \frac{1}{C} \int_{t_{ON}/2}^{t_{ON}} I_C \cdot \mathrm{d}t \tag{6-13}$$

从图 6 - 1 中可以得到

$$I_L = I_C + I_o, \quad I_C = I_L - I_o$$

而 $I_L = \frac{1}{L} \int U_L \cdot \mathrm{d}t = \frac{1}{L} \int (U_i - U_o) \cdot \mathrm{d}t$，所以就有

$$I_C = \frac{1}{L} \int (U_i - U_o) \cdot \mathrm{d}t - I_o = \frac{1}{L} (U_i - U_o) \cdot t + I_{Lmin} - I_o \tag{6-14}$$

由于流过储能电感 L 的平均电流值就等于负载电阻 R_L 上流过的电流 I_o，因此就有

$$I_o = \frac{I_{Lmax} + I_{Lmin}}{2} \tag{6-15}$$

把 I_{Lmin} 的表达式(6 - 6)和 I_o 的表达式(6 - 15)都代入式(6 - 14)中，可以得到电容的充电电流 I_C 的计算公式为

$$I_C = \frac{1}{L} (U_i - U_o) \cdot t - \frac{U_o}{2L} \cdot t_{OFF} \tag{6-16}$$

然后把式(6 - 16)代入式(6 - 12)中便可以求得 ΔU_{o1} 为

$$\Delta U_{o1} = \frac{1}{C} \int_{t_{ON}/2}^{t_{ON}} \left[\frac{1}{L} (U_2 - U_o) \cdot t - \frac{U_o}{2L} \cdot t_{OFF} \right] \cdot \mathrm{d}t = \frac{1}{C} \cdot \frac{U_o \cdot t_{ON} \cdot t_{OFF}}{8L} \tag{6-17}$$

（2）ΔU_{o2} 的计算。

ΔU_{o2} 也就是滤波电容 C 从原有的电压 U_o 继续向上充电，一直充到经过 $t_{OFF}/2$ 时间，滤波电容 C 上的电压充到最大值。也就是在开关功率管 V 截止的一半时间内滤波电容 C 上的增量 ΔU_{o2} 为

$$\Delta U_{o2} = \frac{1}{C} \int_{t_{ON}}^{t_{ON}+t_{OFF}/2} I_C \cdot dt \qquad (6-18)$$

在开关功率管 V 截止，即 $t_{OFF}(t_2 - t_1)$ 期间，负载 R_L 所需的能量由储能电感 L 通过续流二极管 VD 供给，因此可以得到下列方程：

$$U_o = -L \frac{dI_L}{dt} \qquad (6-19)$$

由此可以得到

$$I_L = -\frac{1}{L} \int U_o \cdot dt = -\frac{U_o}{L} \cdot t + I_{Lmax} \qquad (6-20)$$

将式(6-20)代入 $I_C = I_L - I_o$ 中，就可以得到开关功率管 V 在截止期间内滤波电容 C 中的电流为

$$I_C = -\frac{U_o}{L}t + I_{Lmax} - I_o \qquad (6-21)$$

同理，把式(6-2)和式(6-15)分别代入式(6-21)中，消去 $I_{Lmax} - I_o$ 后得到

$$I_C = \frac{U_o}{2L}t_{OFF} - \frac{U_o}{L}t \qquad (6-22)$$

最后将式(6-22)代入式(6-18)就可以算出 ΔU_{o2}：

$$\Delta U_{o2} = \frac{1}{C} \int_0^{t_{OFF}/2} \left[\frac{U_o}{2L} \cdot t_{OFF} - \frac{U_o}{L}t \right] \cdot dt = \frac{1}{C} \cdot \frac{U_o \cdot t_{ON}^2}{8L} \qquad (6-23)$$

（3）输出电压纹波 ΔU_o 的计算。

将式(6-17)和式(6-23)代入式(6-12)中就可以计算出滤波电容 C 两端电压的波动值为

$$\begin{aligned}
\Delta U_o &= \Delta U_{o1} + \Delta U_{o2} \\
&= \frac{1}{C} \cdot \frac{U_o \cdot t_{ON} \cdot t_{OFF}}{8L} + \frac{1}{C} \cdot \frac{U_o \cdot t_{ON}^2}{8L} \\
&= \frac{U_o \cdot t_{ON} \cdot t_{OFF}}{8C \cdot L} + \frac{U_o \cdot t_{ON}^2}{8C \cdot L} \\
&= \frac{U_o \cdot t_{ON}}{8C \cdot L} \cdot (t_{OFF} + t_{ON}) \qquad (6-24) \\
&= \frac{U_o \cdot t_{ON} \cdot T}{8C \cdot L} \\
&= \frac{U_o^2 \cdot T^2}{8C \cdot L \cdot U_i} \qquad (6-25)
\end{aligned}$$

从式(6-24)和式(6-25)中可以看出，DC - DC 变换器输出电压纹波值除了与输出电压 U_o 和输入电压 U_i 有关以外，增大储能电感 L 和滤波电容 C 的参数值也可起到将其降低的作用。此外，降低开关功率管 V 的工作周期时间（即提高开关功率管 V 的工作频率 f）也能收到同样的效果。当然，在降低 DC - DC 变换器输出纹波电压 ΔU_o 的过程中，要利弊兼顾，综合考虑性能价格比，不能一味地追求输出纹波电压 ΔU_o 越低越好，应考虑 DC - DC 变换器的使用环境、输入条件和输出要求；还应考虑降低输出纹波电压 ΔU_o 以后，DC - DC 变换器的造价、体积和重量都要相应增加。

（4）实际上真正的输出纹波电压。

上面所计算出来的 ΔU_o 只是降压型 DC - DC 变换器电路输出纹波电压中由于开关频率所

引起的输出纹波电压值，实际上真正的输出纹波电压除了以上所计算的两部分以外，还应该包括电网工频纹波电压和高频功率转换所产生的寄生纹波电压，如图 6-2 所示。图中 T_1 是电网工频纹波电压的半周期时间（一般为电网工频电压的半周期时间），T_2 是高频功率转换所产生的寄生纹波电压（开关转换纹波电压）的周期时间（一般为开关功率管的周期时间）。

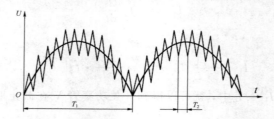

图 6-2　DC-DC 变换器输出端的工频纹波和开关转换纹波电压波形

① 工频纹波电压。当所设计的 DC-DC 变换器电路直接接 220 V/50 Hz 的交流电网电压时，经全波整流、滤波后，形成 100 Hz 的脉动直流电压作为 DC-DC 变换器的输入供电电压 U_i。该输入直流脉动电压 U_i 中的脉动成分经过稳压调节后，虽然被大大衰减，但仍有少量残留部分在输出电压 U_o 中，因此就在输出电压中形成了电网工频纹波电压。要想减小这种残留在输出电压中的电网工频纹波电压，就必须增大 DC-DC 变换器输入端一次整流滤波电容的容量和提高 PWM 电路以及功率变换电路的负载动态响应速度。

② 开关转换纹波电压。对于任何一种晶体管，从导通到截止或者从截止到导通的转换过程都需一定的转换时间。如图 6-3 所示，当开关功率管 V 从截止转向导通时，虽然续流二极管 VD 上的电压已经反向偏置，但是由于该二极管 VD 中少数载流子的存储效应，二极管中流动着的电流不可能立即被关断，只有经过一段时间后才能真正处于截止状态。这段时间被称为二极管的反向截止时间。在这段时间内二极管呈现低阻抗，于是输入电压通过开关功率管 V、续流二极管 VD 可以形成一个非常大的电流，这个电流通过回路中的分布电容就会引起一个较大的高频阻尼振荡，它经过平滑滤波以后寄生在输出电压中的残留部分就形成了所谓的开关转换纹波电压。此外，当开关功率管 V 从导通转向截止的瞬间，储能电感 L 由于自感作用就会发生极性颠倒，但续流二极管 VD 由于从截止转向导通需要一定的恢复时间，此时储能电感 L 上的反向电动势便会升得很高，反映到输出端同样会形成开关转换纹波电压。

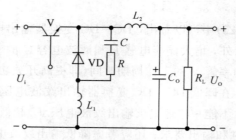

图 6-3　减小 DC-DC 变换器输出端开关转换纹波电压的电路

减小开关转换纹波电压通常可以采用以下三种方法：

· 采用导通时间快、恢复时间短的肖特基二极管或快恢复二极管作为续流二极管。

· 如图 6‑3 所示，在续流二极管 VD 两端并联一个阻容吸收网络，电容 C 的容量主要取决于开关转换频率。一般情况下当开关转换频率在 20～100 kHz 的范围内时，电容 C 的取值范围应为 0.0022～0.01 μF，电阻 R 的阻值一般取 1～10 Ω。这样一来，就可以将由于续流二极管恢复时间所导致的开关转换纹波电压吸收到最小程度。

· 像图 6‑3 所示的那样，在续流二极管 VD 的引线中串联一电感量很小的电感 L_1（实际应用中有时就在续流二极管 VD 的引脚引线上穿一小磁环或小磁珠即可），利用电感上电流不能突变的特性来抑制和缓冲续流二极管 VD 反向恢复期间内的反向电流。

2）开关功率管 V 功率损耗 P 的计算

从 DC‑DC 变换器的工作原理可以知道，开关功率管 V 总功率损耗 P_z 应包括导通期间、截止期间、由导通转向截止的下降期间和由截止转向导通的上升期间所有的功率损耗。开关功率管 V 的 I_c、U_{ce} 和 P_z 的波形如图 6‑4 所示。在开关功率管 V 导通期间，虽然流过的电流很大，但是由于开关功率管 V 工作在饱和导通状态，所以集电极与发射极之间的饱和压降 U_{ces} 却很小，故导通期间开关功率管 V 的功率损耗是很小的；在开关功率管 V 截止期间，虽然集电极与发射极之间的压降 U_{ce} 很大，但是这时开关功率管 V 集电极的截止漏电流 I_{co} 接近于零，故截止期间开关功率管 V 的功率损耗也仍然是很小的。这就是 DC‑DC 变换器功率损耗小、转换效率高的原因所在。另外，从图中还可以看出，构成 DC‑DC 变换器内部功率损耗的主要部分实际上是由导通转向截止的下降期间和由截止转向导通的上升期间所产生的功率损耗。下面将分别对四个阶段中开关功率管 V 的功率损耗进行计算，设导通期间的功率损耗为 P_{ON}，截止期间的功率损耗为 P_{OFF}，趋于导通的上升期间的功率损耗为 P_r，趋于截止的下降期间的功率损耗为 P_f。

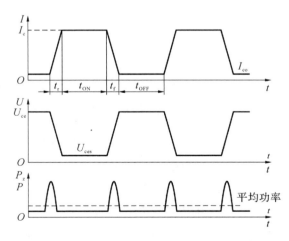

图 6‑4　开关功率管 V 的 I_c、U_{ce} 和 P_z 的波形

（1）导通期间开关功率管 V 的功率损耗 P_{ON} 的计算。导通期间开关功率管 V 的功率损耗 P_{ON} 可由下式计算出来：

$$P_{ON} = I_c \cdot U_{ces} \cdot \frac{t_{ON}}{T} \tag{6-26}$$

式中，I_c 为开关功率管 V 的饱和导通电流；U_{ces} 为开关功率管 V 的饱和导通管压降。

（2）截止期间开关功率管 V 的功率损耗 P_{OFF} 的计算。截止期间开关功率管 V 的功率损耗 P_{OFF} 可由下式计算出来：

$$P_{\mathrm{OFF}} = I_{\mathrm{co}} \cdot U_{\mathrm{c}} \cdot \frac{t_{\mathrm{OFF}}}{T} \tag{6-27}$$

式中，I_{co} 为开关功率管 V 截止期间集电极的漏电流；U_{c} 为开关功率管 V 截止期间集电极与发射极之间的压降。

（3）开关功率管 V 趋于导通的上升期间的功率损耗 P_{r} 的计算。假设开关功率管 V 趋于导通过程所维持的时间为 t_{r}，利用线性近似方法可以近似得到上升过程中开关功率管 V 的集电极电流 I_{r} 和集电极与发射极之间的管压降 U_{r} 为

$$I_{\mathrm{r}} = I_{\mathrm{c}} \cdot \frac{t}{t_{\mathrm{r}}} \quad (\text{忽略 } I_{\mathrm{co}}) \tag{6-28}$$

$$U_{\mathrm{r}} = U_{\mathrm{c}} - (U_{\mathrm{c}} - U_{\mathrm{ces}}) \cdot \frac{t}{t_{\mathrm{r}}} \tag{6-29}$$

因此，开关功率管 V 趋于导通期间的上升过程中的功率损耗 P_{r} 可由下式计算出来：

$$\begin{aligned}
P_{\mathrm{r}} &= \frac{1}{T} \int_0^{t_{\mathrm{r}}} I_{\mathrm{r}} \cdot U_{\mathrm{r}} \mathrm{d}t \\
&= \frac{1}{T} \int_0^{t_{\mathrm{r}}} I_{\mathrm{c}} \cdot \frac{t}{t_{\mathrm{r}}} \cdot \left[U_{\mathrm{c}} - (U_{\mathrm{c}} - U_{\mathrm{ces}}) \cdot \frac{t}{t_{\mathrm{r}}} \right] \mathrm{d}t \\
&= I_{\mathrm{c}} \cdot (U_{\mathrm{c}} + 2U_{\mathrm{ces}}) \cdot \frac{t_{\mathrm{r}}}{6T} \tag{6-30}
\end{aligned}$$

（4）开关功率管 V 趋于截止的下降期间的功率损耗 P_{f} 的计算。同样，先假设开关功率管 V 趋于截止过程所持续的时间为 t_{f}，同理可得下降过程中开关功率管 V 的集电极电流 I_{f} 和集电极与发射极之间的管压降 U_{f} 分别为

$$I_{\mathrm{f}} = I_{\mathrm{c}} \cdot \left(1 - \frac{t}{t_{\mathrm{f}}} \right) \tag{6-31}$$

$$U_{\mathrm{f}} = U_{\mathrm{ces}} + (U_{\mathrm{c}} - U_{\mathrm{ces}}) \cdot \frac{t}{I_{\mathrm{f}}} \tag{6-32}$$

因此，开关功率管 V 趋于截止期间的下降过程中的功率损耗 P_{f} 可由下式计算出来：

$$P_{\mathrm{f}} = \frac{1}{T} \int_0^{t_{\mathrm{f}}} I_{\mathrm{f}} \cdot U_{\mathrm{f}} \mathrm{d}t = I_{\mathrm{c}} \cdot (U_{\mathrm{c}} + 2U_{\mathrm{ces}}) \cdot \frac{t_{\mathrm{f}}}{6T} \tag{6-33}$$

（5）开关功率管 V 在整个工作过程中的总功率损耗 P_{z} 的计算。P_{z} 是以上所说的四个阶段开关功率管 V 的总功率损耗，即

$$P_{\mathrm{z}} = P_{\mathrm{ON}} + P_{\mathrm{OFF}} + P_{\mathrm{r}} + P_{\mathrm{f}} \tag{6-34}$$

将式（6-26）、式（6-27）、式（6-30）和式（6-31）全部代入式（6-34），就可以得到开关功率管 V 在整个工作过程中的总功率损耗 P_{z} 为

$$P_{\mathrm{z}} = \frac{1}{T} \left[I_{\mathrm{co}} \cdot U_{\mathrm{c}} \cdot t_{\mathrm{OFF}} + I_{\mathrm{c}} \cdot U_{\mathrm{ces}} \cdot t_{\mathrm{ON}} + \frac{1}{6} I_{\mathrm{c}} \cdot (U_{\mathrm{c}} + 2U_{\mathrm{ces}}) \cdot (t_{\mathrm{r}} + t_{\mathrm{f}}) \right] \tag{6-35}$$

式（6-35）告诉我们，要想提高 DC-DC 变换器的转换效率，降低开关功率管 V 的功率损耗 P_{z}，除了改善开关功率管 V 的转换时间和电源的工作频率以外，选择良好的开关功率管 V 也是至关重要的，这一点后面的章节中还要进一步讲解。

3）转换效率η的计算

从降压型 DC – DC 变换器的原理图 6 – 1 中就能看出，在忽略了电容上的功耗以后，输入功率 P_i 与输出功率 P_o 之间具有下面的关系式：

$$P_i = P_o + P_z + P_L \qquad (6-36)$$

式中，P_L 为储能电感 L 上的功率损耗。我们又知道：

$$P_i = I_i \cdot U_i \qquad (6-37)$$

$$P_o = I_o \cdot U_o \qquad (6-38)$$

$$P_L = I_L^2 \cdot L \qquad (6-39)$$

在忽略了滤波电容 C 上的漏电流的情况下，储能电感 L 上流过的电流 I_L 就等于负载电阻 R_L 上流过的电流，也就是 DC – DC 变换器的输出电流 I_o，因此式（6 – 39）又可以变成

$$P_L = I_o^2 \cdot L \qquad (6-40)$$

DC – DC 变换器的转换效率η为

$$\eta = \frac{P_o}{P_i} = \frac{P_i - P_z - P_L}{P_i} = 1 - \frac{P_z + P_L}{P_i} \qquad (6-41)$$

将式（6 – 35）、式（6 – 37）和式（6 – 40）全部代入式（6 – 41）中，再经过适当整理、计算和化简后就可以得到所要计算的降压型 DC – DC 变换器的转换效率η：

$$\eta = 1 - \frac{1}{I_i \cdot U_i \cdot T}\left[I_{co} \cdot U_c \cdot t_{OFF} + I_c \cdot U_{ces} \cdot t_{ON} + \frac{1}{6}I_c(U_c + 2U_{ces}) \cdot (t_r + t_f) + T \cdot I_o{}^2 \cdot L \right]$$

$$(6-42)$$

由式（6 – 42）可以得到下面的结论：

（1）降压型 DC – DC 变换器的转换效率η与开关功率管 V 的功率损耗 P_z 成反比。提高 DC – DC 变换器的转换效率η，关键在于降低开关功率管 V 本身的功率损耗。

（2）DC – DC 变换器的转换效率η与储能电感 L 上的功率损耗也有反比的关系，所以在提高 DC – DC 变换器转换效率的过程中，如何选择合适的储能电感 L 也是一个非常重要的环节。这一点在以后应用电路设计中还要专门进行讨论。

（3）从式（6 – 42）中还可以看出，输入电流 I_i 和输入电压 U_i 与 DC – DC 变换器的转换效率η成正比，因此在设计 DC – DC 变换器电路时，为了得到有效的输入电流 I_i 和输入电压 U_i，一定要选择裕量大、正向管压降低的一次整流二极管和容量大、等效串联电阻小、等效串联电感小的一次滤波电容。

6.1.2　非隔离式降压型 DC – DC 变换器的设计

1. 开关功率管 V 的选择

开关功率管 V 的选择首先应该根据输入条件和输出电压、输出电流、工作场合、负载特性等要求来确定是使用 IGBT，还是 MOSFET，或者是 GTR。一般确定的原则是，输出功率在数十千瓦或更高时，就应该选择 IGBT；输出功率在数千瓦与数十千瓦之间时，就应该选择 MOSFET；输出功率在数千瓦以下时，可选择 MOSFET 也可选 GTR。但是这个原则不是一成不变的，设计者可根据自己的偏爱和对这些器件的运用熟练程度，以及对价格的要求，在权衡性能、价格等各种因素以后自己选定。一旦开关功率管 V 的类型选定以

后，具体的器件型号的选定就应该遵循以下原则：

（1）开关功率管 V 的导通饱和压降 U_{ces} 越小越好。

（2）开关功率管 V 截止时的反向漏电流 I_{co} 越小越好。

（3）开关功率管 V 的高频特性要好。

（4）开关功率管 V 的开关时间要短，也就是转换时间要快。

（5）开关功率管 V 的基极驱动功率要小。

（6）从降压型 DC－DC 变换器的原理电路中可以看出，开关功率管 V 的输出端连接的是储能电感 L，因此在开关功率管 V 截止期间，其集-射极之间的反向耐压就等于储能电感 L 上的反向电动势与输出电压值 U_o 之和，近似等于 $2U_o$。因此所选择的开关功率管 V 的反向击穿电压应该满足下式：

$$U_c = 2 \times 1.3 \times U_i = 2.6U_i \tag{6-43}$$

2. 续流二极管 VD 的选择

由对降压型 DC－DC 变换器工作原理的分析得知，当开关功率管 V 截止时，储能电感 L 中所存储的磁能是通过续流二极管 VD 传输给负载电阻 R_L 的；当开关功率管 V 导通时，集-射极之间的压降接近于零，这时的输入电压 U_i 就全部加到续流二极管 VD 的两端。因此续流二极管 VD 的选择一定要符合下列条件：

（1）续流二极管 VD 的正向额定电流必须大于或等于开关功率管 V 的最大集电极电流，即应该大于负载电阻 R_L 上的峰值电流。

（2）续流二极管 VD 的反向耐压值必须大于输入电压 U_i 值。

（3）为了减小由于开关转换所引起的输出纹波电压，续流二极管 VD 应选择反向恢复速度和导通速度都非常快的肖特基二极管或快恢复或超快恢复二极管。

（4）为了提高整机的转换效率，减小内部损耗，一定要选择正向导通压降低的肖特基二极管。

3. 储能电感 L 的选择

（1）储能电感 L 的临界值 L_c。

流过储能电感 L 的电流不能突变，这是降压型开关稳压电源所要满足的最基本的条件，也是这种电路的理论基础。该电流只能近似地线性上升和线性下降，而且电感量越大电流的变化起伏越平滑，电感量越小则电流变化起伏越陡峭。图 6-5 所示的波形就是不同容量的储能电感 L 所对应的电感电流 I_L 的关系曲线。

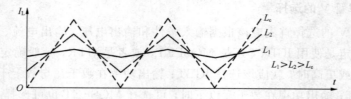

图 6-5　储能电感 L 电感量不同时所对应的不同电流波形

当电感量小到一定值时就会发生这样的一种情况：在开关功率管 V 截止瞬间，电感 L

中存储的能量也刚好释放完毕，这时的 $I_{Lmax} = 0$，此时储能电感 L 的电感量就称为临界电感量 L_c。那么当储能电感 L 的电感量小于这个临界值 L_c 时会发生什么情况呢？从图 6−6 中就可以看出，此时 $t = t_A$，开关功率管 V 尚处于截止状态，但是储能电感 L 中的电流已变为零，于是电感 L 上的电压也变为零。开关功率管 V 及储能电感 L 上的电压波形就会发生台阶式突变，此突变在示波器上极易观察到。作为一种稳压电源在有负载时是绝不允许出现这种情况的。因为这种情况将引起电源稳压特性的明显恶化，甚至产生附加的振荡。另外对于负载系统来说，也是绝不允许出现这种情况的，因为这种情况将会使负载电路出现间断性停电，最后引起负载电路丢失信息或工作不正常。所以，在设计降压式 DC−DC 变换器电路时，应该将储能电感 L 的电感量选择得大于等于临界电感值 L_c。下面我们就来计算一下储能电感 L 的临界电感值 L_c。

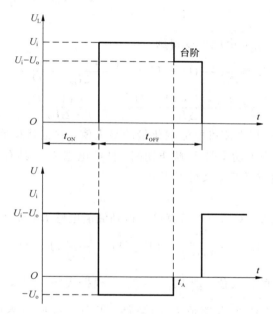

图 6−6　$L < L_c$ 时，开关功率管 V 及电感 L 的电压波形图

　　由临界电感量的定义可知，开关功率管 V 截止的瞬间，能使 $I_{Lmin} = 0$ 的储能电感 L 的电感量即为临界电感量 L_c。把 $I_{Lmin} = 0$ 代入式（6−6）得到

$$I_{Lmax} = \frac{U_o}{L_c}(t_2 - t_1) = \frac{U_o}{L_c} \cdot t_{OFF} \tag{6-44}$$

再把 $I_{Lmin} = 0$ 代入式（6−15）得到

$$I_{Lmax} = 2I_o \tag{6-45}$$

将式（6−44）和式（6−45）组成二元一次方程组消去 I_{Lmax} 后，便可得到临界电感量 L_c 为

$$L_c = \frac{U_o}{2 \cdot I_o} \cdot t_{OFF} \tag{6-46}$$

式中，$\dfrac{U_o}{I_o} = R_L$，$t_{OFF} = T \cdot (1-D) = \dfrac{1-D}{f}$，因而上式可变为

$$L_c = \frac{R_L \cdot (1-D)}{2f} \tag{6-47}$$

这就是储能电感 L 临界电感量的计算方法。因此降压式 DC-DC 变换器的设计者在设计电源电路时,应该遵照储能电感 L 的电感量必须大于等于由式(6-47)所确定的临界电感量的原则。

(2) 储能电感 L 的计算。

在降压型 DC-DC 变换器的等效原理图中,在忽略了开关功率管 V 的饱和导通压降 U_{ces} 的条件下,可以得到

$$U_L = U_i - U_o = U_o \frac{1-D}{D} \qquad (6-48)$$

在开关功率管 V 饱和导通期间,可以近似认为流过储能电感 L 上的电流为平均电流,即为负载 R_L 上的电流 I_o,因而就可以求得在饱和导通期间 t_{ON} 内储能电感 L 上的电压降为

$$U_L = L \cdot \frac{\Delta I_{Lmax}}{t_{ON}} \qquad (6-49)$$

式中 $\Delta I_{Lmax} = I_{Lmax} - I_{Lmin}$,由此可以得到

$$
\begin{aligned}
L &= \frac{t_{ON}}{\Delta I_{Lmax}}(U_i - U_o) = \frac{U_o \cdot t_{ON} \cdot (1-D)}{\Delta I_{Lmax} \cdot D} \\
&= \frac{U_o \cdot T \cdot (1-D)}{\Delta I_{Lmax}} = \frac{U_o \cdot (1-D)}{f \cdot \Delta I_{Lmax}}
\end{aligned}
\qquad (6-50)
$$

式中,ΔI_{Lmax} 为储能电感 L 中流过电流变化量的最大值,它也就是负载 R_L 上流过电流 I_o 变化量的最大值。因为当开关功率管 V 截止期间,储能电感 L 上具有最小值,再结合储能电感 L 上的电流不能突变的特性,又可以得到

$$\Delta I_{Lmax} < 2I_{Lmin} \qquad (6-51)$$

取 $\Delta I_{Lmax} = 1.5 I_{Lmin}$ 代入式(6-50)后就可以得到储能电感 L 的计算公式为

$$L = \frac{U_o}{1.5f \cdot I_{omin}}(1-D) = \frac{R_{Lmax}}{1.5f}(1-D) \qquad (6-52)$$

式中,R_{Lmax} 为负载电阻的最大值,即 $R_{Lmax} = \dfrac{U_o}{I_{omin}}$。根据式(6-52),所选择的储能电感的电感量 L 应满足大于等于临界电感值 L_c 的条件。此外,根据临界电感值 L_c 的计算公式(6-48)和实际 DC-DC 变换器电路中所选择的储能电感 L 必须大于等于临界电感值 L_c 的设计原则,还可以采用下面的简便方法来得到储能电感 L 的计算公式:

已知临界电感 $L_c = \dfrac{R_L \cdot (1-D)}{2f}$,应使储能电感 L 满足 $L \geqslant L_c$,若令 $R_L = R_{Lmax}$,将公式中的 2 取为 1.5,即可得到

$$L = \frac{R_{Lmax} \cdot (1-D)}{1.5f} \qquad (6-53)$$

此式与式(6-52)完全相同,是符合设计原则的。

4. 输出滤波电容 C 的选择

由对降压型 DC-DC 变换器的工作原理分析便可看出,输出滤波电容 C 的选择直接关系到 DC-DC 变换器输出电压中纹波电压分量 ΔU_o 的大小。在设计降压型 DC-DC 变换器时,输出滤波电容 C 的容量主要应根据对稳压电源输出纹波电压 ΔU_o 的要求来决定。若给定了输出电压中的纹波分量 ΔU_o 和其他的输出、输入工作条件,就可以根据前面已经推导

出来的公式（6‑25）计算出输出滤波电容 C 的容量值：

$$C = \frac{U_\text{o}}{8 \cdot L \cdot f^2 \cdot \Delta U_\text{o}} \left(1 - \frac{U_\text{o}}{U_\text{i}}\right) \tag{6-54}$$

此外，在实际应用中，为了消除输出电压中的开关转换纹波电压分量 ΔU_o，除了给稳压电源的输出端并接一个符合式（6‑54）计算出来的滤波电容 C 以外，还应在这个容量较大的滤波电解电容 C 的两端再并接一个无极性的容量范围在 $0.01 \sim 0.47\ \mu\text{F}$ 的小瓷片电容或独石电容，用以滤除频率较高的开关转换纹波电压分量。

另外，也可以通过式（6‑24），计算出储能电感 L 的电感量和输出滤波电容 C 的容量的乘积 $L \cdot C$：

$$L \cdot C = \frac{T \cdot t_\text{OFF}}{8 \dfrac{\Delta U_\text{o}}{U_\text{o}}} \tag{6-55}$$

不过，根据式（6‑55）选择出来的 $L \cdot C$ 数值中的储能电感 L 必须满足大于等于由式（6‑46）或式（6‑47）计算出的临界电感值 L_c。如果储能电感 L 小于临界电感值 L_c，储能电感 L 中所通过的电流波动 $\Delta I_{L\text{max}} = I_{L\text{max}} - I_{L\text{min}}$ 将会急剧增大（因为这时 $I_{L\text{min}} \leqslant 0$）。流过开关功率管 V 的电流增至最大，使其工作状态急剧恶化。因此，储能电感 L 除了起储能和滤波的作用以外，还有限制开关功率管 V 最大电流的作用。

最后再对储能电感 L 和输出滤波电容 C 的选择原则强调一下，虽然它们容量的乘积满足式（6‑55），但是在选择时是不能采用利用电容来补偿电感的方法的，必须在满足电感选择原则的基础上，再来利用电容补偿电感或者电感补偿电容的方法进行兼顾，最后达到满足式（6‑55）即可。

6.2　非隔离式降压型 DC‑DC 变换器实验板

6.2.1　实验板的技术指标

1. 输入和输出参数

（1）输入电压：24 V±1 V（外置电源适配器提供）；

（2）PWM 信号驱动器 IC 工作电压：15 V；

（3）PWM 信号频率 f：100 kHz；

（4）PWM 信号占空比 D 的调节范围：0%～100%；

（5）输出电压/电流：12 V/2 A。

2. 保护功能

（1）输入电源电压极性加反保护；

（2）输出过流保护；

（3）输出过压保护；

（4）正常工作 LED 指示灯指示。

6.2.2 实验板的用途

本实验板采用非隔离式降压型 DC–DC 变换器电路，通过使用示波器观察和测量相应的 PWM 信号的波形、频率、幅度和极性，验证图 6–1 所示的非隔离式降压型 DC–DC 变换器电路各点信号波形时序图。使用示波器和万用表测量输入供电电压 U_i、PWM 发生器驱动器 IC 工作电压、PWM 驱动信号的占空比 D 和输出电压 U，验证上面推导出的非隔离式降压型 DC–DC 变换器输入电压、输出电压与占空比 D 之间的关系式(6–10)。通过这些观察、测试、比较和计算，掌握非隔离式降压型 DC–DC 变换器电路的工作原理。需要用到的实验器材如下：

（1）四位半数显万用表一块；

（2）频率≥40 MHz 的双踪示波器一台；

（3）非隔离式升压型 DC–DC 变换器实验板一套；

（4）晶体管毫伏计 1 台(DA–16 型晶体管毫伏计)；

（5）连接导线若干；

（6）常用工具一套。

6.2.3 实验板的硬件组成

（1）实验板的原理电路和印制板图。非隔离式降压型 DC–DC 变换器实验板的原理电路和印制板图如图 6–7 所示。

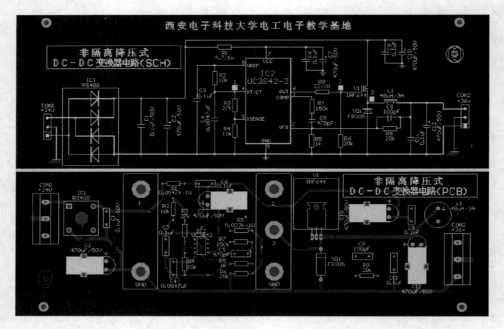

图 6–7 非隔离式降压型 DC–DC 变换器实验板的原理电路和印制板图

（2）非隔离式降压型 DC–DC 变换器实验板的外形。非隔离式降压型 DC–DC 变换器实验板的外形如图 6–8 所示。

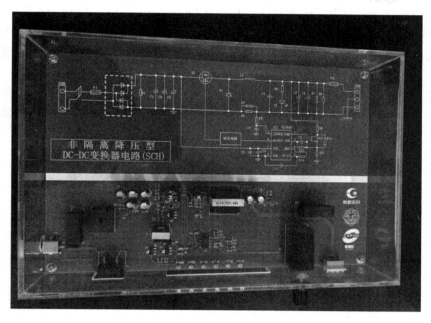

图 6 - 8　非隔离式降压型 DC - DC 变换器实验板的外形图

（3）实验板简介。

① 全波整流桥。其作用一是防止将输入直流供电电源极性接反，而导致烧坏电源实验电路板或供电电源（也就是具有电源电压极性加反保护功能）；二是可以输入交流供电电源。

② PWM 驱动器 UC3842：UC3842 在上一章的非隔离式升压式 DC - DC 变换器中就已经详细地讲过，这里就不再重述。

③ 储能电感 L。工作频率为 100 kHz，传输功率为 30 W，磁性材料采用 PC40 铁氧体，磁芯结构选用 EE25/19，电感量为 9.3 μH，绕组匝数为 8 匝。

④ 功率开关 V。功率开关 V 选用 TO - 220 封装的 IRF644。这种封装的 MOSFET 功率开关可在外部安装散热器。

⑤ 续流二极管 VD_1。续流二极管 VD_1 选用快恢复二极管 FR305。

⑥ 输入和输出端滤波电容。输入和输出端滤波电容各选用一只 450 μF/50 V 的电解电容和一只 0.1 μF/50 V 的独石电容。

⑦ 测试点。测试点除输入"CON1"和输出"CON2"以外，还有"J1"、"J2"和"J3"。"CON1"主要是利用数字式万用表测试输入电源电压的，"CON2"主要是利用数字式万用表测试输出电源电压的，"J1"是利用示波器测试 PWM 信号发生器中的三角波波形和频率的，"J2"是利用示波器测试功率开关 V 栅极的 PWM 驱动信号波形和频率的，"J3"是利用示波器测试储能电感 L 电流波形和频率的。

6.3　实　验　内　容

（1）将安全供电适配器电源正确连接于图 6 - 8 所示的非隔离式降压型 DC - DC 变换器

实验板，使用四位半数显万用表测量实验板上"CON1"端直流电压 U_i 应为 DC24V、输出端电压 U_o 应为 12 V，这时使用示波器测量出"S1"端输出的三角波信号的波形和频率，然后再测量"S2"端 PWM 驱动信号的占空比 D 和频率 f，将这些测量值代入式(6-10)或式(6-9)中对其进行验证。

（2）使用万用表分别测量实验板上"S1"端、输出"CON2"端的直流电压，再使用示波器分别观察、记录和绘制"S2"、"S3"端的输出波形，完成表 6-1 中的实验内容。观察、记录和绘制"S1"、"S2"、"S3"、"CON2"端的输出波形时，应注意它们之间的时序，并且一定要和非隔离式降压型 DC-DC 变换器工作原理中给出的时序波形进行比较。

表 6-1　非隔离式降压型 DC-DC 变换器实验内容（一）

序号	项目			内　容
1	万用表	CON1/V		
		CON2/V		
2	示波器	观察波形	S1 输出波形	
			S2 输出波形	
			S3 输出波形	
		测试数据	S1 f/Hz	
			S1 D/%	
			S2 f/Hz	
			S2 D/%	
			输入电压纹波	
			输出电压文波	
			线性调整率	
			负载调整率	
3	电源纹波抑制比(PSRR)测试计算			

（3）输出端接 100 Ω/50 W 功率电阻，将多圈电位器右旋到最小，用万用表记录输出电压，用示波器记录 PWM 信号的占空比，将结果记录在表 6-2 中；输出端接 50 Ω/50 W 功率电阻，将多圈电位器旋到大概中间位置保持不变，用万用表记录输出电压，用示波器记录 PWM 信号的占空比，将结果记录在表 6-2 中；输出端接 100 Ω/50 W 功率电阻，将多圈电位器旋到大概中间位置保持不变，用万用表记录输出电压，用示波器记录 PWM 信号的占空比，将结果记录在表 6-2 中。最后通过所测量的数据与所带负载将转换效率计算出来。

表 6 - 2　非隔离式升压型 DC - DC 变换器实验内容(二)

实验项目		输出电压/V	占空比/%	转换效率/%	输出带载/Ω	备注
内容 1	输入电压 24 V				50	输出端接的电阻推荐使用 RX24 型金黄色铝壳电阻，参数是功率 50 W，阻值 50 Ω/100 Ω
内容 2					50	
内容 3					100	
内容 4					100	

6.4　练　习　题

(1) 在图 6 - 4 所示的波形图中，请标出功率开关管在功率变换过程中各个阶段的功率损耗 P_{ON}、P_{OFF}、P_r、P_f。

(2) 在如何降低输出电压纹波的讨论中，不管是纹波电压中的工频纹波还是高频纹波电压最好的解决办法均是增大输入端的一次滤波电解电容的容量、减小其串联等效电阻的阻值、降低其串联等效电感的电感量和增大输出端的二次滤波电解电容的容量、减小其串联等效电阻的阻值、降低其串联等效电感的电感量。试设计出最简便的和最有效的增大容量、减小串联等效电阻的阻值和串联等效电感电感量的方法。

(3) 从降压型 DC - DC 变换器临界电感值 L_c 的计算公式(6 - 47)中，如何选择负载电阻 R_L 和最大负载电阻 R_{Lmax}？

(4) 降压型 DC - DC 变换器中的储能电感 L 除了起储能和滤波的作用以外，还有限制开关功率管 V 最大电流的作用，试分析之。

(5) 为了降低续流二极管 VD 的导通压降和加快反向恢复时间，是否可以采用 MOS-FET 来取代续流二极管 VD？若可以设计其原理电路(同步整流技术)。

第 7 章　非隔离式反向型 DC – DC 变换器（Buck – Boost）实验

7.1　实验原理

7.1.1　非隔离式反向型 DC – DC 变换器的工作原理

1. 电路结构

非隔离式反向型 DC – DC 变换器有时也被称为混合型（Buck – Boost）DC – DC 变换器，它的基本电路与工作时序波形如图 7 – 1(a)和(b)所示。所谓反向型，就是输出电压与输入电压的极性相反。非隔离式反向型 DC – DC 变换器由开关功率管 V、二极管 VD、储能电感 L、滤波电容 C、驱动电路和反馈控制电路等组成。当开关功率管 V 导通时，储能电感 L 上所产生的电动势上正下负，二极管 VD 反向偏置而截止，此时在储能电感 L 中储存的能量为

$$P_{\mathrm{L}} = \frac{L I_{\mathrm{L}}^{2}}{2} = \frac{U_{\mathrm{o}}^{2} t_{\mathrm{OFF}}^{2}}{2LT} \qquad (7-1)$$

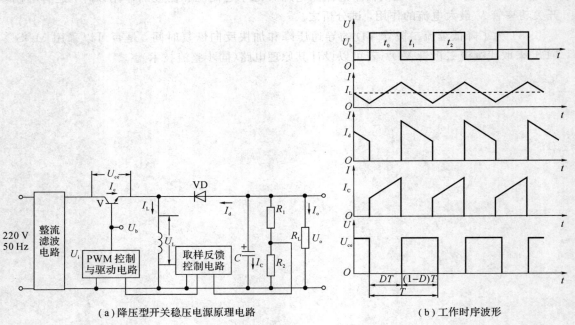

（a）降压型开关稳压电源原理电路　　　　　　　　（b）工作时序波形

图 7 – 1　非隔离式反向型 DC – DC 变换器原理电路及波形图

2. 工作原理

非隔离式反向型 DC-DC 变换器电路中的开关功率管 V 导通时，储能电感 L 上所产生的电动势上正下负，二极管 VD 反向偏置而截止，此时在储能电感 L 中储存的能量为

$$P_L = \frac{L{I_L}^2}{2} = \frac{{U_o}^2 {t_{OFF}}^2}{2LT} \tag{7-2}$$

开关功率管 V 截止时，由于电感 L 上的电流不能突变，因此其电动势反向上负下正，使二极管 VD 正向偏置而导通，此时在储能电感 L 中所存储的能量将会通过二极管 VD 传输给负载。输出电压与输入电压之间的关系为

$$U_o = -U_i \frac{D}{1-D} \tag{7-3}$$

从式（7-3）中可以得出如下的结论：

（1）输出电压与输入电压的极性相反。

（2）控制开关功率管 V 基极所加的驱动信号的占空比 D，就可以克服由于输入交流电网电压或输入直流电压以及其他参数变化（特别是负载的变化而引起的输出电流变化）而引起的对 DC-DC 变换器输出电压的影响，能够起到降低输出电压的波动、稳定输出电压的作用。从后面的 DC-DC 变换器实用电路中也将会看出，它们都是采用取样、放大、比较、反馈、耦合等环节构成闭环控制系统来自动实现对占空比 D 的控制的，也就是脉宽调制原理。

（3）当 $D > 1-D$ 或者 $D > 0.5$ 时，除极性相反以外，输出电压大于输入电压，即为反向式升压型 DC-DC 变换器电路；当 $D < 1-D$ 或者 $D < 0.5$ 时，除极性相反以外，输出电压小于输入电压，即为反向式降压型 DC-DC 变换器电路。

3. 重要参数的计算

把图 5-1 所示的升压型 DC-DC 变换器的基本电路与图 7-1 所示的反向型 DC-DC 变换器的基本电路进行比较，可以看出升压型 DC-DC 变换器电路实际上是发射极输出式并联型 DC-DC 变换器电路，而反向型 DC-DC 变换器电路实际上是集电极输出式并联型 DC-DC 变换器电路。从形式上看，它们之间的差别只是把开关功率管 V 与储能电感 L 的位置进行了调换；从输出特性上看，它们输出电压的极性刚好相反。因此，有关反向型 DC-DC变换器电路中各重要元器件参数的计算和选择与第 5 章中所介绍的升压型 DC-DC 变换器电路中各重要元器件参数的计算和选择除极性相反以外，其他的基本相同。请读者参见第 5 章中的相关内容，这里不再赘述。

7.1.2　非隔离式反向型 DC-DC 变换器的设计

1. 储能电感 L 的选择

在设计反向型 DC-DC 变换器电路时，应该将储能电感 L 的电感量选择得大于等于临界电感值 L_c。下面就是计算储能电感 L 的计算公式：

$$L = \frac{10\eta \, DU_i^2}{7I_oU_of} \tag{7-4}$$

$$L = \frac{10\eta \, DU_o \, (1-D)^2}{7I_of} \tag{7-5}$$

2. 输出滤波电容 C 的选择

在设计反向型 DC－DC 变换器时，输出滤波电容 C 的容量主要应根据对稳压电源输出纹波电压 ΔU_o 的要求来决定，并且与升压型 DC－DC 变换器的输出滤波电容的选择和计算公式完全相同，只是连接的极性相反而已。若给定了输出电压中的纹波分量 ΔU_o 和其他的输出、输入工作条件，就可以根据前面升压型 DC－DC 变换器中推导的计算出公式得出输出滤波电容 C 的容量值为

$$C = \frac{I_ot_{ON}}{\Delta U_o} = \frac{I_oDT}{\Delta U_o} \tag{7-6}$$

把 $D = \dfrac{U_o}{U_i - U_o}$ 代入式（7－7）中，可以得到

$$C = \frac{I_o \, U_o}{\Delta U_o f(U_o - U_i)} \tag{7-7}$$

7.2 非隔离式反向型 DC－DC 变换器实验板

7.2.1 实验板的技术指标

1. 输入和输出参数

（1）输入电压：24 V±1 V（由外置电源适配器提供）；

（2）PWM 信号驱动器 IC 工作电压：15 V；

（3）PWM 信号频率 f：100 kHz；

（4）PWM 信号占空比 D 的调节范围：0%～100%；

（5）输出电压/电流：－ 12 V/2 A。

2. 保护功能

（1）输入电源电压极性加反保护功能；

（2）输出过流保护功能；

（3）输出过压保护功能；

（4）正常工作 LED 指示灯指示。

7.2.2 实验板的用途

该实验板为非隔离式反向型 DC－DC 变换器电路，通过使用示波器和数字万用表观察和测量相应的 PWM 信号的波形、频率、幅度和极性，验证图 7－1 所示的非隔离式反向型

DC - DC 变换器电路各点信号波形时序图。使用示波器和万用表测量输入供电电压 U_i、PWM 发生驱动器 IC 工作电压、PWM 驱动信号的占空比 D 和输出电压 U,验证上面推导出的非隔离式反向型 DC - DC 变换器输入电压、输出电压与占空比 D 之间的关系式(7 - 3)。通过这些观察、测试、比较和计算,掌握非隔离式反向型 DC - DC 变换器电路的工作原理。

需要用到的实验器材如下:

(1) 四位半数显万用表 1 块;

(2) 频率≥40 MHz 的双踪示波器 1 台;

(3) 非隔离式反向型 DC - DC 变换器实验板 1 套;

(4) 晶体管毫伏计 1 台(DA - 16 型晶体管毫伏计);

(5) 连接导线若干;

(6) 常用工具 1 套。

7.2.3　实验板的硬件组成

(1) 实验板的原理电路和印制板图。非隔离式反向型 DC - DC 变换器实验板的原理电路和印制板图如图 7 - 2 所示。

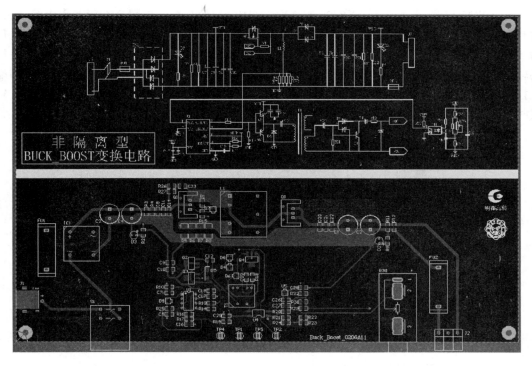

图 7 - 2　非隔离式反向型 DC - DC 变换器实验板的原理电路和印制板图

(2) 非隔离式反向型 DC - DC 变换器实验板的外形。非隔离式反向型 DC - DC 变换器实验板的外形如图 7 - 3 所示。

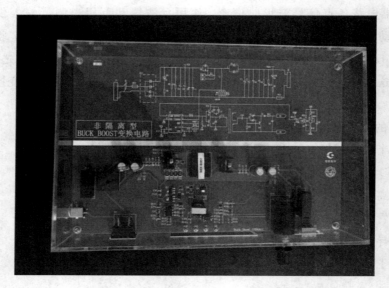

图 7 - 3   非隔离式反向型 DC - DC 变换器实验板的外形图

（3）实验板简介。

① 全波整流桥。其作用一是防止将输入直流供电电源极性接反，而导致烧坏电源实验电路板或供电电源（也就是具有电源电压极性加反保护功能）；二是可以输入交流供电电源。

② PWM 信号驱动器 MAX629。MAX629 是一款低功耗，内置 MOSFET 功率开关，并且具有限流极限值可程控的反向式 DC - DC 变换器控制芯片。使用它可以构成输出电压为 ±28 V 的升压式、反极性式和串联谐振式 DC - DC 变换器，并且具有 0.8 V～输出电压的输入电压范围。输入电源电流可低至 80 μA，工作频率可高达 300 kHz，具有外部控制端且控制电流仅为 1 μA，具有 SO - 8 型表贴封装形式，具有重载时可工作于 PWM 模式，轻载时可工作于 PFM 模式的高效工作方式。MAX629 的内部原理框图如图 7 - 4 所示。

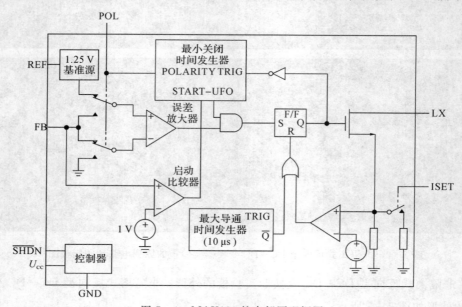

图 7 - 4   MAX629 的内部原理框图

③ 储能电感 L。工作频率为 100 kHz，传输功率为 30 W，磁性材料采用 PC40 铁氧体，磁芯结构选用 EE25/19，电感量为 9.3 μH，绕组匝数为 8 匝。

④ 续流二极管 VD_1。续流二极管 VD_1 选用快恢复二极管 FR305。

⑤ 输入和输出端滤波电容。输入和输出端滤波电容分别选用一只 450 μF/50 V 的电解电容和一只 0.1 μF/50 V 的独石电容。

⑥ 测试点。测试点除输入"CON1"和输出"CON2"以外，还有"J1"、"J2"、"J3"和"J4"。"CON1"利用数字式万用表测试输入电源电压，"CON2"利用数字式万用表测试输出电源电压，"J1"利用数字式万用表测试输入到三端式稳压器 LM7805 输入端的电压，"J2"利用示波器测试 MAX629 输出 PWM 的波形和频率，"J3"利用示波器测试倍压整流后输出电压的幅度和纹波。

7.3　实验内容

(1) 将安全供电适配器电源正确连接于图 7-3 所示的非隔离式反向型 DC-DC 变换器实验板，使用四位半数显万用表测量实验板上"CON1"端直流电压 U_i 应为 DC24 V、输出端电压 U_o 应为 -12 V，这时再使用示波器测量出"J2"端输出的 PWM 信号的波形、频率 f 和占空比 D，将这些测量值代入公式(7-3)中对其进行验证。输出端接 50 Ω/50 W 功率电阻，将多圈电位器左旋到最大，用万用表测量输出电压，探头加在实验板的测试端子"QG"和"QS"上，用示波器测量 PWM 信号的占空比，将结果记录在表 7-1 中。

表 7-1　非隔离式反向型 DC-DC 变换器实验内容

序号	项 目			内 容
1	万用表	CON1/V		
		CON2/V		
		J1/V		
		调节电位器 R_1，测试输出电压的变化		
2	示波器	观察波形	J1 端输出波形	
			J2 端输出波形	
			J3 端输出波形	
		测试数据	J2　f/Hz	
			J2　D/%	
			J3　f/Hz	
			J3　D/%	
			输入电压纹波	
			输出电压文波	
			线性调整率	
			负载调整率	
3	电源纹波抑制比(PSRR)测试计算			

（2）使用万用表分别测量实验板上"J1"端、输出"CON2"端的直流电压，再使用示波器分别观察、记录和绘制"J2"、"J3"端的输出波形，完成表7-1中的实验内容。观察、记录和绘制"J1"、"J2"、"J3"、"CON2"端的输出波形时，应注意它们之间的时序，并且一定要和非隔离式反向型DC-DC变换器工作原理中给出的时序波形进行比较。

（3）输出端接50 Ω/50 W功率电阻，将多圈电位器右旋到最小，用万用表记录输出电压，用示波器记录PWM信号的占空比，将结果记录在表7-2中。输出端接50 Ω/50 W功率电阻，将多圈电位器旋到大概中间位置保持不变，用万用表记录输出电压，用示波器记录PWM信号的占空比，将结果记录在表7-2中。输出端接100 Ω/50 W功率电阻，将多圈电位器旋到大概中间位置保持不变，用万用表记录输出电压，用示波器记录PWM信号的占空比，将结果记录在表7-2中，计算出转换效率。

表7-2　非隔离式Buck-Boost型DC-DC变换器实验内容

实验项目		输出电压/V	占空比/%	转换效率/%	输出带载/Ω	备　注
内容1	输入电压 24 V				50	输出端接的电阻推荐使用RX24型金黄色铝壳电阻，参数是功率50 W，阻值50 Ω/100 Ω
内容2					50	
内容3					100	
内容4					100	

7.4　思　考　题

（1）查阅MAX629 PDF资料，了解其内部结构，试分析C_5的作用。

（2）将C_7、C_9、C_{11}、C_{13}换成无极性电容，对输出有何影响？

（3）试说明R_3、R_4、R_5、R_6在电路中的作用是什么？

（4）试设计一款反向型DC-DC变换器应用电路，并写明功率开关V的选择过程和储能电感L的计算步骤。

（5）试推导出功率开关V导通期间储能电感L中电流的增加量等于功率开关V截止期间储能电感L中电流的减小量的公式，并推导式(7-3)。

拓 展 篇

第8章　单端正激型 DC－DC 变换器实验

8.1　实　验　原　理

8.1.1　单端正激型 DC－DC 变换器的基本电路形式

单端正激型 DC－DC 变换器输出电压的瞬态控制特性和输出电压的负载特性相对于其他形式的 DC－DC 变换器来说较好，工作较为稳定，输出电压不容易产生抖动，因此在一些对输出电压要求较高的场合经常被使用。单端正激型 DC－DC 变换器的基本电路结构形式如图 8－1(a)所示，相对应的时序波形如图 8－1(b)所示。单端正激型 DC－DC 变换器电路具有独立的 PWM 振荡器、驱动器、控制器等电路，并且这些电路一般是由一个集成电路来担任的。单端正激型 DC－DC 变换器电路对起振电路要求不严。由于单端正激型 DC－DC 变换器电路中的功率开关管导通时通过功率开关变压器向负载传输能量，所以该电路非常适用于输出功率较大的应用场合。由于单端正激型 DC－DC 变换器电路中的功率开关变压器既要起隔离和传输能量的作用，又要起储能电感的作用，所以功率开关变压器的设计较为复杂。

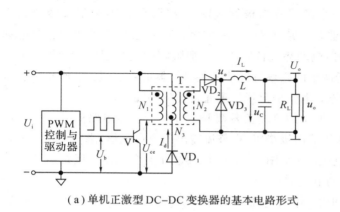

（a）单机正激型 DC-DC 变换器的基本电路形式

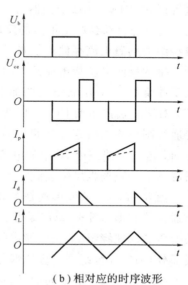

（b）相对应的时序波形

图 8－1　单端正激型 DC－DC 变换器的基本电路形式和对应的波形

8.1.2 单端正激型 DC-DC 变换器电路中的功率开关管

1. 功率开关管集电极与发射极之间所能承受的最大耐压

在单端正激型 DC-DC 变换器电路中由于磁通复位绕组和续流二极管 VD_1 的存在，功率开关管截止时，降在其上的最大电压可由下式来表示：

$$U_{cemax} = 2U_i \tag{8-1}$$

因此，单端正激型 DC-DC 变换器电路中功率开关管集电极与发射极之间所能承受的最大耐压即为 2 倍的输入电源电压 U_i。

2. 功率开关管集电极峰值电流

从图 8-1(a) 所示的单端正激型 DC-DC 变换器的基本电路结构形式中可以看出，在功率开关管处于截止状态期间，只要保证续流二极管 VD_1 处于导通状态，功率开关管上的电压就会维持不变。在功率开关管处于导通状态期间，流过功率开关管上的电流就等于 DC-DC 变换器的输出电流再加上功率开关变压器的磁化电流，可由下式计算出来：

$$I_c = \frac{I_L}{N} \cdot \frac{t_{ON}U_i}{L} \tag{8-2}$$

式中，N 为功率开关变压器初、次级绕组的匝数比；L 为储能电感的电感量，单位为 H；I_L 为储能电感上流过的电流，单位为 A。

8.1.3 励磁回路

单端正激型 DC-DC 变换器的特点是当变压器的初级绕组正在被直流电流激磁时，变压器的次级绕组正好也为负载提供能量，也就是开关变压器的初、次级绕组均为同名端。这种形式的 DC-DC 变换器有一个最大的缺点，就是在功率开关关断的瞬间开关变压器的初、次级绕组都会产生很高的反向电动势，这个反向电动势是由于流过开关变压器初、次级绕组的励磁电流存储的能量所产生的。因此在图 8-1(a) 中，为了避免功率开关关断瞬间所产生的反向电动势击穿开关功率器件，在开关变压器中就增加了一组反向电动势能量吸收反馈绕组 N_3，在电路上增加了一个削反峰二极管 VD_1。反馈绕组 N_3 和削反峰二极管 VD_1 对于单端正激型 DC-DC 变换器是非常必要的，一方面，反馈绕组 N_3 产生的感应电动势通过削反峰二极管 VD_1 可以对反向电动势进行限幅，并把限幅的能量返回给电源；另一方面，流过反馈绕组 N_3 中的电流所产生的磁场可以使开关变压器的磁芯退磁，使开关变压器磁芯中的磁场强度恢复到初始状态，也就是起到了磁通复位的功能。

图 8-2 所示的波形就是图 8-1 所示的单端正激型 DC-DC 变换器电路中开关变压器磁通复位波形。图 8-2(a) 是开关变压器次级绕组 N_2 整流输出的电压波形，图 8-2(b) 是开关变压器反馈绕组 N_3 整流输出的电压波形，图 8-2(c) 是流过开关变压器初级绕组 N_1（实线部分）和反馈绕组 N_3（虚线部分）的电流波形。

在功率开关导通期间的 T_{on} 时间内，输入电源 U_i 对开关变压器初级绕组 N_1 加电，初级绕组 N_1 有电流 i_1 流过，在 N_1 两端产生自感电动势的同时，在开关变压器次级绕组 N_2 的两端也同时产生感应电动势，并向负载提供输出电压，输出电压波形如图 8-2(a) 所示。从图 8-2(c) 所示的流过开关变压器初级绕组 N_1（实线部分）和次级绕组 N_3（虚线部分）的电流波形中就可以看出，流过单端正激型 DC - DC 变换器开关变压器的电流与流过一般电感线圈的电流是不同的，流过单端正激型 DC - DC 变换器变压器的电流具有突变，而流过一般电感线圈的电流不能突变。因此在功率开关导通的瞬间流过单端正激型 DC - DC 变换器变压器的电流立刻便可达到某一稳定电流值，这个稳定电流值是与变压器次级绕组电流大小相关的。若用 i_{10} 表示这个电流，用 i_2 表示次级绕组 N_2 中流过的电流，则有

$$i_{10} = n \cdot i_2 \tag{8-3}$$

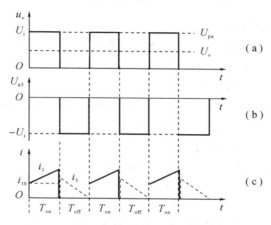

图 8 - 2　开关变压器磁通复位波形

另外，流过单端正激型 DC - DC 变换器变压器的电流 i_1 除了 i_{10} 之外还有一个激磁电流，从图 8 - 2(c) 中就可以看出激磁电流实际上就是 i_1 中随时间线性增长的部分，可由下式表示：

$$\Delta i_1 = \frac{U_i}{L_1} \cdot t \tag{8-4}$$

在控制功率开关由导通突然转为关断的瞬间，流过开关变压器初级绕组的电流 i_1 突然变为零。由于变压器磁芯中的磁通量不能突变，必须要求流过开关变压器次级绕组的电流也跟着突变，以抵消开关变压器初级绕组中电流突变的影响，要么，在变压器初级绕组中将出现非常高的反向电动势，把功率开关或变压器击穿。如果开关变压器磁芯中的磁通产生突变，开关变压器的初、次级绕组就会产生无限高的反向电动势，反向电动势又会产生无限大的电流，而电流又会抵制磁通的变化，开关变压器磁芯中的磁通变化，最终还是要受到开关变压器初、次级绕组中电流的约束。因此功率开关由导通状态突然转为关断，开关变压器初级绕组中的电流突然为零时，开关变压器次级绕组 N_2 中的电流与功率开关导通期间的电流是相同的，等于开关变压器初级绕组中的激磁电流折算到开关变压器次级绕组中的电流与其本身电流之和。但由于开关变压器初级绕组中激磁电流被折算到开关变压器次级绕组的电流方向与原开关变压器次级绕组电流 i_2 的方向是相反的，并且由于整流二极管 VD_2 的存在阻挡住了折算到次级绕组中的激磁电流，因此这些电流只能通过开关变压器反馈绕组 N_3 产生的反向电动势，经整流二极管 VD_1 向输入电压 U_i 进行反向充电。

一般单端正激型 DC - DC 变换器变压器中的初级绕组匝数与反馈绕组 N_3 的匝数是相等的，即初级绕组 N_1 与反馈绕组 N_3 的匝数比为 $1 : 1$。

8.1.4 单端正激型 DC-DC 变换器电路中的续流二极管

在功率开关管截止期间，负载所需的电流均要由续流二极管 VD₃ 来提供。因此，续流二极管 VD₃ 的电流容量和耐压容量至少要与次级输出主回路中的整流二极管的电流容量和耐压容量相同，也就是 VD₃ 与 VD₂ 可选择同型号的快速整流二极管。

8.1.5 单端正激型 DC-DC 变换器电路的变形

现代电源的发展方向是高频化、小型化、模块化、智能化，以实现 DC-DC 变换器的高功率密度、高效率、高功率因数和高可靠性。提高开关频率，减小磁性和容性元器件的容量、体积和重量是提高 DC-DC 变换器功率密度的有效措施。但是在硬开关状态下工作的功率变换器，随着开关频率的上升，一方面开关器件的开关损耗会成正比地增大，无源元件的损耗会大幅度增加，效率会大大降低；另一方面，过高的 $\mathrm{d}v/\mathrm{d}t$ 和 $\mathrm{d}i/\mathrm{d}t$ 会产生严重的电磁干扰（EMI），影响 DC-DC 变换器的可靠性和电磁兼容性（EMC）。为了改善高频 DC-DC 变换器电路中功率开关管的工作条件，减小开关损耗和电磁干扰，各种软开关技术应运而生，包括无源软开关技术与 ZVS（零电压导通）/ZCS（零电流关断）谐振、准谐振、ZVS/ZCS-PWM 和 ZVT/ZCT（相移型零电压导通/相移型零电流关断）-PWM 等有源软开关技术。

近年来国内外广大的电源研制和开发者对双正激型及其组合式 DC-DC 变换器的软开关技术进行了大量的研究和探索。软开关拓扑大体上可分为三类：

（1）使用无源辅助电路的无源软开关拓扑。

（2）使用有源辅助电路的有源软开关拓扑。

（3）不需辅助电路的软开关拓扑。

本节将系统地分析和论述这些软开关拓扑电路技术，指出各种拓扑电路技术的特点和适用场合，给出简单的分析和评价。

1. 双正激型 DC-DC 变换器电路

双正激型 DC-DC 变换器电路克服了单端正激型 DC-DC 变换器电路中开关电压应力高的缺点，每个功率开关管只需承受输入的直流电压值，不需要采用特殊的磁复位电路就可以保证功率开关变压器的可靠磁复位。它的每一个桥臂都是由一个二极管与一个功率开关管串联组成，不存在桥臂直通的危险，可靠性极高。因此双正激型 DC-DC 变换器电路具有其他电路结构形式的 DC-DC 变换器无法比拟的优点，成为目前中大功率开关稳压电源中应用最多的变形或拓扑技术之一。双正激组合 DC-DC 变换器电路通过对双正激 DC-DC 变换器电路进行并、串组合，可以克服其占空比小于 0.5 的缺点，提高了功率变压器的磁利用率和占空比的调节范围，适用于高输入和低输出电压/大输出电流的大功率场合。

单端正激型 DC-DC 变换器电路中，由式（8-1）可以看出，当输入直流电源电压为 300 V（实际对应的就是 220 V/50 Hz 电网电压）时，功率开关管上所承受的电压就为 600 V 以上。具有这样高耐压的功率开关管不但价格昂贵，而且在这样高电压下工作的功率开关管的安全性和可靠性都要受到威胁。为了降低功率开关管所承受的电压值，从而降低 DC-DC 变换器的成本和提高整机的安全可靠性，设计者们就将单端正激型 DC-DC 变换器的电路结构进行了一些变形，变形后的电路结构如图 8-3 所示。该电路是采用了两个功率开关管 V₁和 V₂的正激式 DC-DC 变换器电路,这两个功率开关管同时导通和截止,每一个功率开关管上所承受的耐压值为单端正激型 DC-DC 变换器电路中功率开关管所承受耐压的一半。因此,我们将这种变形了的单端正激型 DC-DC 变换器电路称之为双正激型 DC-DC 变换器电路,这种电路中的每一个功率开关管上所承受的耐压均不会超过 U_i。这种变形了的双正激型 DC-DC 变换器电路不但输出功率大,而且输入电压也较高,因此在实际应用中被广泛采用。

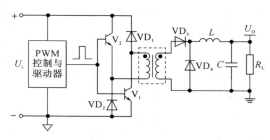

图 8-3　双正激型 DC-DC 变换器电路

2. 使用无源辅助电路的无源软开关拓扑

（1）初级钳位型 ZVZCS 双正激型 DC-DC 变换器电路。初级钳位型 ZVZCS 双正激型 DC-DC 变换器的电路结构如图 8-4 所示,初级钳位电路由辅助电感 L_r 和两个钳位二极管 VD₃、VD₄组成。功率开关管 V₁和 V₂导通时 L_r 上的电流从零开始线性上升,从而减小了 VD₆关断时的电流变化率和电压尖峰,功率开关管 V₁和 V₂为零电流导通。功率开关管 V₁和 V₂关断时负载电流对功率开关管的结电容充电,功率开关管 V₁和 V₂为零电压关断。该拓扑电路技术的优点是:通过简单的无源钳位电路减小了次级续流二极管反向恢复引起的电压尖峰,降低了电磁干扰,实现了功率开关管的零电流导通和零电压关断,适用于高压输出的大功率场合。其缺点是功率变换级的功率开关管为容性导通。

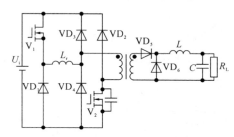

图 8-4　初级钳位型 ZVZCS 双正激型 DC-DC 变换器电路

（2）双正激电路的软关断拓扑电路。双正激电路的软关断拓扑电路如图 8-5 所示。

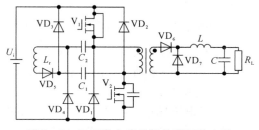

图 8-5　双正激电路的软关断拓扑电路

该电路通过比功率开关管结电容大得多的谐振电容 C_1、C_2 限制功率开关管电压的上升速度，从而实现功率开关管的 ZVS 关断。由电感 L_r 和电容 C_1、C_2 以及二极管 VD$_3$、VD$_4$ 和 VD$_5$ 构成的钳位电路是无功率损耗的，并能将功率开关变压器漏感所存储的能量全部返回到输入电源中。但是功率开关管导通时，谐振电流从功率开关管流过，增加了功率开关管的电流应力，而且功率开关管为硬导通，对大功率双正激型 DC – DC 变换器电路效率的提高有较大的实用价值。

（3）无源 ZVT 双正激型 DC – DC 变换器电路。无源 ZVT 双正激型 DC – DC 变换器电路如图 8 – 6 所示。它通过在功率开关变压器的初级增加了一个辅助电路实现功率开关管的零电压关断。其工作原理为：当两个功率开关管导通时，谐振电容 C_r 和谐振电感 L_r 通过功率开关管 V$_2$ 及二极管 VD$_3$ 谐振，将电容 C_r 上的电压极性反转。在功率开关管关断时，由于电容 C_r 比功率开关管的结电容要大得多，因此限制了功率开关管电压的上升速度，从而实现了零电压关断。这种 DC – DC 变换器电路的优点是不需要增加有源开关器件，因此电路结构简单，成本低，调试容易，便于批量生产。但是由于在功率开关管导通时谐振电流要从下管 V$_2$ 上流过，因此增加了下管的电流应力，而且功率开关管为硬导通，导通损耗较大。

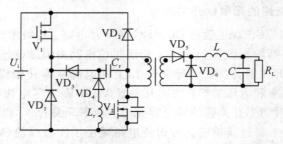

图 8 – 6　无源 ZVT 双正激型 DC – DC 变换器电路

（4）无损缓冲 ZVZCS 双正激型 DC – DC 变换器电路。无损缓冲 ZVZCS 双正激型 DC – DC 变换器电路如图 8 – 7 所示，它通过辅助电感 L_r 实现功率开关管的零电流导通，由谐振电容 C_r 实现功率开关管的零电压关断。这种无损缓冲 ZVZCS 双正激型 DC – DC 变换器电路在整个负载范围内都可以实现软开关，通态损耗较小，而且缓冲电路是无损耗的。

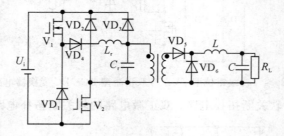

图 8 – 7　无损缓冲 ZVZCS 双正激型 DC – DC 变换器电路

（5）带能量吸收电路的软开关双正激型 DC – DC 变换器电路。带能量吸收电路的软开关双正激型 DC – DC 变换器电路如图 8 – 8 所示。图中功率开关管 V$_1$、V$_2$ 和次级整流二极管 VD$_3$ 再加上能量吸收缓冲电路就构成了电源电路的基本结构。无内部功率损耗的吸收缓冲网络实现了初级功率开关管的零电流导通、零电压关断和次级整流二极管 VD$_3$ 的零电流导通，并且次级整流二极管 VD$_3$ 不存在电压尖峰和反向恢复损耗。该电路结构比较复杂，需要附加两套缓冲电路。

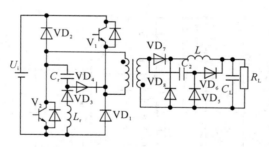

图 8 - 8　带能量吸收电路的软开关双正激型 DC - DC 变换器电路

（6）桥臂互感式软开关双正激型组合 DC - DC 变换器电路。桥臂互感式软开关双正激型组合 DC - DC 变换器电路如图 8 - 9 所示。它将两个双正激型 DC - DC 变换器串联组合起来，次级采用倍流整流电路，适用于高输入电压、低压大电流输出的场合。功率开关管承受的电压仅为输入直流电压的一半，利用耦合电感中存储的能量实现功率开关管的零电压关断，同时采用移相控制技术调节输出电压和实现软开关。由于采用了带两个初级绕组的功率开关变压器，因此功率开关变压器磁芯工作在双象限的磁滞回线中，并实现了输入电容电压的自动均压。该电路的缺点是每个桥臂上的辅助电路增加了功率开关管的电流应力，电路的导通损耗比较大，辅助电路较复杂。

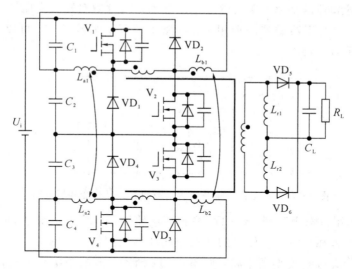

图 8 - 9　桥臂互感式软开关双正激型组合 DC - DC 变换器电路

（7）改进型的桥臂互感型软开关双正激型组合 DC - DC 变换器电路。改进型的桥臂互感型软开关双正激型组合 DC - DC 变换器电路如图 8 - 10 所示。该电源电路具有图 8 - 9 所示电路所具有的优点，又不需要采用图 8 - 9 所示电路中的辅助电路。电路通过 PWM 控制功率开关管的导通和关断，利用耦合的谐振电感 L_{r1} 和 L_{r2} 实现功率开关管的零电压导通，但是软开关范围受一定的限制。由于输入电容的自动均压方式是通过初级电流流经功率开关管和功率开关变压器在两个电容之间相互传递能量来实现的，因而就会增加功率开关管的电流应力和导通损耗，而且次级整流二极管的电压应力较大，不适合应用在高输出电压的应用场合。该 DC - DC 变换器电路适用于高输入电压、低压大电流输出的大功率场合。

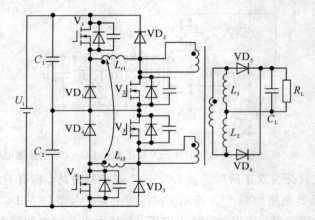

图 8 - 10　改进型的桥臂互感型软开关双正激型组合 DC - DC 变换器电路

3. 使用有源辅助电路的有源软开关拓扑

（1）有源钳位软开关双正激型 DC - DC 变换器电路。有源钳位软开关双正激型 DC - DC 变换器电路如图 8 - 11 所示。通过在功率开关变压器的初级并联一个由功率开关管 V_a 和电容 C_a 及二极管 VD_a 组成的有源钳位网络，不仅可以钳位功率开关管的电压，还可以实现功率开关管和辅助功率开关管的零电压导通。同时功率开关变压器励磁电流双向流动，提高了功率开关变压器磁芯的利用率。电路工作于准方波模式，可以进行恒频 PWM 控制，电磁兼容（EMC）性好。

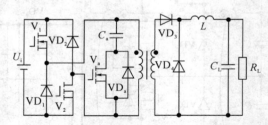

图 8 - 11　有源钳位软开关双正激型 DC - DC 变换器电路

（2）新型有源钳位双正激型 DC - DC 变换器电路。为了减小正激型 DC - DC 变换器电路初级侧功率开关管和次级侧二极管的开关损耗和导通损耗，这里又提出了一种新型的有源钳位双正激型 DC - DC 变换器电路，如图 8 - 12 所示。该电源电路利用两个功率开关管 V_{a1}、V_{a2} 代替传统双正激型 DC - DC 变换器电路初级的两个钳位二极管，同时加入一个钳位电容，实现主功率开关管和辅助功率开关管的 ZVS。该拓扑电路结构简洁，而且辅助功率开关管 V_{a1}、V_{a2} 可以选用电压额定值较低的功率开关管。该电源电路适用于宽输入电压范围的中、低压应用场合，但是辅助功率开关管的引入增加了电路控制的复杂程度。

（3）有源软开关双正激型 DC - DC 变换器电路。有源软开关双正激型 DC - DC 变换器电路如图 8 - 13 所示。电路中的辅助谐振网络的辅助功率开关管可以零电流导通，零电压关断，同时实现了主功率开关管 V_1 的零电压关断和 V_2 的零电流导通。该拓扑电路技术的缺点是辅助电路结构比较复杂，功率开关管 V_2 是硬关断，而且存在容性导通损耗。

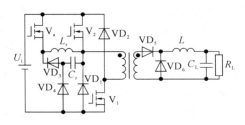

图 8－12　新型有源钳位双正激型
DC－DC 变换器电路

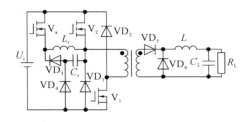

图 8－13　有源软开关双正激型
DC－DC 变换器电路

（4）有源 ZVT 双正激型 DC－DC 变换器电路。有源 ZVT 双正激型 DC－DC 变换器电路如图 8－14 所示。其基本原理与图 8－7 所示的无源 ZVT 电路一样，也是通过比功率开关管结电容大得多的谐振电容 C_r 限制功率开关管的电压上升速度，从而实现了功率开关管 ZVS 关断。与图 8－7 所示的电路不同的是，图 2－14 中的谐振回路与主回路完全分开，在谐振网络中增加了谐振功率开关管 V_a，谐振电流不从下管中流过，因此不增加功率开关管变换器主功率开关管的电流应力，而且通过在主功率开关管 V_1、V_2 导通之前很短的时间内超前导通谐振功率开关管 V_a，能够实现功率开关管 V_1、V_2 的零电压导通。这种电路的缺点是谐振功率开关管 V_a 零电流开关，但为容性导通，而且这种电源电路增加了电路的复杂性。

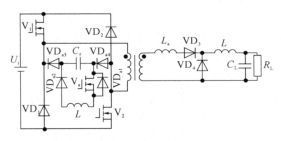

图 8－14　有源 ZVT 双正激型 DC－DC 变换器电路

（5）ZVT 交错并联双正激组合型 DC－DC 变换器电路。ZVT 交错并联双正激组合型 DC－DC 变换器电路如图 8－15 所示，它采用一套辅助电路实现整个组合型 DC－DC 变换器电路的主功率开关管的 ZVS。辅助电路由两个功率开关管 V_{a1}、V_{a2} 和二极管 VD_5、VD_6 以及谐振电容 C_r 组成。电路将功率开关变压器漏感和励磁电感作为谐振电感，减少了外加谐振电感带来的损耗。但是辅助功率开关管是零电流开关，存在着容性导通功率损耗。

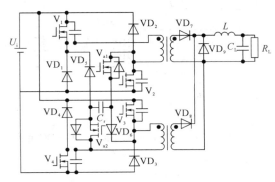

图 8－15　ZVT 交错并联双正激组合型 DC－DC 变换器电路

（6）ZCT 双正激型 DC-DC 变换器电路。ZCT 双正激型 DC-DC 变换器电路如图 8-16 所示。图中在每个功率开关管旁并联一个谐振回路，在主功率开关管关断之前开通谐振开关，通过谐振回路的谐振，将主功率开关管的电流转移到谐振回路中，从而实现了主功率开关管的零电流关断，谐振开关在谐振电流过零时自然关断。ZCT 双正激型 DC-DC 变换器电路特别适合于以 IGBT 作主功率开关管的应用场合，可以避免 IGBT 关断时由拖尾电流引起的关断损耗。但是主功率开关管是硬导通，而且需要两个辅助功率开关管和两套辅助电路，因此电路结构比较复杂。

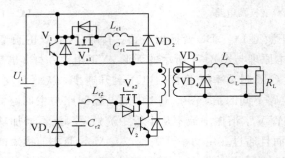

图 8-16　ZCT 双正激型 DC-DC 变换器电路

（7）广义软开关——PWM 双正激型 DC-DC 变换器电路。广义软开关——PWM 双正激型 DC-DC 变换器电路如图 8-17 所示。所谓广义软开关，就是用有源或无源的无损耗吸收电路使功率开关管的开与关的转换过程软化，实现近似 ZVT 或 ZCT，减少开关损耗，降低整流二极管的反向恢复损耗。它可以达到与传统 ZVT 或 ZCT 软开关几乎相同的技术指标，但比传统软开关具有电路简单、成本低廉、可靠性高的优点。其工作原理简述如下：主功率开关管 V_1、V_2 和辅助功率开关管 V_a 同时导通，回路中的 L_r 限制了主功率开关管的电流上升率，减小了导通损耗。功率开关管 V_1 先关断，功率开关变压器电流对电容 C_1 充电。由于电容 C_1 上的电压不能突变，因此功率开关管 V_1 上的电压上升率受到限制，关断损耗减小。令辅助功率开关管 V_a 先于功率开关管 V_2 关断，当 V_2 关断时，其电流对电容 C_2 充电，与功率开关管 V_1 关断情况相同，减小了功率开关管 V_2 的关断损耗。这种电路的特点是：功率开关变压器和吸收电感的储能可回馈给电源，辅助功率开关管 V_a 可实现 ZVS，功率开关管 V_1、V_2 虽然不是 ZVT，也不是 ZCT，但是有源无损吸收电路有效地软化了开关过程，不过吸收电路需增加辅助功率开关管，控制较为复杂。

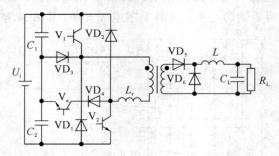

图 8-17　广义软开关——PWM 双正激型 DC-DC 变换器电路

4. 不需辅助电路的软开关拓扑

（1）双桥式 ZVS 双正激组合型 DC-DC 变换器电路。图 8-18 所示的电路就是一种双桥式 ZVS 双正激组合型 DC - DC 变换器电路,电路中的两个双正激型 DC - DC 变换器电路在初级串联,共用一个功率开关变压器,通过移相控制并利用功率开关变压器漏感和励磁电感实现功率开关管的 ZVS。功率开关变压器磁芯的双象限磁化实现了输入电容的自动均压。这种电路适用于高输入电源电压、高输出直流电压和大电流输出的应用场合,但是导通状态的损耗较大。

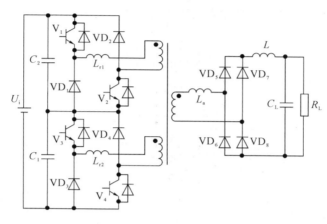

图 8 - 18 双桥式 ZVS 双正激组合型 DC - DC 变换器电路

（2）ZVZCS PWM 交错并联的双正激组合型 DC - DC 变换器电路。图 8 - 19 所示的电源电路就是一种 ZVZCS PWM 交错并联的双正激组合型 DC - DC 变换器电路,电路的次级采用耦合的滤波电感以减小空载电流和环流电流。通过 PWM 控制,该电源电路不需辅助电路就实现了功率开关管 V_1、V_2 的 ZVS 和功率开关管 V_3、V_4 的 ZCS,减小了初级和次级的空载和环流电流,降低了导通状态下的功率损耗。这种结构形式的 DC - DC 变换器电路适合用于高压输入、IGBT 作功率开关管的应用场合。

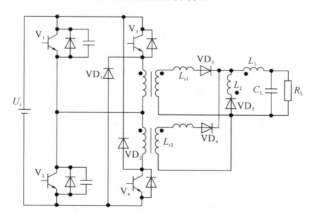

图 8 - 19　ZVZCS PWM 交错并联的双正激组合型 DC - DC 变换器电路

（3）新型的 ZVZCS 双正激组合型 DC - DC 变换器电路。图 8 - 20 所示的电源电路就是一种新型的 ZVZCS PWM 双正激组合型 DC - DC 变换器电路。图中两个相同的双正激变换器在初级串联,采用一个具有两个初级绕组和两个次级绕组的功率开关变压器以及 PWM 技术,减少了空载和环流电流,降低了导通损耗。该电源电路在较宽的负载范围内无需采用任何有源或无源辅助电路，即可由功率开关变压器漏感电流实现功率开关管 V_1、V_2 的 ZCS 和 ZVS，利用漏感电流和环流电流实现功率开关管 V_3、V_4 的零电流导通、零电压关断。这四个功率开关管类似全桥变换器工作模式，磁芯元件和滤波器体积都很小。这种组合式的电源电路的优点是功率开关变压器初级侧没有环流存在，但是需要两个相同的初级绕组，铜损较大。此外功率开关管 V_2、V_4 为零电流导通，用 MOSFET 作功率开关管时存在容性导通损耗。此电路适用于高输入电压的大功率应用场合。

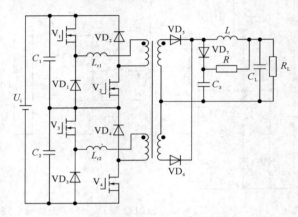

图 8-20 新型的 ZVZCS 双正激组合型 DC-DC 变换器电路

（4）ZVS 三电平双正激组合型 DC-DC 变换器电路。图 8-21 所示的电源电路就是一种新型的 ZVS 三电平双正激组合型 DC-DC 变换器电路。该电源电路由两个双正激电路串联构成，经过一个有两个初级绕组的功率开关变压器实行隔离输出。电路利用绕制在功率开关变压器次级绕组中的漏感，通过 PWM 控制实现功率开关管的 ZVS。该电源电路的功率开关管所承受的电压应力为输入直流电压的一半，因此适用于高电压输入场合。

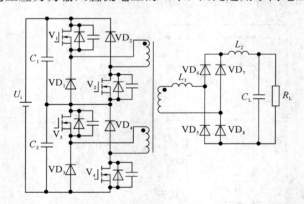

图 8-21 新型的 ZVS 三电平双正激组合型 DC-DC 变换器电路

（5）新型的 ZVS 双正激组合型 DC-DC 变换器电路。新型的 ZVS 双正激组合型 DC-DC 变换器电路如图 8-22 所示。其中主电路初级部分由交错并联的双正激组合变换器简化而来，初级只用两个续流二极管，电路结构简单，而且采用功率开关变压器的磁集成技术，功率开关变压器磁芯双向磁化，进一步提高了磁芯的利用率，减小了体积，增加了电源电路的功率密度。除此之外，这种新型的 ZVS 双正激组合型 DC-DC 变换器电路还具

有如下一些特点:

①　功率变换器采用开环控制,在接近 100% 的等效占空比下工作,变换效率极高。

②　可以通过功率开关变压器的漏感(或串联电感)能量实现主功率开关管的零电压导通,同时降低了次级整流二极管的反向恢复损耗,大大提高了变换效率。

③　输出滤波电路不含滤波电感,这样利用输出滤波电容的钳位作用就可以大大减小次级整流二极管的电压尖峰。电路中的功率变换器起着隔离和变压的作用,输出电压随输入电压和负载的变化而变化,所以适用于输入电压变化范围较小的两级或多级系统中。

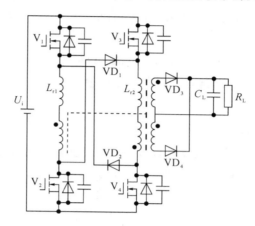

图 8 - 22　新型的 ZVS 双正激组合型 DC - DC 变换器电路

8.1.6　单端正激型 DC - DC 变换器电路中的 PWM 电路

单端正激型 DC - DC 变换器电路中的 PWM 电路包括 PWM 发生器、PWM 驱动器、PWM 控制器等电路。由于微电子技术的飞速发展,包含有 PWM 发生器、PWM 驱动器、PWM 控制器等电路的 PWM 集成电路 20 世纪 80 年代末就已问世,并且品种各式各样,有电压控制型的,有电流控制型的,还有软开关控制型的,使设计人员在设计单端他激式直流变换器时十分方便。另外,由于 PWM 控制与驱动集成电路是 DC - DC 变换器的核心,也是 DC - DC 变换器技术及应用学术方面讨论的热门话题,介绍这一方面的书籍和资料非常多,本书后面的参考文献中也列举了许多,这里就不再多述了。

8.1.7　单端正激型 DC - DC 变换器功率开关变压器的设计

单端正激型 DC - DC 变换器电路中的功率开关变压器与后面将要讲到的单端反激型 DC - DC 变换器电路中的功率开关变压器的磁通都是单向励磁的,要求脉冲磁感应增量要大。功率开关变压器的初级绕组工作时,次级绕组也要同时工作。现在就来分析单端正激型 DC - DC 变换器电路中的功率开关变压器的设计方法和计算步骤。

1. 设计和计算时所需的已知条件

(1) 电路结构与形式。

(2) 工作频率或周期时间。

（3）功率开关变压器的最高和最低输入电压。

（4）总的输出路数和每一路输出电压和电流值。

（5）功率开关管的最大导通时间。

（6）初、次级之间的隔离电位。

（7）所要求的漏感和分布电容值。

（8）工作环境条件。

2. 次级绕组峰值电流的计算

功率开关变压器次级绕组峰值电流等于 DC－DC 变换器的直流输出电流，可用下式表示：

$$I_{s1} = I_{o1} \tag{8-5}$$

式中，I_{s1} 为功率开关变压器次级绕组的峰值电流，单位为 A；I_{o1} 为 DC－DC 变换器的直流输出电流，单位为 A。如果 DC－DC 变换器为多路输出电源，该电流值就应该为每路输出电流值之和。

3. 次级绕组电压幅值的计算

功率开关变压器次级绕组电压幅值与 DC－DC 变换器输出直流电压、直流电压中的纹波电压值和功率开关管导通的占空比等有关，可用下式表示：

$$U_{s1} = \frac{U_{o1} + \Delta U_1}{D} \tag{8-6}$$

式中，U_{s1} 为功率开关变压器次级绕组的电压幅值，单位为 V；ΔU_1 为整流管及线路的压降，单位为 V；U_{o1} 为 DC－DC 变换器的输出直流电压值，单位为 V。如果 DC－DC 变换器为多路输出电源，该电压值就应该为每路输出电压值之和。

4. 功率开关变压器输出功率的计算

功率开关变压器的输出功率等于 DC－DC 变换器的输出功率与整流滤波电路中的功率损耗之和。另外，一般 DC－DC 变换器均有多路输出，这时的输出功率就等于每一路输出功率之和，可用下式表示：

$$P_1 = \sum (U_{s1} I_{s1} D) \tag{8-7}$$

式中，P_1 为功率开关变压器的输出功率，单位为 W。

5. 功率开关变压器磁芯尺寸的确定

单端正激型 DC－DC 变换器功率开关变压器的磁芯尺寸可由下式来计算：

$$V_e = \frac{12.5 \beta P_1 \times 10^3}{f} \tag{8-8}$$

式中，V_e 为功率开关变压器磁芯的体积，单位为 cm³；β 为计算系数，工作频率在 25 kHz 时为 0.2，工作频率在 30～50 kHz 时为 0.3。由式(8-7)计算出 V_e 的结果来选取相应型号的铁氧体材料磁芯，该公式仅限于计算铁氧体材料磁芯，在选用其他磁性材料时请参考其他相关的文献。

6. 功率开关变压器各绕组匝数的计算

（1）初级绕组匝数的计算。单端正激型 DC－DC 变换器功率开关变压器初级绕组匝数

的计算公式为

$$N_{p1} = \frac{U_{p1} t_{ON}}{\Delta B_m A_c} \times 10^{-2}$$ (8-9)

式中，U_{p1} 为初级绕组上所输入的直流电压值，单位为 V。

（2）次级绕组匝数的计算。单端正激型 DC-DC 变换器功率开关变压器的次级绕组一般为多个，下面分别给出各个绕组匝数的计算公式：

$$N_{s1} = \frac{U_{s1}}{U_{p1}} N_{p1}$$ (8-10)

$$N_{s2} = \frac{U_{s2}}{U_{p1}} N_{p1}$$ (8-11)

$$\vdots$$

$$N_{si} = \frac{U_{si}}{U_{p1}} N_{p1}$$ (8-12)

式（8-10）～式（8-12）中的 U_{s1}，U_{s2}，…，U_{si} 分别为功率开关变压器各个次级绕组的输出峰值电压，单位为 V。采用这三个公式分别计算次级绕组匝数时，计算第几个绕组的匝数就将公式中的 i 换成几即可，次级有多少绕组，就要分别按该公式计算多少次，最后供加工和绕制人员参考和使用。

（3）去磁绕组匝数的计算。

一般正激型 DC-DC 变换器功率开关变压器的去磁绕组有时也作为自激式变换器的激励绕组，所以它与初级绕组的匝数是相同的，计算公式如下：

$$N_w = N_{s1}$$ (8-13)

去磁绕组的作用是保证功率开关变压器的工作点不偏移到饱和区。去磁绕组电流的大小近似与激化电流相等，它的方向正好与激化电流相反，可用以减小功率开关变压器自身的损耗，从而提高功率开关变压器的转换效率。应该维持功率开关管在导通周期时间开始时，磁场强度为零。绕制和加工时应该绝对保证初级绕组与去磁绕组的匝数完全相同，并保证紧密地耦合。在进行正激型 DC-DC 变换器功率开关变压器的设计与计算时，如果忽略励磁电流等因素的影响，功率开关变压器初、次级绕组的电流有效值将按单向脉冲方波的波形来计算。

① 次级绕组电流有效值 I'_{s1} 的计算公式：

$$I'_{s1} = I_{s1} \sqrt{D}$$ (8-14)

② 初级绕组电流有效值 I'_{p1} 的计算公式：

$$I'_{p1} = \frac{I'_{s1} U_{s1}}{U_{p1}}$$ (8-15)

③ 去磁绕组电流有效值 I_w 近似等于磁化电流的有效值，为初级绕组电流有效值 I'_{p1} 的 5%～10%，其计算公式如下：

$$I_w = I'_{p1} (5\% \sim 10\%)$$ (8-16)

7. 选择导线、核算分布参数和窗口尺寸、计算损耗和温升

选择导线、核算分布参数和窗口尺寸、计算损耗和温升的方法与后面将要讲述的双端式 DC-DC 变换器电路中的功率开关变压器所使用的方法相同。同样，正激型 DC-DC 变换器电路中的功率开关变压器由于磁芯单向磁化，磁芯的功率损耗约为双端式直流变换器电路中双向激励的功率开关变压器功率损耗的一半。图 8 - 23 给出了正激型 DC - DC 变换器电路中的功率开关变压器输出功率与工作频率之间的关系曲线。

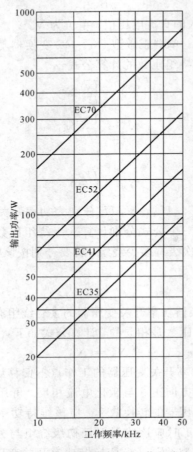

图 8 - 23　功率开关变压器输出功率与工作频率之间的关系曲线

8.2　正激型 DC - DC 变换器实验板

8.2.1　实验板的技术指标

1. 输入和输出参数

（1）输入电压：24 V±1 V（外置电源适配器提供）；

（2）PWM 信号驱动器 IC 工作电压：24 V；

（3）PWM 信号频率 f：100 kHz；

（4）PWM 信号占空比 D 的调节范围：0%～50%；

（5）输出电压/电流：12 V/2 A。

2. 保护功能

（1）输入电源电压极性加反保护；

（2）输出过流保护；

（3）输出过压保护；

（4）正常工作 LED 指示灯指示。

8.2.2　实验板的用途

该实验板为单端正激型 DC - DC 变换器电路，通过使用示波器观察和测量相应的 PWM 信号的频率、幅度和极性，验证图 8 - 1 所示的单端正激型 DC - DC 变换器电路各点信号波形时序图。使用示波器和万用表测量输入供电电压 U_i、PWM 信号驱动器 IC 工作电压、PWM 驱动信号的占空比 D 和输出电压 U，验证上面推导出的单端正激型 DC - DC 变换器的工作原理。通过这些观察、测试、比较和计算，真正掌握单端正激型 DC - DC 变换器电路的工作原理。需要用到的实验器材如下：

（1）四位半数显万用表 1 块；

（2）频率≥40 MHz 的双踪示波器 1 台；

（3）单端正激型 DC - DC 变换器实验板 1 套；

（4）功率电阻若干；

（5）连接导线若干；

（6）常用工具 1 套。

8.2.3　实验板的硬件组成

（1）实验板的原理电路和印制板图。单端正激型 DC - DC 变换器实验板的原理电路和印制板图如图 8 - 24 所示。

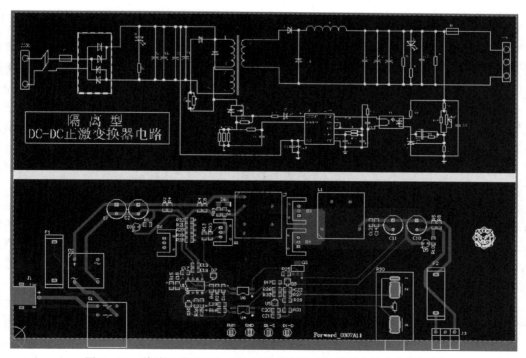

图 8 - 24　单端正激型 DC - DC 变换器实验板的原理电路和印制板图

（2）单端正激型 DC - DC 变换器实验板的外形。单端正激型 DC - DC 变换器实验板的外形如图 8 - 25 所示。

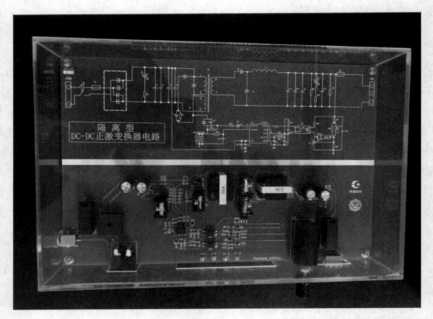

图 8 - 25　单端正激型 DC - DC 变换器实验板外形图

（3）实验板简介。

① 全波整流桥。其作用一是防止将输入直流供电电源极性接反，二是可以输入交流供电电源。

② PWM 信号驱动器 UC3845。该芯片在第 5 章中进行了介绍，这里不再重述。

③ 变压器：变压器 T_1 的作用是隔离一次侧电路与二次侧电路，同时，可以通过匝数比的关系来获得所需的输出电压。在后面将要讲到的反激变压器中，变压器还具有储能的作用。另外，变压器 T_1 中绕组 N_3 配合二极管 VD_6，则具有消磁作用。这是因为在功率开关 V_1 导通期间，能量会转移至输出电路，而同时变压器一次绕组将会有磁化电流产生，并将此能量储存在铁芯的磁场中。而当功率开关 V_1 在不导通状态时，若电路中没有提供钳制或是能量回收的路径，则所储存的能量会在功率开关 V_1 的集电极上产生很大的反激电压。所以，就有能量回收绕组 N_3 和二极管 VD_6 使反激期间的能量回收至直流输入线上。也就是说此时变压器铁芯的工作点会回到每一周期开始的零点，以防止铁芯达到饱和的状态。

在反激期间，由于二极管 VD_6 导通，绕组 N_3 上的电压大小就会钳制在 U_i，所以，此时功率开关管的集电极电压为 $2U_i$（在此 N_1 和 N_2 匝数相同）。为了减少 N_1 和 N_3 间过大的漏感，以及功率开关管的集电极造成过大的电压过冲，一般会将能量回收绕组 N_3 和一次绕组 N_1 一起双绕。在反激期间，流经能量回收绕组 N_3 的电流较小，一般大约是一次侧电流的 5% ～ 10%，因此所使用的线径可减小许多。

二极管 VD_6 在配置上，一般都是置于能量回收绕组 N_3 之上的，这样在 N_1 和 N_3 间的增减电容 C_C，在功率开关管 V_1 的集电极与 N_3 和 VD_6 的连接点之间就会出现一寄生电容。用这种方式连接的话，功率开关管 V_1 导通时，就可以通过二极管 VD_6 来隔离任何流经电容 C_C 的电流，而此时 C_C 两端的电位会同时趋于负电位，因此，在其上并没有任何电压的变化。然而在反激期间，当有任何电压过冲出现时，则其所产生的电流会流经电容C_C，并经过二极管VD_6流至直流输入线上。因此，电容C_C在功率开关管 V_1 的集电极上提供了一额外的钳制动作。有时实际上为了达到此钳制动作，会真正在C_C的位置上外加电容。不过要注意，此次电容值若太大，会使得输出端出现线纹波，也就是一般的 AC 输入端的 60 Hz 或 50 Hz 的纹波。在高压系统下，一次绕组 N_1 和能量回收绕组 N_3 在双绕情况下，由于具有较高的电压的应力存在，所以，其绝缘情况需要特别注意。当然，如果要使电容C_C提供额外的钳制动作，则 N_1 和 N_3 分开绕在不同层面上，这样不但可以减少电压应力，而且还可以达到钳制的目的。

在给定的设计条件下磁感应强度 B 和电流密度 J 是进行变压器设计时必须计算的参数。当电路主拓扑结构、工作频率、磁芯尺寸给出后，变压器的功率 P 与 B 和 J 的乘积成正比，即 $P \propto B \cdot J$。

当变压器尺寸一定时，B 和 J 选得高一些，则某一给定的磁芯可以输出更大的功率；反之，为了得到某一给定的输出功率，B 和 J 选得高一些，变压器的尺寸就可以小一些，因而可减小体积和减轻重量。但是，B 和 J 的提高受到电性能各项技术要求的制约。例如，若 B 过大，则激磁电流过大，造成波形畸变严重，会影响电路安全工作并导致输出纹波增加；若 J 很大，则铜损增大，温升将会超过规定值。

正激变换器中的变压器的磁芯是单向激磁，要求磁芯有大的脉冲磁感应增量，变压器初级工作时，次级也同时工作。

- 计算次级绕组峰值电流I_{P2}。变压器次级绕组的峰值电流 I_{P2} 等于高频 DC - DC 变换器的直流输出电流I_o，即

$$I_{P2} = I_o \tag{8-17}$$

- 计算次级电流有效值。

$$I_2 = \sqrt{D} \cdot I_{P2} \tag{8-18}$$

式中，D 是正激变换器的最大占空比。

- 计算初级绕组电压幅值U_{P1}。

$$U_{P1} = U_{in} - \Delta U_1 \tag{8-19}$$

式中，U_{in}是变压器输入直流电压，单位为 V；ΔU_1是变压器初级绕组电阻压降和开关管导通压降之和，单位为 V。

- 计算次级绕组电压幅值U_{P2}。

$$U_{P2} = \frac{U_o + \Delta U_2}{D} \tag{8-20}$$

式中，U_o是变压器次级负载直流电压，单位为 V；ΔU_2是变压器次级绕组电阻压降和整流管压降之和，单位为 V。

- 计算初级电流有效值I_1。忽略励磁电流等因素，初级电流有效值I_1按单向脉冲方波的波形来计算：

$$I_1 = \frac{U_{P2}}{U_{P1}} \cdot I_2 \tag{8-21}$$

- 计算去磁绕组电流有效值I_H。去磁绕组电流约与磁化电流相同，约为初级电流有效值的 5%～10%，即

$$I_H \approx (0.05 \sim 0.1) \cdot I_1 \tag{8-22}$$

- 计算变压器输入功率 P_1 与输出功率 P_2。

$$P_1 = U_{P1} \cdot I_1$$
$$P_2 = \sum (U_{P2} \cdot I_{P2} \cdot \sqrt{D}) \tag{8-23}$$

- 计算初级绕组匝数（N_1）。

$$N_1 = \left[U_{Pi} \times \frac{D}{f} \times \Delta B_m \times A_e \right] \times 10^4 \tag{8-24}$$

式中，ΔB_m 为磁场强度增量；A_e 为变压器磁芯有效截面积。

- 计算次级绕组匝数（N_2）。

$$N_2 = \frac{U_i}{U_{Pi}} \times N_1 \quad (i = 2,3,4) \tag{8-25}$$

式中，U_{Pi} 是次级各级绕组输出电压幅值，单位为 V。

- 计算去磁绕组匝数（N_3）。对于采用第三绕组复位的正激变换器，复位绕组的匝数越多，最大占空比越小，开关管的电压应力越低，但是最大占空比越小，变压器的利用率越低。故需综合考虑最大占空比和开关管的电压应力，一般选择去磁绕组匝数 N_3 和初级绕组匝数相同，即

$$N_3 = N_1 \tag{8-26}$$

需要注意的是，应该确保初级绕组和去磁绕组紧密耦合。

8.3 实验内容

（1）输出端接 20 Ω/50 W 功率电阻，将多圈电位器左旋到最大，用万用表测量输出电压，探头夹在实验板的测试端子"PWM"和"GND"上，用示波器测量 PWM 信号的占空比。输出端接 20 Ω/50 W 功率电阻，将多圈电位器右旋到最小，用万用表测量输出电压，用示波器测量 PWM 信号的占空比。输出端接 30 Ω/50 W 功率电阻，将多圈电位器旋到大概中间位置保持不变，用万用表测量输出电压，用示波器测量 PWM 的方波的占空比。输出端接 20 Ω/50 W 功率电阻，将多圈电位器旋到大概中间位置保持不变，用万用表测量输出电压，用示波器测量 PWM 信号的占空比。输出端接 10 Ω/50 W 功率电阻，将多圈电位器旋到大概中间位置保持不变，用万用表测量输出电压，用示波器测量 PWM 信号的占空比，将结果测量在表 8-1 中。

表 8-1 单端正激型 DC-DC 变换器实验内容（一）

实验项目	输入电压/V	输出电压/V	占空比/%	输出负载电阻值	输出纹波电压
电位器位置 1				输出端接的电阻	
电位器位置 2				推荐使用 RX24 型	
电位器位置 3	24			金黄色铝壳电阻，参数是功率 50 W，阻值 10 Ω	
电位器位置 4					
电位器位置 5					

（2）使用万用表分别测量实验板上"J1"端、输出"CON2"端的直流电压，再使用示波器分别观察、记录和绘制"J2"、"J3"端的输出波形，完成表 8-2 中的实验内容。观察、记录和

绘制"J1"、"J2"、"J3"、"CON2"端的输出波形时，应注意它们之间的时序，并且一定要和单端正激型 DC - DC 变换器工作原理中给出的时序波形进行比较，对其验证之。

表 8 - 2　单端正激型 DC - DC 变换器实验内容（二）

序号	项	目	内　容
1	万用表	CON1/V	
		CON2/V	
		J1/V	
		调节电位器 R_1，测试输出电压的变化	
2	示波器	观察波形	J1 输出波形
			J2 输出波形
			J3 输出波形
		测试数据	J2　f/Hz
			J2　D/%
			J3　f/Hz
			J3　D/%
			输入电压纹波
			输出电压纹波
			线性调整率
			负载调整率
3	电源纹波抑制比（PSRR）测试计算		

（3）输出端接 50 Ω/50 W 功率电阻，将多圈电位器右旋到最小，用万用表记录输出电压，用示波器记录 PWM 信号的占空比，将结果记录在表 8 - 3 中。输出端接 50 Ω/50 W 功率电阻，将多圈电位器旋到大概中间位置保持不变，用万用表记录输出电压，用示波器记录 PWM 信号的占空比，将结果记录在表 8 - 3 中。输出端接 100 Ω/50 W 功率电阻，将多圈电位器旋到大概中间位置保持不变，用万用表记录输出电压，用示波器记录 PWM 信号的占空比，将结果记录在表 8 - 3 中，计算转换效率。

表 8 - 3　单端正激型 DC - DC 变换器实验内容（三）

实验项目		输出电压/V	占空比/%	转换效率/%	输出带载/Ω	备　注
内容 1	输入电压 24 V				50	输出端接的电阻推荐使用 RX24 型黄金铝壳电阻，参数是功率 50 W，阻值 50 Ω/100 Ω
内容 2					50	
内容 3					100	
内容 4					100	

8.4 思 考 题

（1）使用 UC3845 PWM 驱动芯片试设计一款正激式 DC – DC 变换器应用电路。

（2）为了提高单端正激型 DC – DC 变换器的可靠性和无故障工作时间（寿命），除了应选用高温电解电容来充当输入和输出滤波电容 C 以外，还应注意哪些问题？

（3）单端正激型 DC – DC 变换器中开关变压器的三个绕组的作用分别是什么？

（4）试推导单端正激型 DC – DC 变换器输出电压与输入电压之间关系式。

（5）查阅技术文献、技术资料或生产厂家的相关资料，对 GTR、MOSFET、IGBT 这三种功率开关内部结构、工作原理、工作特点、驱动要求等进行深入细致的学习和掌握，总结出使用它们分别构成单端正激型 DC – DC 变换器电路时，在驱动信号和驱动电路方面的差异。

第 9 章　单端反激型 DC－DC 变换器实验

9.1　实　验　原　理

9.1.1　单端反激型 DC－DC 变换器的基本电路形式

1. 基本电路形式

图 9-1 所示的电路为单端反激型 DC－DC 变换器的基本电路结构。当功率开关管 V 被激励导通时，输入直流电源电压 U_i 直接加到功率开关变压器 T 的初级绕组上，初级绕组中就有电流流过。由于这时与功率开关变压器 T 次级绕组相连的整流二极管 VD 反向偏置而截止，次级绕组中没有电流流过，初级绕组耦合到次级绕组的能量将以磁能的形式被存储到次级绕组中。当功率开关管截止 V 时，功率开关变压器 T 所感应的电压与输入电压正好反向，使整流二极管 VD 正向偏置而导通，存储在功率开关变压器 T 中的磁能将以电能的形式释放给负载电路。因此这种形式的 DC－DC 变换器电路输出是倒向型的，与第 7 章所讲过的输出反向型的 DC－DC 变换器电路基本相同，可见单端反激型 DC－DC 变换器的输出电压不仅与初、次级绕组的匝数比有关，而且还与占空比有关，也就是与功率开关管 V 的导通时间有关。

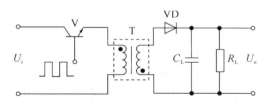

图 9-1　单端反激型 DC-DC 变换器的基本电路

2. 等效电路

单端反激型 DC－DC 变换器的等效电路如图 9-2 所示，该等效电路是在忽略了功率开关变压器 T 的漏感和分布电容的条件下等效出来的。由于在功率开关管 V 截止期间，功率开关变压器 T 的次级绕组电感中存储的能量要向负载释放，因此功率开关变压器 T 的初、次级绕组的等效电感值 L 将直接影响放电时间常数，并对电路中的电压、电流波形有着很大的影响。图 9-3 分别给出了等效电感为不同值时，各点的电流、电压波形。由图中可以看出，等效电感量愈小，充放电的时间常数就愈小，峰值电流则愈大。这不仅对功率开关管等重要元器件要求高，而且还会使输出直流电压中的纹波电压增大。当电感量过小时，就会造成负载电流不连续的间断工作状态，如图 9-3(c) 所示。另外，由于电路中的功率开关变压器既起安全隔离的作用，又起储能电感的作用，因此在反激式 DC－DC 变换器电路的输出部分一般不需要外加电感。但是在实际应用中，为了降低输出直流电压中的纹波电压幅值，往往在滤波电容之间也外加一个小的滤波电感。

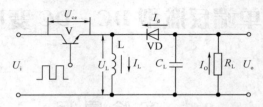

图 9－2　单端反激型 DC－DC 变换器的等效电路

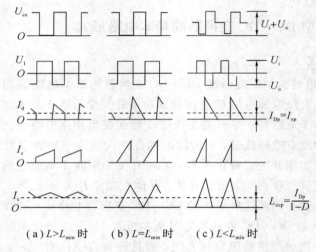

（a）$L > L_{min}$ 时　（b）$L = L_{min}$ 时　（c）$L < L_{min}$ 时

图 9－3　等效电感为不同值时的电流、电压波形

3. 电路的特点

单端反激型 DC－DC 变换器电路具有如下的特点：

（1）功率开关管关闭截止期间，功率开关变压器向负载释放能量。

（2）功率开关变压器既起安全隔离的作用，又起储能电感的作用。

（3）DC－DC 变换器要工作在连续工作状态，功率开关变压器必须满足大于临界电感值的条件。

（4）输出端不能开路，否则将失控。

（5）可应用于几百瓦输出功率的场合。

4. 临界电感值

功率开关管导通时，在单端反激型 DC－DC 变换器功率开关变压器的初级绕组存储的能量，在功率开关管截止期结束（下一个周期的导通即将开始）时刻若能刚好释放完毕，此时功率开关变压器初级绕组所具有的电感值就被称为单端反激型 DC－DC 变换器功率开关变压器的临界电感值。图 9－3（b）所示的波形就是功率开关变压器初级绕组的电感值等于临界电感值时的电压和电流波形。

单端反激型 DC－DC 变换器功率开关变压器初级绕组的电感值小于临界电感值时，功率开关管截止期结束之前存储在功率开关变压器中的能量就已经释放完了，负载将会出现电流不连续现象，这是 DC - DC 变换器最忌讳的现象。因此，在 DC - DC 变换器功率开关变压器的设计过程中，一定要保证使功率开关变压器中初级绕组的电感量大于或等于临界电感量。只有这样才能保证输出电流是连续的，输出直流电压中的纹波幅值就不会超标。

单端反激型 DC - DC 变换器功率开关变压器初级绕组的电感值大于临界电感值时，功率开关管截止期结束时存储在功率开关变压器中的能量还没有完全释放完，还存储有一部分剩余能量，如图 9 - 3(a)所示。此时峰值电流小，输出电压纹波小。但是，如果功率开关变压器初级绕组的电感量过大，漏感、分布电容和造价都将会成倍增加。因此，应根据负载的不同要求来选择合适的功率开关变压器初级绕组的电感量，但必须满足大于临界电感量的最基本要求。

9.1.2　单端反激型 DC - DC 变换器电路中的功率开关管

在单端反激型 DC - DC 变换器电路中所使用的功率开关管必须满足三个条件：在功率开关管 V 截止时，集电极要能够承受得住功率开关变压器初级绕组上所产生的反向电动势的尖峰电压值；在功率开关管导通时，集电极与发射极之间要能够承受得住功率开关变压器充电电流的尖峰值；在功率开关管介于导通与截止和截止与导通的临界状态时，功率开关管要能够承受得住由于功率开关管漏电流和电压降所产生的功率损耗。下面就这三种情况对功率开关管的要求分别加以讨论和分析。

1. 功率开关管截止时，集电极所能承受的反向尖峰电压值

功率开关管截止时，集电极所能承受的反向尖峰电压值可由下式计算出：

$$U_{cemax} = \frac{U_i}{1 - D_{max}} \tag{9-1}$$

式中，U_i 为输入直流电压，单位为 V；D_{max} 为功率开关管的最大占空比，所谓占空比就是功率开关管导通时间与工作周期时间之比。为了保证功率开关管集电极的安全电压，最大占空比应选择得相对低一些，一般要低于 50%，也就是要保证 $D_{max} < 0.5$。在实际应用中，D_{max} 一般均取 0.4 左右，这样就可以将功率开关管集电极的峰值电压限制在 $U_{cemax} \leqslant 2.2U_i$。因此，在单端反激型 DC - DC 变换器电路设计中，当输入交流电网电压为 220 V/50 Hz时，功率开关管的安全工作电压应选取 800 V 以上，有时为了更可靠一些，可选取 900 V 左右。

2. 功率开关管导通时，集-射极之间所能禁受的电流尖峰值

功率开关管导通时，集电极与发射极之间所能承受的峰值电流主要是功率开关变压器初级绕组的充电电流，可由下式计算：

$$I_c = I_1 \frac{N_s}{N_p} \tag{9-2}$$

式中，I_c 为集电极与发射极之间所能禁受的峰值电流；I_1 为初级绕组中的峰值电流，N_p 和 N_s 分别为初、次级绕组的匝数。

如果输出功率 P_o 和最大占空比 D_{max} 是已知的，那么功率开关管导通时，集电极与发射极之间能够承受的峰值电流还可以由下式计算：

$$I_c = \frac{2P_o}{U_i D_{max}} \cdot \frac{N_s}{N_p} \tag{9-3}$$

式(9-3)中的输出功率 P_o 可由下式计算:

$$P_o = \eta \frac{L I_1^2}{2T} \tag{9-4}$$

如果变换器的转换效率 $\eta = 0.8$,最大占空比 $D_{max} = 0.4$,并且将式(9-4)代入式(9-3)中,就可以得到功率开关管导通时,集电极与发射极之间能够承受的峰值电流的简便计算公式:

$$I_c = \frac{2L I_1^2}{U_i T} \cdot \frac{N_s}{N_p} \tag{9-5}$$

3. 功率开关管在临界状态下所能承受的功率损耗

功率开关管处于导通与截止和截止与导通的临界状态下所能承受的由于功率开关管漏电流和电压降所导致的功率损耗的计算是较为复杂的。这里就实际应用中如何减小和降低这种损耗提出以下几种方法,供设计者们参考。

(1)选择高速度的功率开关管。

(2)驱动信号方波的上升沿和下降沿一定要陡、要过冲。

(3)对于 GTR 型功率开关管,驱动电路一定要加加速电容,使功率开关管进入饱和导通的速度要快;对于 MOSFET 型功率开关管,驱动电路一定要加泄放电阻,使功率开关管从饱和状态退出而进入截止状态的速度要快。

(4)功率开关变压器的初级绕组两端应外接吸收电路,使功率开关管集电极所产生的尖峰电压不超标。

9.1.3 单端反激型 DC-DC 变换器电路的变形

在单端反激型 DC-DC 变换器电路中,由于所使用的功率开关管截止时集电极所承受的峰值电压必须是输入直流电源电压的两倍以上,当输入直流电源电压在 300~400 V 时,功率开关管的安全工作电压要高达 900V 以上,这对功率开关管的要求有点太苛刻了。为了降低对功率开关管安全工作电压的要求,必须使用两个功率开关管组成的他激式反激型 DC-DC 变换器电路才能解决这个问题,也就是单端反激型 DC-DC 变换器电路的变形电路结构,其电路结构如图 9-4 所示。

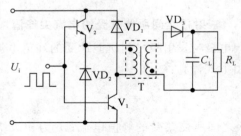

图 9-4　单端反激型 DC-DC 变换器的变形电路

电路中的两个功率开关管 V_1 和 V_2 同时导通或同时截止,两个二极管 VD_1 和 VD_2 起钳位作用,把功率开关管的最大集电极电压限制在输入直流电源电压 U_i 以下。这样一来,由原来一个功率开关管所承受的集电极电压就会变成由两个功率开关管一起来承担。因此，单端反激型 DC - DC 变换器的变形电路结构中的功率开关管集电极所承受的峰值电压就被减小了一半，即在输入直流电源电压 U_i 以下，大大降低了对功率开关管集电极峰值电压的要求。单端反激型 DC - DC 变换器的变形电路具有如下的特点：

(1) 电路结构简单。

(2) 输入直流电源电压高。

(3) 可以多路输出。

(4) 功率开关变压器的结构简单。

(5) 降低了电压应力，提高了安全工作的可靠性。

9.1.4 单端反激型 DC - DC 变换器电路中的 PWM 电路

单端反激型 DC - DC 变换器电路中的 PWM 电路与单端正激型 DC - DC 变换器电路中的 PWM 电路一样，也同样包括 PWM 信号发生器、PWM 驱动器、PWM 控制器等电路。因此，能够构成单端正激型 DC - DC 变换器电路的 PWM 驱动与控制集成电路，也同样能够构成单端反激型 DC - DC 变换器电路，只是控制和驱动的方式、功率开关管的位置、功率开关变压器的绕组结构和匝数、功率变换级的结构以及整流、续流和储能等方面有所不同，因此这里就不再重述。

9.1.5 单端反激型 DC - DC 变换器功率开关变压器的设计

1. 功率开关变压器设计时应给出的条件

(1) 电路结构形式。

(2) 工作频率(工作周期时间)。

(3) 输入电压和电流值。

(4) 功率开关管的最大导通时间。

(5) 隔离电位。

(6) 要求漏感和分布电容。

(7) 工作环境条件。

2. 功率开关变压器初、次级输入和输出电压的计算

(1) 功率开关变压器初级输入电压的计算。功率开关变压器初级输入电压可由下式计算：

$$U_{p1} = U_i - \Delta U_1 \qquad (9-6)$$

式中，U_{p1} 为功率变压器初级绕组输入电压值，单位为 V；U_i 为 DC - DC 变换器的输入直流电压，单位为 V；ΔU_1 为整流二极管及线路中的电压降，单位为 V。

(2) 功率开关变压器次级输出电压的计算。在实际应用中，功率开关变压器一般有多个次级绕组，因此要对每一个绕组的输出电压分别进行计算。各次级绕组的输出电压可由下式分别计算：

$$U_{s1} = U_{o1} + \Delta U_1 \qquad (9-7)$$

$$U_{s2} = U_{o2} + \Delta U_2 \qquad (9-8)$$

$$\vdots$$

$$U_{sn} = U_{on} + \Delta U_n \tag{9-9}$$

式中，U_{s1}、U_{s2}、U_{sn} 分别为各次级绕组的输出电压，单位为 V；U_{o1}，U_{o2}，$\cdots$，U_{on} 分别为各次级绕组负载端的输出直流电压，单位为 V；ΔU_1，ΔU_2，$\cdots$，ΔU_n 分别为各次级绕组整流二极管及线路中的电压降，单位为 V。

3. 功率开关变压器电压变化系数的计算

（1）功率开关变压器的占空比（工作比）的计算。功率开关变压器的占空比等于功率开关管导通时间与工作周期时间之比，可用下式进行计算：

$$D = \frac{t_{\text{ON}}}{T} = \frac{T - t_{\text{OFF}}}{T} \tag{9-10}$$

式中，D 为占空比；T 为工作周期，单位为 s；t_{ON} 为功率开关管的导通时间，单位为 s。

（2）功率开关变压器的最大占空比的计算。功率开关变压器的最大占空比等于功率开关管的最大导通时间与工作周期时间之比，可用下式进行计算：

$$D_{\max} = \frac{t_{\text{ONmax}}}{T} \tag{9-11}$$

式中，$D_{\max}$ 为功率开关变压器的最大占空比。

（3）功率开关变压器的最小占空比的计算。功率开关变压器的最小占空比可用下式进行计算：

$$D_{\min} = \frac{D_{\max}}{(1 - D_{\max})K_u + D_{\max}} \tag{9-12}$$

式中，$D_{\min}$ 为功率开关变压器的最小占空比；K_u 为电压变化系数。

（4）电压变化系数 K_u 的计算。电压变化系数 K_u 等于功率开关变压器初级绕组上输入电压最大值 $U_{p1\max}$ 与最小值 $U_{p1\min}$ 之比，可用下式进行计算：

$$K_u = \frac{U_{p1\max}}{U_{p1\min}} \tag{9-13}$$

4. 功率开关变压器初、次级匝数比的计算

单端反激型 DC - DC 变换器功率开关变压器的匝数比不仅与初级绕组的输入、输出电压有关，而且也和占空比有关。另外，有几个次级绕组，就有几个匝数比。其计算公式如下：

$$n_1 = \frac{D}{1 - D} \cdot \frac{U_{p1}}{U_{s1}} \tag{9-14}$$

$$n_2 = \frac{D}{1 - D} \cdot \frac{U_{p1}}{U_{s2}} \tag{9-15}$$

$$\vdots$$

$$n_n = \frac{D}{1 - D} \cdot \frac{U_{p1}}{U_{sn}} \tag{9-16}$$

式中，U_{p1} 为初级绕组的输入电压，单位为 V；U_{s1}，U_{s2}，$\cdots$，U_{sn} 分别为各次级绕组的输出电压，单位为 V；n_1，n_2，$\cdots$，n_n 分别为功率开关变压器的初、次级匝数比。由于单端反激型 DC - DC 变换器功率开关变压器初级输入电压与功率开关管导通时间的乘积是一个常数，因此在计算匝数比时，输入电压应和导通时间或占空比相对应。这样，上面的匝数比计算

公式又可以写为

$$n_1 = \frac{t_{ON}}{t_{OFF}} \cdot \frac{U_{p1}}{U_{s1}} \tag{9-17}$$

$$n_2 = \frac{t_{ON}}{t_{OFF}} \cdot \frac{U_{p1}}{U_{s2}} \tag{9-18}$$

$$\vdots$$

$$n_n = \frac{t_{ON}}{t_{OFF}} \cdot \frac{U_{p1}}{U_{sn}} \tag{9-19}$$

5. 功率开关变压器初级电感量的计算

单端反激型 DC-DC 变换器功率开关变压器的临界电感量的计算与第 6 章所讲的降压型 DC-DC 变换器中储能电感临界电感量的计算基本相同。这里虽然用功率开关变压器取代了储能电感，但同样也存在着一个储能电感的临界电感值问题。其计算过程如下：

$$L_{min} = \left(\frac{U_{p1}(nU_{s1})}{U_{p1} + (nU_{s1})} \right)^2 \cdot \frac{T}{2P_o} \tag{9-20}$$

式中，L_{min} 为单端反激型 DC-DC 变换器功率开关变压器的临界电感量，单位为 H；P_o 为功率开关变压器的输出直流功率，单位为 W。还可以用下式来计算：

$$L_{min} = \frac{U_{p1min}D_{max}}{I_{p1}f} \tag{9-21}$$

式中，I_{p1} 为功率开关变压器初级绕组中的输入电流值，单位为 A。对于单端式反激型 DC-DC 变换器功率开关变压器来说，临界电感量 L_{min} 就是"当功率开关管截止期结束时，功率开关变压器中存储的能量正好释放完毕"所对应的电感值。因此当功率开关变压器初级绕组的电感值大于这个临界电感值时，则功率开关管截止期结束时，功率开关变压器中存储的能量还没有释放为零，还有剩余能量。当功率开关变压器初级绕组的电感值小于这个临界电感值时，则功率开关管截止期还没有结束时，功率开关变压器中存储的能量就已释放为零，这样一来负载系统上就会出现电流不连续状态，这种工作状态在采用 DC-DC 变换器供电的负载系统中是绝对不允许出现的。因此，通常对单端反激式 DC-DC 变换器功率开关变压器来说初级绕组的电感量必须满足大于或等于临界电感值，可用下式表示：

$$L_{p1} \geqslant L_{min} \tag{9-22}$$

式中，L_{p1} 为功率开关变压器初级绕组的电感量，单位为 H。

6. 功率开关变压器初级绕组峰值电流的计算

（1）不连续工作状态下初级绕组峰值电流的计算。不连续工作状态即为功率开关管截止期间功率开关变压器中存储的能量已完全释放掉的工作状态，此时的初级绕组峰值电流 I_{p1} 可由下式计算：

$$I_{p1} = \frac{2P_o}{U_{p1min}D_{max}} \tag{9-23}$$

式中，$U_{p1\ min}$ 为功率开关变压器初级绕组输入电压的最小值，单位为 V。

（2）连续工作状态下初级绕组峰值电流的计算。连续工作状态即为功率开关管截止期间功率开关变压器中存储的能量不能完全释放的工作状态，此时的初级绕组峰值电流 I_{p1} 可由下式计算：

$$I_{p1} = \frac{U_{p1} + (nU_{s1})}{U_{p1}(nU_{s1})}P_o + \frac{T}{2L_{p1}} \cdot \frac{U_{p1}(nU_{s1})}{U_{p1} + (nU_{s1})} \qquad (9-24)$$

7. 功率开关变压器初、次级绕组电流有效值的计算

（1）功率开关变压器初级绕组电流有效值的计算。功率开关变压器初级绕组电流有效值可由下式计算：

$$I_1 = \frac{P_o(1-D)}{U_{p1}D} \qquad (9-25)$$

式中，I_1 为功率开关变压器初级绕组电流的有效值，单位为 A。

（2）功率开关变压器次级绕组电流有效值的计算。功率开关变压器次级绕组电流有效值可由下式计算：

$$I_2 = \frac{IU_{p1}D}{U_{s1}(1-D)} \qquad (9-26)$$

式中，I_2 为功率开关变压器次级绕组电流的有效值，单位为 A。

8. 功率开关变压器工作磁感应强度的计算

单端反激型 DC – DC 变换器功率开关变压器的工作磁感应强度取决于所采用的磁性材料的脉冲磁感应增量值。通常在功率开关变压器的磁路中加气隙来降低剩余磁感应强度和提高磁芯工作的直流磁场强度。铁氧体磁芯加气隙后剩余磁感应强度将降得很小，其脉冲磁感应强度增量一般为饱和磁感应强度的 1/2，即

$$\Delta B_m = \frac{1}{2}B_s \qquad (9-27)$$

式中，ΔB_m 为脉冲磁感应强度增量，单位为 T；B_s 为磁性材料的饱和磁感应强度，单位为 T。

9. 绕组导线规格的确定

根据功率开关变压器各绕组的工作电流和所规定的电流密度，就可以确定所要选用的绕组导线规格。其计算方法如下：

$$S_{min} = \frac{I_i}{J} \qquad (9-28)$$

式中，S_{min} 为各绕组导线截面积的最小值，单位为 mm^2；I_i 为各绕组中所通过的电流有效值，单位为 A；J 为电流密度，单位为 A/mm^2。使用该公式计算出所需绕组导线的截面积后，还应将趋肤效应的影响考虑进去，然后再从导线规格表中选取合适的导线。

10. 功率开关变压器磁芯面积的确定

磁芯的面积可用下式来计算：

$$A_p = \frac{392L_{p1}I_{p1}D_1^2}{\Delta B_m} \qquad (9-29)$$

式中，A_p 为功率开关变压器磁芯的面积，单位为 cm^2；D_1 为功率开关变压器初级绕组导线的直径，单位为 cm。通过式（9-29）计算出功率开关变压器磁芯的面积 A_p 值，然后再根据该值从变压器磁芯规格表中选择出符合要求的功率开关变压器磁芯。

11. 功率开关变压器空气气隙的确定

由于单端反激型 DC – DC 变换器中的功率开关变压器单向励磁，为了不使功率开关变

压器产生磁饱和现象，就必须给所选用的磁芯中加气隙，其气隙的大小可由下式计算：

$$g = \frac{0.4\pi L_{p1} I_{p1}^2}{A_c \Delta B_m^2} \tag{9-30}$$

式中，g 为磁芯中所加气隙的长度，单位为 cm；A_c 为磁芯的截面积，单位为 cm^2。另外，当选用恒导磁材料的磁芯时，磁路中就可以不外加气隙。

12. 功率开关变压器各绕组匝数的计算

（1）功率开关变压器初级绕组匝数的计算如下：

① 当采用恒导磁材料的磁芯而磁路中不留空气气隙时，功率开关变压器初级绕组匝数的计算公式为

$$N_p = \frac{U_i - 1}{4 f A_c B_{mmax}} \times 10^4 \tag{9-31}$$

还可以由下式来计算：

$$N_p = 8.92 \times 10^3 \times \sqrt{\frac{L_{p1} L_c}{A_c \mu_e}} \tag{9-32}$$

式中，L_c 为功率开关变压器磁芯磁路的长度，单位为 cm；μ_e 为磁芯有效磁导率，它取决于功率开关变压器的工作状态和磁性材料的性能，由工作磁感应强度、直流磁场强度和磁性材料的性能所决定。

② 当采用铁氧体磁性材料的磁芯而磁路中要留空气气隙时，功率开关变压器初级绕组匝数的计算公式为

$$N_p = \frac{\Delta B_m}{0.4\pi L_{p1} g} \tag{9-33}$$

（2）功率开关变压器次级绕组匝数的计算如下：

一般功率开关变压器的次级有多个绕组，对于每一个绕组的匝数可分别由下式来计算：

$$N_{s1} = \frac{N_p U_{s1} (1 - D_{max})}{U_{pmin} D_{max}} \tag{9-34}$$

$$N_{s2} = \frac{N_p U_{s2} (1 - D_{max})}{U_{pmin} D_{max}} \tag{9-35}$$

$$\vdots$$

$$N_{sn} = \frac{N_p U_{sn} (1 - D_{max})}{U_{pmin} D_{max}} \tag{9-36}$$

式中，U_{s1}、U_{s2} 以及 U_{sn} 分别为功率开关变压器各次级绕组的输出电压，单位为 V。如果所选用的磁芯采用的是恒导磁材料，并且磁路中不需要留气隙，这些计算公式中的初级绕组匝数 N_p 就应该采用式（9-32）来计算。如果所选用的磁芯采用的是铁氧体磁性材料，并且磁路中需要留气隙，这些计算公式中的初级绕组匝数 N_p 就应该采用式（9-33）来计算。

13. 功率开关变压器其他参数的确定与计算

功率开关变压器其他参数的确定与计算包括磁芯型号、导线规格、分布参数、磁芯窗口尺寸、功率损耗和温升等参数的确定与计算。这些参数的确定和计算在前面已经较详细地介绍和叙述过，因此这里不再重述。这里仅给出单端反激型 DC-DC 变换器中的功率开

关变压器的输出功率与工作频率之间的关系曲线，如图 9 - 5 所示，可供设计者查阅与参考。

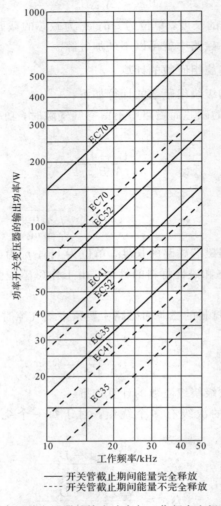

图 9 - 5 功率开关变压器的输出功率与工作频率之间的关系曲线

9.2 单端反激型 DC - DC 变换器实验板

9.2.1 实验板的技术指标

1. 输入和输出参数

（1）输入电压：24 V±1 V（外置电源适配器提供）；

（2）PWM 信号驱动器 IC 工作电压：24 V；

（3）PWM 信号频率 f：100 kHz；

（4）PWM 信号占空比 D 的调节范围：0%～50%；

（5）输出电压/电流：24 V/1.2 A。

2. 保护功能

（1）输入电源电压极性加反保护；

（2）输出过流保护；

（3）输出过压保护；

（4）正常工作 LED 指示灯指示。

9.2.2　实验板的用途

该实验板为隔离式反激型 DC－DC 变换器电路，通过使用示波器观察和测量相应的 PWM 信号的频率、幅度和极性，验证图 9－1 所示的隔离式反激型 DC－DC 变换器电路各点信号波形时序图。使用示波器和万用表测量输入供电电压 U_i、PWM 发生驱动器 IC 工作电压、PWM 驱动信号的占空比 D 和输出电压 U，验证隔离式反激型 DC－DC 变换器的工作原理。通过这些观察、测试、比较和计算，掌握隔离式反激型 DC－DC 变换器电路的工作原理。需要用到的实验器材如下：

（1）四位半数显万用表 1 块；

（2）频率≥40 MHz 的双踪示波器 1 台；

（3）隔离式反激型 DC－DC 变换器实验板 1 套；

（4）功率负载电阻若干；

（5）连接导线若干；

（6）常用工具 1 套。

9.2.3　实验板的硬件组成

（1）实验板的原理电路和印制板图。

隔离式反激型 DC－DC 变换器实验板的原理电路和印制板图如图 9－6 所示。

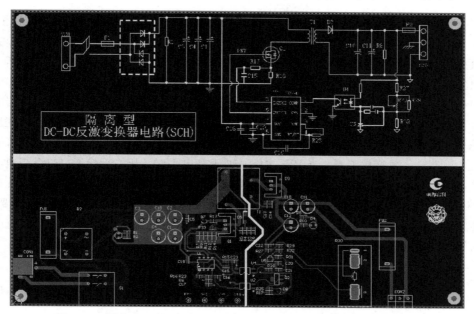

图 9－6　隔离式反激型 DC－DC 变换器实验板的原理电路和印制板图

（2）隔离式反激型 DC - DC 变换器实验板的外形。隔离式反激型 DC - DC 变换器实验板的外形如图 9 - 7 所示。

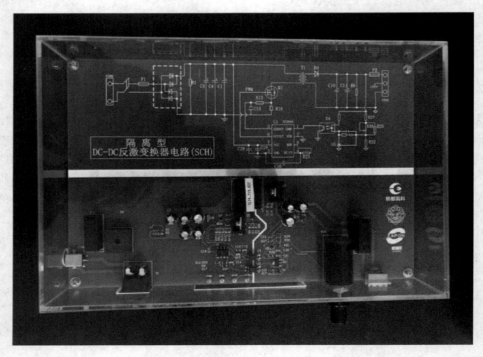

图 9 - 7　隔离式反激型 DC - DC 变换器实验板的外形图

（3）实验板简介。

① 全波整流桥。其作用一是为了防止将输入直流供电电源极性接反，二是可以输入交流供电电源。

② PWM 驱动器 UC3845。UC3845 芯片在前面的章节中已介绍过，这里就不再重述了。

③ 变压器。隔离式反激型 DC - DC 变换器中的变压器是反激型变换器的核心，它决定了反激型变换器的一系列重要技术参数。如：占空比 D、最大峰值电流、转换效率等。设计反激型变换器就要使其工作在一个合理的工作点上。这样可以让其发热量尽量小，对器件的磨损也尽量小。同样的芯片，同样的磁芯，若是变压器设计不合理，则整个变换器的性能将会有很大的下降，如：损耗会加大，最大输出功率也会下降。反激型变换器中的变压器实质上是一对互耦的储能电感，具有储能、隔离、传递能量和变压的作用。它在开关管导通时储能，关断时向负载释放能量。当 PWM 信号处于高电平时，开关管导通，初级绕组电流线性上升，磁通增加，此时次级绕组感应电动势极性下正上负，二极管反偏截止而没有电流流过，磁芯储能；当初级电流上升到设定的峰值时，开关管即关断，磁芯的磁通将要下降，能量要释放，此时初级绕组电流回路被开关管切断而没有电流流过，次级绕组感应电动势极性反转使二极管正偏而构成了电流回路，磁芯能量通过次级向电容和负载释放。

· 输出平均电流 I_{oav} 的计算：

$$I_{oav} = \frac{P_o}{V_o}$$

（9 - 37）

· 输入平均电流 I_{inav} 的计算：

$$I_{\text{inav}} = \frac{P_o}{\vartheta U_{\text{in}}} \tag{9-38}$$

式中，ϑ 为变换器的转换效率；U_{in} 为输入电压，单位为 V。

• 峰值电流 I_{pk} 的计算：

$$I_{\text{pk}} = \frac{I_{\text{inav}}}{D_{\text{max}}} \tag{9-39}$$

• 输入电流有效值 I_{inms} 的计算：

$$I_{\text{inms}} = I_{\text{pk}} \cdot \sqrt{\frac{D_{\text{max}}}{3}} \tag{9-40}$$

• 线径 d 的计算：

$$S_{\text{cu}} = \frac{I_{\text{inms}}}{J_{\text{a}}} \tag{9-41}$$

$$d = \sqrt{\frac{4 \cdot S_{\text{cu}}}{\pi}} \tag{9-42}$$

式中，S_{cu} 为导线的横截面积，单位为 mm^2；J_{a} 为电流密度，单位为 A/mm^2。

• 原边绕组匝数 N_{p} 的计算：

$$N_{\text{p}} = \frac{V_{\text{in}} \cdot D_{\text{max}}}{\Delta B \cdot f_{\text{s}} \cdot A_{\text{e}}} \tag{9-43}$$

式中，A_{e} 为磁芯有效截面积，单位为 mm^2；ΔB 为铁芯磁感应强度，单位为 T；f_{s} 为开关管的开关频率，单位为 Hz。

• 匝比 n 的计算：

由伏秒平衡的概念可以得知：

$$U_{\text{in}} D_{\text{max}} T_{\text{s}} = n U_{\text{o}} (1 - D_{\text{max}}) T_{\text{s}}$$

所以

$$\frac{U_{\text{o}}}{U_{\text{in}}} = \frac{1}{n} \cdot \frac{D_{\text{max}}}{1 - D_{\text{max}}}$$

即

$$n = \frac{U_{\text{in}} \cdot D_{\text{max}}}{U_{\text{o}} \cdot (1 - D_{\text{max}})} \tag{9-44}$$

• 副边绕组匝比 N_{s} 的计算：

$$N_{\text{s}} = \frac{N_{\text{p}}}{n} \tag{9-45}$$

9.3 实 验 内 容

（1）输出端接 $30\Omega/50\text{W}$ 功率电阻，将多圈电位器左旋到最大，用万用表测量输出电压，低压探头夹在实验板上的"PWM"和"GND"上，用示波器测量 PWM 信号的占空比，将结果记录在表 9-1 中。输出端接 $30\ \Omega/50\ \text{W}$ 功率电阻，将多圈电位器右旋到最小，用万用表测量输出电压，用示波器测量 PWM 信号的占空比，将结果测量在表格中。输出端接 $20\Omega/50\text{W}$ 功率电阻，将多圈电位器旋到大概中间位置保持不变，用万用表测量输出电压，用示波器测量 PWM 信号的占空比，将结果记录在表 9-1 中。输出端接 $20\Omega/50\text{W}$ 功率电阻，将多圈电位器旋到大概中间位置保持不变，用万用表测量输出电压，用示波器测量PWM 信号的占空比，将结果记录在表 9-1 中。

表 9-1　单端反激型 DC-DC 变换器实验内容（一）

实验项目	输入电压/V	输出电压/V	占空比/%	输出负载电阻值	输出纹波电压
电位器位置 1				输出端接的电阻	
电位器位置 2				推荐使用 RX24 型	
电位器位置 3	24 V			金黄色铝壳电阻，参数为功率 50 W，	
电位器位置 4				阻值 10 Ω	
电位器位置 5					

（2）使用万用表分别测量实验板上"J1"端、输出"CON2"端的直流电压，再使用示波器分别观察、记录和绘制"J2"、"J3"端的输出波形，完成表 9-2 中的实验内容。观察、记录和绘制"J1"、"J2"、"J3"、"CON2"端的输出波形时，应注意它们之间的时序，并且一定要和单端反激型 DC-DC 变换器工作原理中给出的时序波形进行比较。

表 9-2　单端反激型 DC-DC 变换器实验内容（二）

序号	项　目			内　容
1	万用表	CON1/V		
		CON2/V		
		J1/V		
		调节电位器 R1，测试输出电压的变化		
2	示波器	观察波形	J1 输出波形	
			J2 输出波形	
			J3 输出波形	
		J2	f/Hz	
			D/%	
		J3	f/Hz	
			D/%	
		测试数据	输入电压纹波	
			输出电压纹波	
			线性调整率	
			负载调整率	
3	电源纹波抑制比（PSRR）测试计算			

（3）输出端接 50 Ω/50 W 功率电阻，将多圈电位器右旋到最小，用万用表记录输出电压，用示波器记录 PWM 信号的占空比，将结果记录在表 9–3 中。输出端接 50 Ω/50 W 功率电阻，将多圈电位器旋到大概中间位置保持不变，用万用表记录输出电压，用示波器记录 PWM 信号的占空比，将结果记录在表 9–3 中。输出端接 100 Ω/50 W 功率电阻，将多圈电位器旋到大概中间位置保持不变，用万用表记录输出电压，用示波器记录 PWM 信号的占空比，将结果记录在表 9–3 中，计算转换效率。

表 9 – 3　单端正激型 DC – DC 变换器实验内容

实验项目		输出电压/V	占空比/%	转换效率/%	输出带载/Ω	备　注
内容 1	输入电压 24V				50	输出端接的电阻推荐使用 RX24 型黄金铝壳电阻，参数是功率 50W，阻值 50 Ω/100 Ω
内容 2					50	
内容 3					100	
内容 4					100	

9.4　思　考　题

（1）使用 UC3845 PWM 驱动芯片试设计一款反激式 DC – DC 变换器应用电路。

（2）为了提高单端反激型 DC – DC 变换器的可靠性和无故障工作时间（寿命），除了应选用高温电解电容来充当输出滤波电容 C 以外，还应注意哪些问题？

（3）单端反激型 DC – DC 变换器中变压器的作用是什么？

（4）将图 9 – 1 所示的单端反激型 DC – DC 变换器的基本电路与图 9 – 2 所示的单端反激型 DC – DC 变换器的等效电路进行比较，说出二极管 VD 在各电路中工作状态的不同之处，以及输出电压之间的不同之处。

（5）在图 9 – 4 所示的单端反激型 DC – DC 变换器的变形电路中分别画出两只二极管 VD_1 和 VD_2 两端的工作时序波形，并推导出这两只二极管在选择时各参数的计算公式。

第 10 章 推挽式 DC – DC 变换器实验

10.1 实验原理

前面我们较为深入地分析了单端式 DC – DC 变换器的实际电路，这一章中我们将对双端式 DC – DC 变换器，也就是推挽式 DC – DC 变换器的实际电路进行分析，重点讲解以下几种类型的推挽式 DC – DC 变换器的实际电路：

（1）自激型推挽式 DC – DC 变换器实际电路。

（2）他激型推挽式 DC – DC 变换器实际电路。

实际应用中的推挽式 DC – DC 变换器的实际电路大体可以归纳为以上这两种电路形式。因此，本章将对这两种电路形式的 DC – DC 变换器电路结构、实际应用分别进行讨论、讲解和分析，所使用的一些公式及结论的推导和证明可参阅本书后面给出的参考文献。

10.1.1 自激型推挽式 DC – DC 变换器电路的早期开发

自激型推挽式 DC – DC 变换器电路是 1955 年由美国人罗耶首先发明和设计出来的，故又称为罗耶变换器。这种电路由于受当时的一些条件限制和存在着以下几方面的缺点，因而没有走向实用化。

1. 所受到的限制条件

（1）半导体及微电子技术十分落后。高耐压、大电流、快速度的功率开关器件几乎没有，高反压、快恢复、低压降的整流器件也几乎没有，生产不出具有十分对称的 h_{fe} 和 U_{be} 的功率开关管。

（2）磁性材料和烧结技术十分落后。具有矩形磁滞回线和较高磁通密度的磁性材料才刚刚问世，可供选择的品种寥寥无几，造价和成本也十分昂贵，因此没有走向实用化和商品化。

（3）可供设计的计算机技术几乎没有。印制电路板的布线技术、光绘和加工技术几乎没有，计算机线路设计及仿真技术根本就无从谈起。

（4）微电子集成技术在发达国家才刚刚兴起。由于微电子集成技术在发达国家才刚刚兴起，因此对应的 PWM 集成电路芯片还没有问世，其他方面的电路与器件就更无从说起。

2. 所存在的缺点

（1）集电极峰值电流较高。功率开关管集电极电流峰值由给定基极驱动信号的电压所决定，与负载的大小和轻重无关。因此，即使在轻载工作时，功率开关管的工作电流也会使变压器的磁芯饱和而产生很高的集电极峰值电流，使功率开关管变换期间的损耗增大。这样既降低了变换器的变换效率，又使纹波电压和噪声干扰增大。

（2）电路容易产生不平衡。这是由于两个功率开关管的 h_{fe} 和 U_{be} 不一致或不对称造成的。虽然有时在基极电路中接入基极电阻也可以改善两个功率开关管 U_{be} 所存在的差异，但两个功率开关管在 h_{fe} 方面所存在的差异和不平衡却很难得到改善，所以给设计和研制人员带来了一定的困难。

（3）磁性材料要求较严。自激型推挽式 DC - DC 变换器电路中的功率开关变压器磁芯一般要用具有矩形磁滞回线和较高磁通密度的磁性材料，而这种磁性材料当时才刚刚问世，批量化的一致性不能得到保证，价格也十分昂贵，因此导致了这种 DC - DC 变换器电路的体积大、重量重、价格高而不易普及和实用化。

（4）功率开关管的耐压额定值要求较高。在自激型推挽式 DC - DC 变换器电路中，要求功率开关管的耐压额定值至少是直流输入电压值的两倍。若考虑最坏情况下的安全设计，功率开关管的耐压就应为输入直流电压的 3.3 倍。直流输出电压为 12～36 V 时，若输入电压为小于 100 V 的直流电压，则选择具有合适的开关速度、电流和电压的功率开关管是不成问题的。但是，若 DC - DC 变换器是以工频交流电网作为输入的（国外常为 110 V/60 Hz，国内为 220 V/50 Hz），这样从电网直接整流输出的直流峰值电压分别为

国内：220 V×1.4 = 308 V；

国外（欧洲）：110 V×1.4 = 154 V。

桥式整流器的电压降若近似为 2 V，考虑最坏情况下的安全设计，功率开关管的额定耐压值就应该分别为

国内：（308−2）V ×3.3 = 1009 V；

国外（欧洲）：（154−2）V ×3.3 = 502 V。

当时具有 500 V 额定电压值的功率开关管并不多见，价格十分昂贵。而耐压额定值为 1000 V 以上的功率开关管，国内当时还制造不出来，国外一些微电子工业发达的国家虽然有满足要求的功率开关管，但价格十分昂贵，令人难以承受。

（5）功率开关变压器的设计与加工难度大。1957 年美国人查赛（J. L. Jensen）发明和研制出了双变压器式的推挽式 DC - DC 变换器电路，克服了以上的许多缺点，但是却又增加了一个对磁芯材料要求较为严格的功率开关变压器，使这种电路走向实用化还存在着一定的困难。

推挽式 DC - DC 变换器电路虽然存在着这么多的缺点，并且也不能被广泛使用，但是本书的编者认为，要将半桥和全桥式 DC - DC 变换器电路了解透彻、熟练掌握，并且做到能够根据用户的要求设计出较为理想的 DC - DC 变换器电路，就必须从推挽式 DC - DC 变换器电路入手，对它的电路形式、电路结构、工作原理和工作状态从理论上彻底搞清楚。在实践上，一定要亲自动手设计和装调，这样才能为以后设计和调试其他的 DC - DC 变换器电路打下坚实的基础。因为推挽式 DC - DC 变换器电路是组成半桥和全桥式 DC - DC 变换器电路的基本电路，在以后的具体电路分析中可以看到，两个推挽式 DC - DC 变换器电路就可以组成一个桥式 DC - DC 变换器电路。另外，随着半导体、微电子以及磁性材料烧结等技术的迅猛发展，以上所讲的导致推挽式 DC - DC 变换器电路不能推广应用的缺点和不足之处，目前已得到彻底克服和改善，在实际应用中，这种 DC - DC 变换器电路形式已发挥了巨大的作用，并且在输入电源电压低于输出电压，输出功率≥1 kW 应用场合，推挽式 DC - DC 变换器电路结构是最为理想的选择。特别是航空、航海和通信等领域中的二次电

源基本上均采用的是推挽式 DC - DC 变换器电路结构。这就是将推挽式 DC - DC 变换器电路专门列为一章进行讨论和分析的主要原因。

10.1.2　自激型推挽式 DC - DC 变换器电路的构成与原理

1. 基本电路

自激型推挽式 DC - DC 变换器的基本电路如图 10 - 1 所示。

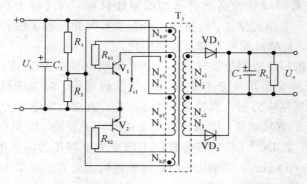

图 10 - 1　自激型推挽式 DC - DC 变换器的基本电路

2. 基本工作原理

当接通输入直流电源电压 U_i 后，就会在分压器电阻 R_1 上产生一个电压，该电压通过功率开关变压器的 N_{b1} 和 N_{b2} 两个绕组分别加到两个功率开关管 V_1 和 V_2 的基极上。由于电路不可能完全对称，所以总能使其中的一个功率开关管首先导通。假若是功率开关管 V_1 首先导通，那么功率开关管 V_1 集电极的电流 I_{c1} 就会流过功率开关变压器初级 N_{p1} 的 $1/2$ 绕组，使功率开关变压器的磁芯磁化，同时也使其他的绕组产生感应电动势，其极性如图 10 - 1中所示。在基极绕组 N_{b2} 上产生的感应电动势使功率开关管 V_2 的基极处于反向偏置而维持其进入截止状态。在另一个基极绕组 N_{b1} 上产生的感应电动势则使功率开关管 V_1 的集电极电流进一步增加，这是一个正反馈的过程。其最后的结果是使功率开关管 V_1 很快就达到饱和导通状态，此时几乎全部的电源电压 U_i 都加到功率开关变压器初级 N_{p1} 的 $1/2$ 绕组上。绕组 N_{p1} 中的电流以及由此电流所引起的磁通也会线性增加。当功率开关变压器磁芯的磁通量接近或达到磁饱和值 $+\Phi_s$ 时，集电极的电流就会急剧增大，形成一个尖峰，而磁通量的变化率接近于零，因此功率开关变压器的所有绕组上的感应电动势也接近于零。由于绕组 N_{b1} 两端的感应电动势接近于零，于是功率开关管 V_1 的基极电流减小，集电极电流开始下降，从而使所有绕组上的感应电动势反向，紧接着磁芯的磁通脱离饱和状态，这就发生了跟前面一样的雪崩过程，促使功率开关管 V_1 很快进入截止状态，而功率开关管 V_2 便很快进入饱和导通状态。这时几乎全部的输入直流电源电压 U_i 又被加到功率开关变压器的另一半绕组 N_{p2} 上，使功率开关变压器磁芯的磁通直线下降，很快就达到了反向的磁饱和值 $-\Phi_s$。此时基极绕组 N_{b2} 上的感应电动势下降，再次引起正反馈，使功率开关管 V_2 脱离饱和状态，然后转换到截止状态，而功率开关管 V_1 又转换到饱和导通状态。上述过程周而复始，这样就在两个功率开关管 V_1 和 V_2 的集电极形成了周期性的方波电压，从而在功率开关变压器的次级绕组 N_s 上形成了周期性的方波电压。将该绕组 N_s 上所形成的周期性的方波电压经过整流和滤波后，就形成了 DC - DC 变换器的直流输出电压值，这就是要讲述的自激型推挽式 DC - DC 变换器电路的工作过程。

自激型推挽式 DC - DC 变换器"开"与"关"的转换工作是通过功率开关管 V₁、V₂ 和功率开关变压器磁芯磁通量的变化达到饱和值来实现的。因此，它也被称为磁饱和型DC - DC 变换器电路。这种 DC - DC 变换器电路正常工作时，各部分的工作波形如图 10 - 2 所示，磁芯的磁通变化曲线如图 10 - 3 所示。如果忽略了功率开关管 V₁、V₂ 的饱和压降和功率开关变压器绕组电阻的压降，那么，功率开关管 V₁ 和 V₂ 分别截止时两端的反向峰值电压就应等于输入直流电源电压 U_i 再加上 1/2 初级绕组上所感应的电压。该感应电压是由另一个功率开关管导通时的集电极电流所造成的，电压的高低几乎接近于输入直流电源电压 U_i 的大小。因此，用于自激型推挽式 DC - DC 变换器电路中的两个功率开关管的集-射极之间的额定耐压值必须大于或等于输入直流电源电压 U_i 的两倍，即

$$U_{ce} \geqslant 2U_i \qquad\qquad (10 - 1)$$

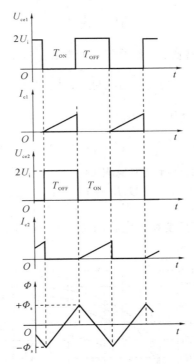

图 10 - 2　自激型推挽式 DC - DC 变换器各芯的部分的工作波形

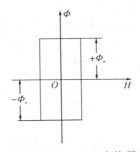

图 10 - 3　自激型推挽式 DC - DC 变换器磁磁通变化曲线

3. 转换效率

在忽略了 DC-DC 变换器电路中功率开关管 V_1 和 V_2 工作过程中截止期间的功率损耗的前提下，只有当功率开关管 V_1 和 V_2 导通时，才从输入直流电源电压 U_i 中抽取能量传输给功率开关变压器的初级绕组 N_p。假若功率开关管 V_1 和 V_2 导通时的管压降 U_{ces} 为 1 V，功率开关变压器初级绕组 N_p 中的电流为 I_1，那么传输到功率开关变压器次级绕组 N_s 的能量就为

$$P_s = (U_i - U_{ces})I_1 \approx (U_i - 1)I_1 \tag{10-2}$$

而功率开关管 V_1 和 V_2 虽然只是在半个周期内导通，但是两只功率开关管是轮换导通的，各导通半个周期，相互补充，所以功率损耗仍为

$$P_a = U_{ces}I_1 = 1 \times I_1 = I_1 \tag{10-3}$$

为了产生输出电压 U_o，功率开关变压器的次级绕组 N_s 输出方波电压的峰值必须为 $U_o + U_d$，其中 U_d 为快速整流二极管 VD_1 和 VD_2 的正向管压降，这里近似计为 1 V，因而就有

$$P_i = U_i I_1 = U_i I_o \left(\frac{N_s}{N_p}\right) \tag{10-4}$$

式（10-4）中的功率开关变压器初、次级绕组的匝数比 $\dfrac{N_s}{N_p}$ 可由下式表示：

$$\frac{N_s}{N_p} = \frac{U_o + U_d}{U_i - U_{ces}} \approx \frac{U_o + 1}{U_i - 1} \tag{10-5}$$

将式（10-5）代入式（10-4）中就可以得到

$$P_i \approx U_i I_o \frac{U_o + 1}{U_i - 1} = \frac{U_i}{U_i - 1} \cdot \frac{U_o + 1}{U_o} U_o I_o \tag{10-6}$$

从式（10-6）入手就可以推导出自激型推挽式 DC-DC 变换器电路的转换效率 η 为

$$\eta = \frac{P_o}{P_i} = \frac{U_o I_o}{P_i} \approx \frac{U_i - 1}{U_i} \cdot \frac{U_o}{U_o + 1} \tag{10-7}$$

根据自激型推挽式 DC-DC 变换器电路的转换效率 η 的计算公式（10-7），可以得出如下的结论：

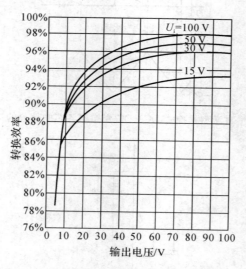

图 10-4　转换效率 η 与输出电压的关系曲线

（1）在各种输入直流电压下，这种 DC－DC 变换器的转换效率η与输出电压的关系曲线如图 10－4 所示。图中曲线是忽略了功率开关管 V_1 和 V_2 的开关损耗以及功率开关变压器的铜损和铁损的情况下得到的。

（2）在低电压、大电流输出的情况下，要提高这种 DC－DC 变换器的转换效率η，不宜采用桥式整流技术，因为这种整流技术会产生两个整流二极管的正向导通管压降。在采用具有变压器中心抽头式的全波整流器时，整流二极管必须采用正向导通管压降较低的肖特基二极管。这一点从转换效率η与输出电压的关系曲线上也能看出来。

（3）以上所得到的自激型推挽式 DC－DC 变换器电路的转换效率η是在没有考虑功率开关变压器的磁芯磁滞损耗和初、次级绕组中导线铜损的情况下推导出来的。若要进一步提高转换效率η，则有关磁芯的磁性材料、外形规格的计算与选择，以及初、次级绕组和副绕组匝数、铜线规格的计算与选择都是降低 DC－DC 变换器自身功耗、提高转换效率的重要环节。这些在本书中有关功率开关变压器的设计部分均要进行讲述。

（4）为了降低自激型推挽式 DC－DC 变换器电路的功率损耗，提高其转换效率，让我们再来讨论一下自激型推挽式 DC－DC 变换器电路中功率开关管 V_1 和 V_2 的开关转换损耗问题。在功率开关管 V_1 和 V_2 由导通到截止的转换过程中，集电极存在着瞬间的高电压和大电流，由此引起的功率损耗为 P_r。由截止到导通的转换过程中，集电极也同样存在着瞬间的高电压和大电流，由此引起的功率损耗为 P_f。因此功率开关管 V_1 和 V_2 的开关损耗就等于 P_r+P_f，可由下式计算出来：

$$P_r + P_f = \frac{1}{T}\left(\int_0^{t_r} i \cdot u \cdot \mathrm{d}t + \int_0^{t_f} i \cdot u \cdot \mathrm{d}t\right) = \frac{t_r + t_f}{6T}(U_c + 2U_{ces})I_c \qquad (10-8)$$

式中，t_r 为功率开关管 V_1 和 V_2 由截止转向导通时的上升时间，单位为 s；t_f 为功率开关管 V_1 和 V_2 由导通转向截止时的下降时间，单位为 s；T 为工作周期，单位为 s；U_c 为功率开关管 V_1 和 V_2 截止时集电极与发射极之间的管压降，单位为 V；I_c 为功率开关管 V_1 和 V_2 饱和导通时的集电极电流，单位为 A。从该公式中可见，要降低功率开关管 V_1 和 V_2 的开关转换损耗，提高自激型推挽式 DC－DC 变换器的转换效率，就必须选择开关特性好、上升时间和下降时间都较小的 GTR、MOSFET 或 IGBT 作为功率开关管。

4. 自激型推挽式 DC－DC 变换器输入电压与输出电压之间的关系

在自激型推挽式 DC－DC 变换器电路中，假定功率开关管 V_1 和 V_2 集电极与发射极之间的饱和管压降为 1 V，整流二极管的正向管压降也为 1 V，则功率开关变压器次级绕组的电压就是一个周期性的方波电压，其值为$(N_2/N_1) \cdot (U_i-1)$。由于次级绕组的波形是平顶的，经过整流二极管整流以后的输出电压也是平顶的，中间带有一个电压缺口，如图 10－5 所示。缺口宽度为 t_r+t_f，适当选择滤波电容 C，使其容量满足下式：

$$C = I_o \frac{\Delta t}{\Delta U_o} = I_o \frac{t_r + t_f}{\Delta U_o} \qquad (10-9)$$

式（10－9）中的ΔU_o为在缺口期间所允许的电压降，通常应满足 $\Delta U_o \ll U_o$。因此，输出直流电压 U_o 就可看成比次级绕组上的峰值电压低一个整流二极管的正向导通管压降（若整流采用全桥式整流方式，则为两个整流二极管的正向导通管压降），故有

$$U_o = (U_i - 1)\frac{N_s}{N_p} - 1 = U_i\frac{N_s}{N_p} - \frac{N_s}{N_p} - 1 \qquad (10-10)$$

若忽略后面两项,则式(10-10)就可以近似为

$$U_{\rm o} \approx U_{\rm i} \frac{N_{\rm s}}{N_{\rm p}} \tag{10-11}$$

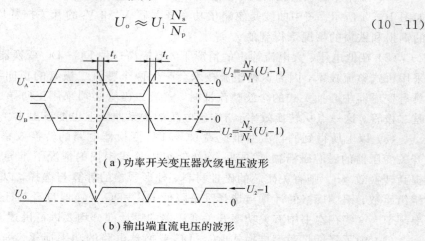

(a)功率开关变压器次级电压波形

(b)输出端直流电压的波形

图 10-5 功率开关变压器次级绕组电压和输出端直流电压的波形

从式(10-11)中可以看出,输入电压的变化将会引起输出电压同样比例的变化。若输入直流电压 $U_{\rm i}$ 是恒定而没有纹波的,则输出直流电压 $U_{\rm o}$ 也同样是恒定而没有纹波的。对于多路输出的自激型推挽式 DC-DC 变换器电路来说,这一点是特别重要的。若输入直流电源电压 $U_{\rm i}$ 是恒定的,而且是没有纹波的,则多路次级整流输出的所有直流电压也将都是恒定的、无纹波的。这也是目前 DC-DC 变换器电路的设计者和研制者们把降低输出直流电压纹波的重点和精力都放在降低输入直流电源电压纹波上的原因所在。另外,又由于这种 DC-DC 变换器电路的输出阻抗很小,因此输出电压随负载的变化非常小。

5. 自激型推挽式 DC-DC 变换器的输出阻抗

当自激型推挽式 DC-DC 变换器具有稳定的直流输入电压 $U_{\rm i}$ 时,输出直流电压 $U_{\rm o}$ 将随负载电流的变化而变化。负载电流的变化值设为 $\Delta I_{\rm o}$,而引起输出直流电压的变化值设为 $\Delta U_{\rm o}$,并且假定 DC-DC 变换器的输出阻抗为 $R_{\rm o}$,那么就有

$$\Delta U_{\rm o} = \Delta I_{\rm o} R_{\rm o} = \Delta I_{\rm o}(R_{\rm d} + R_{\rm s} + R_{\rm w}) \tag{10-12}$$

式(10-12)中的 $R_{\rm o} = R_{\rm d} + R_{\rm s} + R_{\rm w}$。其中 $R_{\rm d}$ 为整流二极管的内阻,其值是由整流二极管的伏安特性曲线的工作点所决定的。对于反向偏置电压为 50~600 V 的各种二极管,其阻抗均为 0.1(在 1 A 的电流时)~0.01 Ω(在 20~30 A 的电流时)。$R_{\rm s}$ 为功率开关管饱和导通时,集电极与发射极之间所呈现的阻抗,在数值上就等于功率开关管集电极特性 $U_{\rm c} - I_{\rm c}$ 曲线在饱和区特性曲线的斜率,通过匝比平方反射到次级的等效电阻。对于 DC-DC 变换器中采用的大多数低压晶体管来说,$R_{\rm s}$ 值为 0.1~1 Ω。在直流输入电压大于 100 V 时,应采用高反压管,这种管子的 $R_{\rm s}$ 值较高。目前,从市电 220 V/50 Hz 直接整流得到 300 V 直流供电电压或 110 V/60 Hz 直接整流得到 120 V 直流供电电压的应用场合越来越多,这时就要选用 $R_{\rm s}$ 值较高的高反压管,反射到功率开关变压器次级的阻抗也是较高的,这一点应引起足够的重视和注意。$R_{\rm w}$ 为功率开关变压器的次级等效阻抗,大小等于次级绕组的电阻再加上初级绕组反射到次级的电阻之和,在大多数情况下,合理地设计功率开关变压器,$R_{\rm w}$ 就可以小到足以忽略不计的程度。

通过合理地选择功率开关管和整流二极管,总的输出阻抗就可以小到 0.1~0.01 Ω 的

程度，这样在负载电流变化 5A 时，输出直流电压的变化范围仅为 0.5～0.05 V。因此，在稳定的输入直流电压的情况下，选择大电流、低阻抗的整流二极管就可以得到足够稳定的输出直流电压。在一般情况下，在次级或输出端再进一步地稳压是没有必要的。

6. 自激型推挽式 DC - DC 变换器的工作频率

在自激型推挽式 DC - DC 变换器的设计中，首先应该确定的就是工作频率。初期的 DC - DC 变换器应用电路由于受当时各方面条件的限制，工作频率一般均选在 5～10 kHz。后来工作频率逐渐提高到 50～100 kHz，目前工作频率已提高到兆赫数量级。因此变换器电路中两个尺寸最大的元器件——功率开关变压器和输出滤波电解电容在高频工作时的体积就会减小很多。当功率开关变压器选定后，若要提高工作频率，输出功率就会成倍增加；当输出功率一定时，工作频率提高一倍，功率开关变压器的体积就会减小一半，同时输出端的滤波电解电容的体积也会显著减小。输出端的滤波电解电容的大小与功率开关管集电极电压的上升时间 t_r 和下降时间 t_f 有关，可表示为

$$C_2 = I_o \frac{\Delta t}{\Delta U_o} = I_o \frac{t_r + t_f}{\Delta U_o} \qquad (10-13)$$

采用高频功率开关管既可获得快速的上升和下降时间，次级电压的缺口也会变窄，所需的滤波电解电容的体积也就减小了，这里的减小是指滤波电容的容量、体积和重量都减小了。

工作在 10 kHz 以下的 DC - DC 变换器会产生音频嗡嗡尖叫噪声，这种尖叫噪声在 10～20 m 的范围内均能够听到。为了避免这种尖叫噪声，早期的 DC - DC 变换器电路工作频率一般要求设计在 18 kHz 以上。近年来，随着半导体、微电子和磁性材料烧结等技术的飞速发展，大电流、高反压功率开关管的开启时间、关断时间和存储时间已经可以做到非常短，可以降到几纳秒。为了保证 DC - DC 变换器具有较高的转换效率，通常应使功率开关管的上升时间、下降时间和存储时间之和限制在小于半工作周期的 10% 以内，即

$$t_r + t_f + t_s = \frac{T}{2} \times 10\% \qquad (10-14)$$

因而就有

$$T = 20(t_r + t_f + t_s) \qquad (10-15)$$

又因为工作频率 f 是工作周期 T 的倒数，因此从式(10-15)可以求出工作频率为

$$f = \frac{1}{T} = 0.05 \frac{1}{t_r + t_f + t_s} \qquad (10-16)$$

如果取上升时间和下降时间为 0.5 μs，存储时间为 1 μs 时，那么 DC - DC 变换器的工作频率就为 25 kHz。DC - DC 变换器工作在 25 kHz 的频率上就可以得到较高的转换效率。若要工作在 50 kHz 的频率上，功率开关管虽然具有同样的瞬间高电压、大电流的重叠损耗，但是平均损耗将会增大，功率开关管的温度也将会有相应升高。如果内部的热设计非常合理，略微减小了功率开关管的转换效率，但却缩小了功率开关变压器的体积或者提高了功率开关变压器的传输效率和减小了输出滤波电容的体积、重量，这样做还是合算的。功率开关管在 50 kHz 的频率下可以工作，但不宜超过 50 kHz 的频率。一般对于低功率输出的 DC - DC 变换器，在转换效率要求不高的情况下，为了降低功率开关变压器的体积和重量，一般应提倡 DC - DC 变换器工作在较高的频率上。在实际的 DC - DC 变换器电路的

设计过程中，一味追求高频率，虽然减小了功率开关变压器和输出滤波电容的体积和重量，提高了功率开关变压器的传输效率，但是却给功率开关管带来了平均功率损耗的增大和温度的升高。因此，在 DC – DC 变换器电路的设计过程中，功率开关变压器的传输效率、温升、体积和重量等与功率开关管的转换效率、温升、安全系数和热设计等，不能单纯地追求一个方面，而忽略了另一个方面。只有根据设计要求，对各方面都要权衡考虑的情况下，才能设计出效率高、重量轻、体积小、安全系数大，而又符合高低温和 EMC 要求的较为理想的 DC – DC 变换器。

10.1.3　自激型推挽式 DC – DC 变换器电路中功率开关变压器的设计

有时人们也把自激型推挽式 DC – DC 变换器电路称为变压器中心抽头式 DC – DC 变换器电路，并且从它的基本电路结构中也可以看出，这种电路中的功率开关变压器既起隔离和能量传输作用，又起 PWM 振荡器电路中的电感元器件的作用。因此，功率开关变压器是自激型推挽式 DC – DC 变换器电路中的核心和关键器件。该种 DC – DC 变换器电路的设计实际上就是功率开关变压器的设计与计算，因此在这一小节中将重点讨论和叙述功率开关变压器的设计与计算。

1. 初级绕组匝数的计算

设计自激型推挽式 DC – DC 变换器电路中的功率开关变压器时，通常变换器的输入电压、输出电压、输出功率和工作频率都是给定的，这样就可以根据下列的公式计算出初级绕组的匝数（假设 $N_{p1} = N_{p2} = N_p$）：

$$N_p = \frac{(U_i - U_{ces}) \times 10^8}{4fB_sS_c} \approx \frac{U_i}{4fB_sS_c} \times 10^8 \qquad (10-17)$$

式中，B_s 为磁芯材料的饱和磁感应强度，单位为 T；S_c 为磁芯的截面积，单位为 cm²。另外，该公式的近似计算中忽略了功率开关管的饱和导通管压降。

2. 基极绕组匝数的计算

在计算功率开关变压器中两个基极绕组的匝数时，应该考虑在输入直流电源电压最低的情况下，功率开关管 V_1 和 V_2 要能够输出足够的集电极电流；同时还要能够保证在输入直流电源电压最高时，功率开关管 V_1 和 V_2 的集电极峰值电流和电压不能超过它的最大额定输出电流和所能够承受的最高额定电压值。为了减小两个功率开关管 V_1 和 V_2 在 U_{be} 上的不一致所造成的影响，必须分别再串接一个基极补偿电阻 R_{b1} 和 R_{b2}。这样，功率开关变压器基极绕组的匝数 N_{b1} 和 N_{b2} 可分别由下式来计算：

$$N_{b1} = N_{p1} \frac{U_{b1}}{U_{p1}} \approx N_{p1} \frac{U_{b1}}{U_i} \qquad (10-18)$$

$$N_{b2} = N_{p2} \frac{U_{b2}}{U_{p2}} \approx N_{p2} \frac{U_{b2}}{U_i} \qquad (10-19)$$

式中，N_{p1} 和 N_{p2} 分别为 1/2 的功率开关变压器初级绕组的匝数；N_{b1} 和 N_{b2} 分别为功率开关管两个基极绕组的匝数，理论上要求匝数完全相等，加工工艺上要求绝对对称，即 $N_{b1} = N_{b2} = N_b$；U_{b1} 和 U_{b2} 分别为功率开关管两个基极绕组上的感应电压，单位为 V。由于基极绕组匝数完全相等，加工和绕制时又完全对称，因此就有 $U_{b1} = U_{b2} = U_b$，并且可由下式给出：

$$U_b = U_{be} + I_b R_b + U_{R2} \qquad (10-20)$$

式中，U_{be} 为能够产生功率开关管 V_1 和 V_2 集电极峰值电流时所需的基极偏压，单位为 V；I_b 为功率开关管 V_1 和 V_2 饱和导通时的基极电流，单位为 A；R_b 为功率开关管 V_1 和 V_2 基极串联的补偿电阻，并满足 $R_b = R_{b1} = R_{b2}$，单位为 Ω；U_{R2} 为启动电阻 R_2 上的电压降（见图 10-1），单位为 V。将式(10-20)代入式(10-19)中可以得到功率开关管基极绕组匝数的计算公式为

$$N_b = N_p \cdot \frac{U_{be} + I_b R_b + U_{R2}}{U_i} \qquad (10-21)$$

如果功率开关管 V_1 和 V_2 均选用锗材料的开关晶体管，并且串入的补偿电阻 R_b 又很小，那么在实际计算时可以把 U_b 的值近似地取为 3～4 V。另外，功率开关管 V_1 和 V_2 基极补偿电阻的接入，将会导致功率开关管 V_1 和 V_2 瞬时开关损耗增加，为了避免这一点，在实际应用中人们一般均在该电阻两端并接一只加速电容，或者并接一只与基极电流反向的加速二极管。

3. 次级绕组的计算

功率开关变压器次级的匝数 N_s 主要取决于所需的直流输出电压 U_o 和快速整流二极管的管压降。在快速整流二极管的管压降比 U_o 小得多的情况下，功率开关变压器次级绕组的匝数 N_s 便可近似由下式计算出来：

$$N_s = N_p \frac{U_o}{U_p} \approx N_p \frac{U_o}{U_i} \qquad (10-22)$$

在选择磁芯材料时，考虑到频率特性，如果采用滤波电路来降低输出直流电压中的纹波，DC - DC 变换器的频率就可以选取得高一些，以缩小和降低滤波电路的体积和重量，并且还可以选用铁氧体磁芯材料。例如国产的 MX-2000 型的环形或 E 形磁芯均可以，以漏感较小的磁芯为最佳。

4. 功率开关变压器磁芯材料的选择

在给定的工作频率和输出功率条件下，应选择具有较小磁芯损耗、较小体积和较小成本的磁性材料。其中磁芯损耗包括涡流损耗、磁滞损耗。为了减小涡流损耗，应采用较薄叠片组成的磁芯，同时采用具有更高电阻率的磁芯，例如铁氧体磁性材料。铁氧体磁性材料具有较高的电阻率，这是因为它不是金属材料，而是陶瓷铁磁混合体，如镍、铁、锌和锰氧化体。各种磁芯材料使用的频率范围是不同的，叠片式磁芯大约为 10 kHz，合金型磁芯（如坡莫合金、非晶态合金等）为 1 kHz～1 MHz。在工作频率高于 10 kHz 时，离散型的叠片式铁芯已经不能采用了。高频合金型磁芯中的叠片不是由离散的芯片叠成的，而是由薄型金属经表面氧化镀膜后再按环形骨架缠绕成型的。磁芯的厚度可为 0.012 mm、0.025 mm、0.05 mm、0.1 mm，磁芯材料愈薄，磁损耗愈小，价格愈昂贵。

磁芯损耗随着频率、峰值磁通密度和叠层芯片厚度的增加而增加。通常合金型磁芯比铁氧体磁芯具有更高的最大可利用的直流磁通密度，因而只需采用较小体积的功率开关变压器磁芯便可满足要求。为了使磁芯损耗保持较小，工作磁通密度应远低于最大的直流磁通密度。坡莫合金是一种低损耗的金属合金型磁芯材料，可以与低损耗的铁氧体磁芯材料相比拟，坡莫合金磁性材料的性能较好，但是价格较昂贵。一般来说，坡莫合金的主要成分是铁、镍和钼。如：1J79 含镍 79%、铁 17%、钼 4%；1J50h 含镍 50%、铁 50%，并且具有

恒导磁特性。铁氧体磁性材料是陶瓷铁氧体的混合物，生成的氧化物按固有的比例混合，压成各种形状，在一个炉子里烧结而成。其常见的形状有环形、罐形、UU 形、UI 形、EE 形、EI 形、EC 形、PQ 形等。铁氧体在高频下损耗较低。由于烧结炉子工艺制造方法简单，适应于批量生产，所以铁氧体磁芯成本低，并且每一个磁芯不需要二次处理，也不需要单个缠绕。此外绕组可直接绕制在线圈骨架上，与环形合金型磁芯所使用的特殊缠绕方法相比较，价格低、加工工艺简单。但是铁氧体磁芯具有较低的居里温度，一般在 200℃ 以下，另外，在低于−30℃ 的温度时，也不能正常工作；而金属缠绕型合金磁芯的居里温度可达450～700℃。

10.1.4 自激型推挽式 DC‐DC 变换器电路中功率开关管的选择

有关自激型推挽式 DC‐DC 变换器电路中功率开关管、整流二极管和滤波电容等元器件的选择和确定与其他类型的 DC‐DC 变换器电路中的选择和确定原则基本类似。选择自激型推挽式 DC‐DC 变换器电路中所应用的功率开关管时所要考虑的主要参数为：最大集‐射极电压 U_{ce}；最大集电极电流 I_{cm}；在最大负载电流时的最小放大倍数 β_{min}；开关速度，也就是集电极电流的上升时间 t_r、下降时间 t_f 和存储时间 t_s；最大功率损耗 P_{cm} 或结点热阻；集电极电压二次击穿额定值 U_{ceo} 等。

1. 最大集‐射极电压 U_{ce} 的确定

从图 10‐1 所示的自激型推挽式 DC‐DC 变换器的基本电路结构中可以看出，当功率开关管 V_1 或 V_2 导通时，加在功率开关变压器初级绕组上的电压为 $U_i - U_{ces} \approx U_i - 1 \approx U_i$。在导通期间，初级绕组与功率开关管集电极节点端的电位相对于中心抽头端为负；而在截止期间，初级绕组与集电极结点端的电位相对于中心抽头端为正。另外，在截止期间初级绕组与集电极结点端的电位高于中心抽头端的电位，那么就必定低于导通期间中心端的电压。由最基本的电磁感应定律

$$u = N \frac{\mathrm{d}\Phi}{\mathrm{d}t} \tag{10‐23}$$

就可以得到

$$u\Delta t = N\Delta\Phi = NS_c\Delta B \tag{10‐24}$$

在功率开关管 V_1 或 V_2 导通的半周期期间内，初级绕组上的电压为负值，因此，$\int_0^{T/2} u \cdot \mathrm{d}t$ 具有负的伏‐秒面积，而 $\Delta B_1 = \frac{1}{NS_c} \int_{T/2}^T u \cdot \mathrm{d}t$ 具有负的磁通变化。在下个半周期，$\Delta B_2 = \frac{1}{NS_c} \int_{T/2}^T u \cdot \mathrm{d}t$ 具有正的磁通变化，并且必须满足

$$\Delta B_2 = |\Delta B_1| \tag{10‐25}$$

否则一个工作周期以后就会有净磁通变化量存在，这样经过数个周期以后磁芯就会趋向于正的或负的饱和状态，造成功率开关管 V_1 或 V_2 损耗的增加。因此在稳定状态下，每个相应半周期的伏‐秒面积必须相等。初级绕组与集电极结点端的电压值在功率开关管 V_1 或 V_2 截止期间近似为两倍的输入直流电源电压，即 $2U_i$。因此在自激型推挽式 DC‐DC 变换器电路中，功率开关管 V_1 和 V_2 的集‐射极电压值应至少为 $2U_i$。为了保证功率开关管 V_1 和 V_2 能够安全可靠的工作，在选取集‐射极电压的额定值时还必须考虑到工频电网电压具有

±10%的波动电压值。另外，由于功率开关变压器的漏感和集电极负载中引线电感的影响，在功率开关管 V_1 或 V_2 截止期间，合理地设计和布线可将在集电极电压的上升沿上所附加的尖峰电压值限制在 20%以下。这样，当输入直流电源电压为 U_i 时，功率开关管 V_1 和 V_2 集电极应承受的电压值为

$$U_{ce} = 1.22 \times 1.1 \times 2 \times U_i = 2.64 U_i \qquad (10-26)$$

考虑到工作温度、输入电压瞬态浪涌冲击以及电路中瞬态过程等因素的影响，严格设计时最好选择功率开关管所能够承受的电压值为所规定额定值的 50%。这样有时很难选择到合适的功率开关管，假若放宽要求，可放宽到功率开关管额定值的 80%时，则有

$$2.64 U_i = 0.8 U_{ce} \qquad (10-27)$$

近似后可取

$$U_{ce} = 3.3 U_i \qquad (10-28)$$

式中，U_{ce} 为生产厂家所给定的最大集-射极电压的额定值。假若输入直流电源电压是稳定的，则不需要对输入直流电源电压进行 ±10%的修正量，就会得到直流输入电源电压时功率开关管集-射极电压的额定值的计算公式为

$$U_{ce} = 3 U_i \qquad (10-29)$$

在合格产品中，假若不能保证功率开关管的 $U_{ce} = 3.3 U_i$，产品的损坏率就会增高，这是由于随机波动电压的影响所致。上述功率开关管的集-射极电压的额定值 U_{ce} 还应与基极电路相适应。当功率开关管 V_1 或 V_2 导通时，由于基极阻抗较低（一般不大于 50 Ω），因此就应对应厂家给出的 U_{cbo} 额定值；当功率开关管 V_1 或 V_2 截止时，由于基极阻抗较高（一般在 100 kΩ），因此相应的额定值就为 U_{ceo}。U_{cbo} 通常为 U_{ceo} 的 70%～80%，对中等的基极阻抗（如 50 Ω），相应的最大集-射极电压的额定值是 U_{cer}（介于 U_{ceo} 与 U_{cbo} 之间）。

2. 最大集电极电流 I_{cm} 的确定

在自激型推挽式 DC - DC 变换器电路中的功率开关变压器可以有很多次级绕组 N_{21}，N_{22}，N_{23}，…，每组经整流以后供给负载系统的直流电流为 I_{21}，I_{22}，I_{23}，…，反射到初级的总电流为

$$I_1 = \frac{N_{21}}{N_1} I_{21} + \frac{N_{22}}{N_1} I_{22} + \frac{N_{23}}{N_1} I_{23} + \cdots \qquad (10-30)$$

在每半个工作周期内，功率开关变压器初级的总电流等于反射到初级的负载电流再加上功率开关变压器的励磁电流。而励磁电流 I_m 可由基本的磁学关系式求得

$$I_m = \frac{H_c l_c}{N_1} \times 10^{-2} \qquad (10-31)$$

式中，H_c 为磁芯的峰值矫顽力，单位为 A/m；l_c 为磁路的长度，单位为 cm；I_m 为励磁电流，单位为 A。通常励磁电流为反射到初级负载电流的 2%，并且常常可以被忽略不计。自激型推挽式 DC - DC 变换器电路中的功率开关管在一个工作周期内交替轮换导通，每个功率开关管的平均电流仅是初级电流的一半，峰值电流则是初级电流 I_1。此外，由于次级侧整流二极管 VD_1、VD_2 的存储时间，在一管尚未截止时，另一管已经导通，这样就会造成瞬间的电流尖峰，该电流必然会反射到功率开关变压器的初级，因此功率开关管的集电极电流应留有一定的裕量，并可按下式设计：

$$I_{cm} = I_1 = \frac{N_{21}}{N_1} I_{21} + \frac{N_{22}}{N_1} I_{22} + \frac{N_{23}}{N_1} I_{23} + \cdots \qquad (10-32)$$

3. 最小电流放大倍数和输入驱动电流的计算

根据功率开关管的峰值电流 I_{cm}，求出它的最小电流放大倍数 β_{min}。基极驱动电路所能给出的最小输入驱动电流为 I_{cm}/β_{min}，实际上输入电流 I_{b1} 或者 I_{b2} 应大于该计算值，以便保证功率开关管能够工作在饱和区和具有较快的开启速度。功率开关管的开启速度通常是在 $I_c/I_b = 10$ 的条件下测试的，因此功率开关管基极输入驱动电流为

$$I_{bo} = \frac{I_{cm}}{10} \tag{10-33}$$

4. 功率开关管损耗和结点温度的计算

每一个功率开关管在导通的半工作周期内电流的峰值 $I_{cm} = I_1$，饱和压降为 U_{ces}。U_{ces} 可以从生产厂家给定的晶体管参数表中查出，也可以从集电极特性曲线 $U_c - I_c$ 中读出，它是曲线拐弯部分以下的电压。虽然 U_{ces} 只与集电极电流的大小有关，但是通常取 $U_{ces} = 1\ \text{V}$，这样在 50% 的占空比下，每个功率开关管在导通期间的平均损耗为

$$P_a = \frac{1}{2}I_{cm} \times 1 = \frac{1}{2}I_{cm} \tag{10-34}$$

在功率开关管由导通到截止或者由截止到导通的转换期间存在着大电流和高电压的重叠，这期间准确的功率损耗可由电流与电压相乘后再求积分的方法求得。在功率开关管转换期间内电流和电压的准确波形一般是不能预测的，通常导通过程中的功率损耗较低，而在截止期间内的功率损耗是不可忽视的，可使用专用示波器并配合专用电路来观察到，求得重叠期间内的功率损耗。为了简便起见，假定功率开关管转换期间的损耗等于导通期间的损耗。这样在忽略了真正的截止和导通期间的功率损耗的条件下，功率开关管的损耗功率为

$$P = \frac{1}{2}(I_{cm} \times 1) \times 2 \approx I_{cm} \tag{10-35}$$

式中，P 的单位为 W，I_{cm} 的单位为 A。功率开关管所允许的最大功率损耗是与功率开关管的热阻和散热条件有关的。在热设计中，已知功率开关管管壳的温度以后，则功率开关管的最大结点温度可由下式给出：

$$t_{jmax} = t_{cmax} + \theta_{jc}P_{max} \tag{10-36}$$

式中，$t_{c\,max}$ 为最大的管壳温度，单位为 ℃；θ_{jc} 为热阻，单位为 ℃/W。对于大多数采用 TO-3 型封装的功率开关管来说，最大的绝对结点温度为 175～200℃。当功率开关管长期工作在最大结点温度上，并且超过安全的额定结点温度时，功率开关管就会损坏。

5. 开关速度的确定

为了减小功率开关管的开关损耗，通常应使功率开关管的上升时间、下降时间和存储时间之和不能大于工作周期时间的 5%。这除了与功率开关管的开关特性有关以外，在很大程度上还取决于加在功率开关管基极的正向和反向驱动信号。功率开关管的开关时间和存储时间可采用反向偏置基极驱动电流的方法使其减小，反向基极驱动电流应等于或大于正向基极驱动电流。

6. 功率开关管二次击穿额定值的确定

功率开关管的二次击穿是在集电极(cb 结)上加电时突然发生的一种击穿现象，此时 cb

结呈现低阻抗，集电极电流迅速上升，直到由电源电压和负载电阻所限制的值为止。这时假若电源没有立即切断，瞬间的二次击穿也会造成永久性的损坏。二次击穿是由 cb 结不均匀的电流分布所引起的，集电极电流集中时，引起局部过热而产生二次击穿现象。功率开关管工作在较高的峰值功率、较低的占空比状态时，虽然平均功率损耗远没有超过所规定的额定值，但也常常会发生二次击穿现象。由于电流的集中或者不均匀分布而导致的二次击穿现象有下列两种情况：

（1）正偏二次击穿现象。在 NPN 型功率开关管中，基极‐发射极之间为正向偏置，这时发射极的周围比中心区具有较高的电流密度和较高的电位，集电极电流穿过 cb 结而较多地集中在发射极的周围，在电流和电压足够高的情况下，发射极周围所集中的电流将会形成局部热点，即使这时总的功率损耗没有超过所规定的额定值，也足以损坏功率开关管。为了防止正偏二次击穿现象的发生，应将工作点限制在功率开关管的工作安全区内。通常在稳态情况下，自激型推挽式 DC‐DC 变换器中导通的功率开关管的饱和压降只有 1 V 左右，因而总是工作在安全工作区。但是在瞬态时，由于 DC‐DC 变换器次级常常为容性负载，在开机瞬间到电容充电期间浪涌电流较大，这时功率开关管不能工作在饱和区，管压降较大，容易超出二次击穿曲线的限制。实际上，即使 DC‐DC 变换器的次级没有较大的容性负载，也可能会使功率开关管在二次击穿曲线界限以外。在功率开关管关断，并且集电极电压增高的同时，电流降为零，这是理想的开关器件。而通常功率开关管是具有存储时间的，如 $t_s = 2\mu s$，在一个功率开关管基极正向驱动而开启的时候，另一关断的功率开关管由于 2 μs 的存储时间内仍有电流流过，这时相当于两管同时导通，这样高的集电极电压（$2U_i$）和这样大的集电极电流（I_{cmax}）同时作用在已经启动了的功率开关管上约 2 μs，必然就会引起二次击穿现象。

（2）反偏二次击穿现象。当基极—发射极处于反向偏置时，也同样会产生二次击穿现象。在基极‐发射极反向偏置时，由于发射极的周围更接近于基极，所以发射极的中心区的电位比周围稍正一些，假若这时有电流流过 cb 结，这些电流就会较多地集中在发射极的中心区。一般来说，在反向偏置状态下，基极是阻止集电极电流流动的，但是假若集电极的负载为感性负载时，开启期间内能量存储在电感内，在关断期间内，电感反冲将使集电极电压升高，一直升高到 U_{cbo}，最后使功率开关管产生雪崩击穿，并将存储的能量释放给功率开关管。尽管功率开关管基极反偏，但仍有少量的电流流过，这些能量将集中在发射极的中心区，由于发射极的中心区面积小于周围的面积，反偏时发射极中心区的电流密度比正偏时大，假若开启时有足够的能量存储在电感中，这些能量或电流将集中在很窄的发射极中心区，就会引起局部热点，温度升高到足够高时功率开关管就被损坏。有的厂家给出了功率开关管反偏二次击穿能量的额定值，这些能量 $E_{s/b}$(J) 表示足以损坏功率开关管的能量，它等于存储在集电极负载中的能量，可由下式表示：

$$E_{s/b} = \frac{1}{2} I_1^2 L \qquad\qquad (10-37)$$

假如已知集电极电感 L(H)（一般情况下，集电极均为功率开关变压器，其负载为功率开关变压器的初级电感、次级电感和漏感）时，则必须限制关断前的集电极峰值电流 I_1。如果 I_1 是固定的，则必须限制集电极允许的最大集电极电感。$E_{s/b}$ 是与电路所加的反向偏置电压和集电极电流的大小有关的，通常所采用的反向偏置电压为 -4 V，串联电阻为 5 Ω。

10.1.5 自激型推挽式双变压器 DC - DC 变换器电路

在本章开始就已总结出推挽式 DC - DC 变换器的缺点。为了克服这些缺点，使其广泛地应用于各个领域，1957 年美国科学家 J. L. Jensen 又发明了自激型推挽式双变压器 DC - DC变换器电路。为了深入掌握推挽式 DC - DC 变换器电路，这里对自激型推挽式双变压器 DC - DC 变换器电路再进行一下简单的讨论和分析。

1. 工作原理

自激型推挽式双变压器 DC - DC 变换器电路用一个体积较小的工作在饱和状态的驱动变压器来控制功率开关管工作状态的转换，而使用一个体积较大的工作在线性状态的功率开关变压器来进行电压的变换和功率的传输。由于采用了独立的饱和驱动变压器，因此 DC - DC 变换器电路的工作特性就有了很大的改善。图 10 - 6 所示的电路就是一个自激型推挽式双变压器 DC - DC 变换器电路。在接通电源后，由于电路总是存在着不平衡，假定功率开关管 V_1 首先导通，它的集电极电压就会降低，减小的数值接近于输入直流电源电压。在输出功率开关变压器 T_2 的初级绕组 N_{p1} 两端就会产生电压，初级绕组 N_{p2} 的两端也会相应的产生感应电压。绕组 N_{p1} 和 N_{p2} 上所产生的电压值之和全部加到由驱动变压器 T_1 的初级绕组与反馈电阻 R_f 组成的串联电路两端。驱动变压器 T_1 的次级绕组 N_{b2} 上所产生的电压把功率开关管 V_2 的基极置成反向偏置，使其保持截止状态；驱动变压器 T_1 的次级绕组 N_{b1} 上所产生的电压把功率开关管 V_1 的基极置成正向偏置，使其很快达到饱和导通状态。电路中两个变压器电压的极性如图 10 - 6 所示。

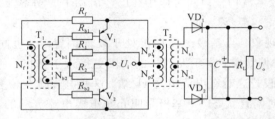

图 10 - 6　自激型推挽式双变压器 DC - DC 变换器电路

驱动变压器 T_1 磁化电流的增加就会导致 T_1 的饱和。一旦 T_1 达到饱和，初级绕组 N_f 中的电流很快增加，因此反馈电阻 R_f 两端的电压降也就会增加。这样，绕组 N_f 上的电压降就会减小，于是与驱动变压器 T_1 次级绕组相连的功率开关管的激励电压也会相应减小，原来处于饱和导通状态的功率开关管 V_1 集电极电流开始减小，逐渐退出饱和区。因此，所有绕组上的感应电压全部反向。功率开关管 V_2 开始导通，功率开关管 V_1 将很快进入截止状态。功率开关管 V_2 的饱和导通状态将一直维持到驱动变压器 T_1 的磁通达到负的饱和值为止。这时两只功率开关管 V_1 和 V_2 的工作状态将又会发生翻转，使功率开关管 V_2 截止，功率开关管 V_1 重新导通。如此重复上述过程，电路形成自激振荡状态，这就是自激型推挽式双变压器 DC - DC 变换器电路的工作过程。

2. 工作频率的确定

自激型推挽式双变压器 DC - DC 变换器的振荡频率由驱动变压器 T_1 的参数和反馈电阻 R_f 的阻值所决定。驱动变压器 T_1 初级绕组 N_f 上的电压应该低于两倍的输入直流电源电压，这就是反馈电阻 R_f 上的电压能够反映功率开关管基极驱动所造成电压降的原因。自激型推挽式双变压器 DC - DC 变换器能够自动调节电路的不平衡。假若由于电路中各元器件参数的轻微不对称，导致在功率开关变压器 T_2 上的波形前半个周期与后半个周期不对称，则输出功率开关变压器 T_2 的磁通变化率也不对称，产生越来越接近单方向磁饱和的现象，这样就会使驱动变压器 T_1 的磁化电流增加。因此，反馈电阻 R_f 两端的电压降就会增加，功率开关管的激励电压减弱，最后就会导致功率开关管工作状态的转换。通常像这样的不平衡现象是不很严重的，当驱动变压器 T_2 刚接近饱和的瞬间，加到功率开关管基极上的激励电压就会马上减弱，迅速得到自动调整，建立起新的平衡。图 10 - 7 所示就是这种 DC - DC 变换器电路在纯电阻负载时，功率开关管集电极的电压和电流波形图。从图中可以看出，由于双变压器电路中的输出功率开关变压器 T_2 工作在非饱和状态，所以集电极的峰值电流（包括负载电流、功率开关变压器磁化电流和激励电流）就很小，大约只有单变压器 DC - DC 变换器电路的一半。

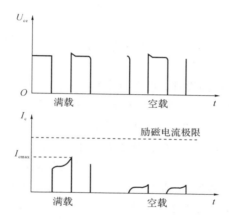

10 - 7　纯电阻负载时，功率开关管集电极的电压和电流波形

3. 变压器的设计

自激型推挽式双变压器 DC - DC 变换器电路中具有两个变压器 T_1 和 T_2，这两个变压器分别工作在两种不同的工作状态，因此对于变压器的设计应当区别对待。工作在饱和状态的驱动变压器 T_1 可用上一节中所介绍的自激型推挽式 DC - DC 变换器电路中的功率开关变压器的设计方法进行设计，而工作在非饱和状态的输出功率开关变压器 T_2 就要采用线性工作状态下的变压器设计方法进行设计。另外，在变压器的设计过程中，最关键和最重要的就是初级绕组的计算，只要计算出初级绕组的匝数，就可以根据输出电压和输入电压的比例关系求得次级绕组的匝数来。因此，下面仅对两种变压器的初级绕组进行计算，次级绕组的换算就不再过多地叙述。

（1）驱动变压器的设计。假若 DC - DC 变换器的输出功率、工作频率、输入直流电源电压以及环境条件都已给出，而且还有现成的变压器磁芯和骨架，那就可以采用下式计算出驱动变压器初级绕组的匝数：

$$N_f = \frac{U_f}{4fB_sS_c} \times 10^8 \tag{10-38}$$

式中，N_f 为驱动变压器初级绕组的匝数；U_f 为驱动变压器初级绕组上的电压，单位为 V；f

为 DC-DC 变换器的工作频率，单位为 Hz；B_s 为磁性材料的饱和磁感应强度，单位为 T；S_c 为变压器磁芯的截面积，单位为 cm²。U_f 的确定与 R_f 及驱动功率有直接的关系。如果 R_f 值取得过小（即 U_f 过大，接近于 $2U_p$），并且当驱动变压器 T_1 达到饱和时，功率开关管集电极就会有很大的峰值电流流过，这是尽量要避免的。如果 R_f 值取得过大（即 U_f 过小），那就没有足够的功率去驱动功率开关管，也不能起到自动平衡调节的作用。但是在一般情况下，驱动变压器 T_1 的初级绕组也就是反馈绕组 N_f 上的电压和 R_f 两端的电压我们仅各取其一半，因此 N_f 上的电压大约等于 U_p，近似等于 U_i。反馈电阻 R_f 可由下式求得

$$R_f = \frac{2U_p - U_f}{I_f} \approx \frac{2U_i - U_f}{I_f} \tag{10-39}$$

式中，I_f 为驱动变压器初级绕组 N_f 中的电流，单位为 A。该电流由下列两部分组成：

① 在满负载运行时，能够使功率开关管维持饱和导通状态所需的基极电流值 I_b，可由下式表示：

$$I_b = i_b \frac{N_b}{N_f} \tag{10-40}$$

② 驱动变压器饱和以前，要使其达到饱和状态，需要给驱动变压器所提供的磁化电流值 I_m。

（2）输出功率开关变压器的设计。设计自激型推挽式双变压器 DC-DC 变换器电路中的功率开关变压器 T_2 时应注意的就是磁性材料磁感应强度 B_m 的选择。由于功率开关变压器 T_2 工作在线性状态，因此 B_m 不能用 B_s 来代替。如果 B_m 选得太低，会使 N_{p1} 绕组的匝数增多，从而使导线的铜损增加，功率开关变压器 T_2 的重量增加；如果 B_m 选得过高，就会导致输出功率开关变压器 T_2 产生饱和，造成功率开关管损坏。所以，磁性材料的磁感应强度 B_m 值一般应选取饱和磁感应强度 B_s 值的 $50\%\sim70\%$。输出功率开关变压器 T_2 的初级绕组的匝数 $N_p = N_{p1} = N_{p2}$，并且可由下式求得

$$N_p = N_{p1} = N_{p2} = \frac{U_p}{4fB_mS_c} \times 10^8 \tag{10-41}$$

在实际应用中，$U_p \approx U_i$，$B_m \approx 0.6B_s$。将其分别代入式(10-41)便可得到输出功率开关变压器 T_2 初级绕组匝数的计算公式为

$$N_p \approx \frac{U_i}{2.4fB_sS_c} \times 10^8 \tag{10-42}$$

用来驱动变压器 T_1 的电压除了直接取自两个功率开关管 V_1 和 V_2 的集电极以外，也可以在输出功率开关变压器 T_2 设一组附加绕组来实现。此时，驱动变压器 T_1、初级绕组上的电压由附加绕组的匝数 N_f 和反馈电阻 R_f 所决定。这种电路的基本结构如图 10-8 所示。

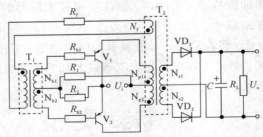

图 10-8　反馈电压取自附加绕组的双变压器 DC-DC 变换器电路

10.1.6 自激型推挽式 DC – DC 变换器应用电路举例

图 10 – 9 所示的电源电路是一种给通信设备供电用的，采用自激型推挽式电路构成的 DC – DC 变换器电路。通信设备的电源常采用电池，因而为了满足设备的需要，常常需要通过 DC – DC 变换器来进行隔离和提供多路输出电压。该电源电路的主要性能如下：

（1）输入直流电源电压为 28 V。

（2）输出直流电压/电流：A 路 10 V/60 A，B 路 20 V/30 A。

（3）输出功率：120 W。

（4）输出纹波电压 A、B 两路均小于 100 mV。

（5）工作频率：2 kHz。

（6）转换效率：80%。

（7）具有 DC – DC 变换器停振自动保护功能。

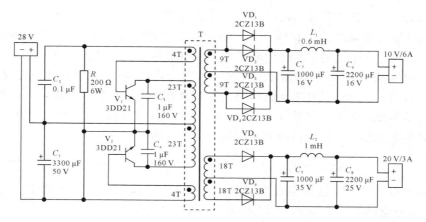

图 10 – 9　通信设备中所使用的自激型推挽式 DC – DC 变换器应用电路

该电路的工作方式为自激型推挽式 DC – DC 变换器电路的工作方式。当接入 28 V 直流输入电源电压时，启动电阻 R 和电容 C_2 很快给两只功率开关管 V_1 和 V_2 其中的任意一只提供正向偏置电压，促使该功率开关管导通，与该功率开关管基极相连的功率开关变压器反馈绕组就会给另一只功率开关管提供反向偏置电压，使其维持截止状态。当 DC – DC 变换器电路中的功率开关变压器 T 磁芯的磁通变化到正的饱和值附近时，电路的工作状态开始翻转，很快使原来处于导通状态的功率开关管变为截止状态，而原来处于截止状态的功率开关管此时则翻转为导通状态。当功率开关变压器 T 中磁芯的磁通变化到负的饱和值时，又要发生功率开关管工作状态的翻转。这样就会在功率开关变压器 T 的初级绕组 N_{p1} 和 N_{p2} 中产生交替变化的方波电压信号，此方波电压信号被耦合到它的次级绕组中，在经过整流、滤波后成为所需要的直流供电电压。

DC – DC 变换器应用电路中的电容器 C_3、C_4 和功率开关变压器次级的电感 L_1、L_2 是为了减小 DC – DC 变换器电路的噪声和输出电压中的纹波电压而设置的。功率开关变压器的磁芯采用的是 1J79 铁镍合金带环。

10.1.7 他激型推挽式 DC – DC 变换器实际电路

上一节中对自激型推挽式 DC – DC 变换器电路进行了深入细致的讨论和分析，这一节将讨论和分析他激型推挽式 DC – DC 变换器电路。他激型推挽式 DC – DC 变换器电路与自激型推挽式 DC – DC 变换器电路之间的最大区别如下：

（1）自激型推挽式 DC – DC 变换器电路中的功率开关管和功率开关变压器要作为 PWM 或 PFM 振荡电路的元器件而参与其振荡工作，振荡器的工作频率和占空比均与功率开关管和功率开关变压器的技术参数有关；而他激型推挽式 DC – DC 变换器电路中的功率开关管和功率开关变压器只作为功率变换级电路，不参与 PWM 或 PFM 振荡电路的工作，振荡器的工作频率和占空比均与功率开关管和功率开关变压器的技术参数毫无关系。

（2）他激型推挽式 DC – DC 变换器电路中具有专门的 PWM 或 PFM 振荡、驱动和控制电路，该振荡、驱动和控制电路一般均由一个集成电路来承担；而自激型推挽式 DC – DC 变换器电路中却没有这些电路。

他激型推挽式 DC – DC 变换器电路实际上是由两个单端正激式 DC – DC 变换器电路组成的，只是它们工作时相位相反。在每一个工作周期内，两个功率开关管交替导通和截止，在各自导通的半个周期内，分别把输入电源的能量提供给负载系统。基本的他激型推挽式 DC – DC 变换器电路如图 10 – 10(a) 所示，各点的工作波形如图 10 – 10(b) 所示。从波形中可以看出，由于电路中使用了两组功率开关管和两组整流二极管，因而流过每一组功率开关管的平均电流就比等同的单端正激式 DC – DC 变换器电路中的功率开关管减少了一半。另外还可以看出，当功率开关管导通期间，输出端的整流二极管也导通，把功率开关变压器的初级能量传输给负载，与单端正激式 DC – DC 变换器电路中的续流二极管的作用相同。他激型推挽式 DC – DC 变换器电路的输出电压可用下式计算：

$$U_o = 2D_{max}U_i \frac{N_s}{N_p} \qquad (10-43)$$

为了避免双管共态导通而导致功率开关管的损坏，式(10 – 43)中的 D_{max} 必须保持在 0.5 以下，一般应取 $D_{max} = 0.4$，这样式(10 – 43)又可简化为

$$U_o = 0.8U_i \frac{N_s}{N_p} \qquad (10-44)$$

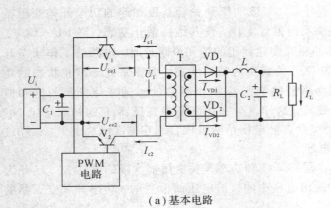

(a) 基本电路　　　　　　　　　　(b) 各点工作波形

图 10 – 10　他激型推挽式 DC – DC 变换器电路及各点工作波形

通过把他激型推挽式 DC – DC 变换器电路与自激型推挽式 DC – DC 变换器电路和单端正激式 DC – DC 变换器电路分别进行比较后可以看出，他激型推挽式 DC – DC 变换器的电

路结构与自激型推挽式 DC - DC 变换器的电路结构基本相同,他激型推挽式 DC - DC 变换器的电路工作原理与单端正激式 DC - DC 变换器的电路工作原理基本相同,唯有电路中的功率开关变压器、PWM/PFM 振荡器、驱动和控制等电路有所不同。因此,本节除了重点对这些问题分别进行讨论和叙述以外,还要对推挽式 DC - DC 变换器电路中所存在的问题进行分析和说明。

10.1.8 他激型推挽式 DC - DC 变换器电路中的功率开关变压器

在单端正激式 DC - DC 变换器电路中功率开关变压器的工作状态是单向励磁的,因而只利用了磁滞回线的一半,并且还容易导致功率开关变压器磁芯单向磁饱和而引起功率开关管损坏。为了避免磁芯磁饱和现象,提高磁滞回线的利用率,就必须在磁芯的磁路中增加一定长度的气隙。功率开关变压器工作在单向励磁状态下,这样不但降低了其转换效率,而且还使功率开关变压器的体积和重量有较多增加。在他激型推挽式 DC - DC 变换器电路中,由于两只功率开关管的导通时间是相等的,是轮换错开的,各占一个工作周期的一半,因此,功率开关变压器磁芯的磁滞回线就被全部利用了,磁芯的体积将减小到单端正激式 DC - DC 变换器电路的一半,同时也不增加气隙。功率开关变压器的体积可由下式计算出来:

$$V = \frac{2\mu_0 \mu_e L I_{mag}^2}{B_{max}^2} \qquad (10 - 45)$$

式中,μ_0 为空气的磁导率,单位为 mH/m,一般情况下近似为 1;μ_e 为所选磁性材料磁芯的额定磁导率,单位为 mH/m;I_{mag} 为他激型推挽式 DC - DC 变换器电路中功率开关变压器磁芯的磁化电流,可由下式给出:

$$I_{mag} = \frac{N_s}{N_p} \cdot \frac{U_o T}{4L} \qquad (10 - 46)$$

另外,有关他激型推挽式 DC - DC 变换器电路中的功率开关变压器初级和次级绕组匝数的计算与单端正激式 DC - DC 变换器电路中功率开关变压器的计算方法基本相同,这里就不再重述。

10.1.9 他激型推挽式 DC - DC 变换器电路中的功率开关管

由于他激型推挽式 DC - DC 变换器是由两个单端正激式 DC - DC 变换器构成的,所以功率开关管截止期间集电极所承受的峰值电压与单端正激式 DC - DC 变换器电路中功率开关管集电极所承受的峰值电压是相同的,也被限制在 $2U_i$ 以下。每只功率开关管饱和导通时,集电极-发射极之间的峰值电流可由下式计算出来:

$$I_{cmax} = \frac{N_s}{N_p} I_1 \qquad (10 - 47)$$

将输出功率 P_o、转换效率 η、最大占空比 D_{max} 分别代入式(10 - 47)中,把其中的初、次级绕组匝数比 N_s/N_p 和变压器初级绕组电流 I_1 取代后,集电极-发射极峰值电流的计算公式又可表示为

$$I_{cmax} = \frac{P_o}{\eta D_{max} U_i} \qquad (10 - 48)$$

假定 DC - DC 变换器的转换效率为 85%,最大占空比为 50%,那么功率开关管集电极-发

射极的峰值电流就为

$$I_{cmax} = \frac{2.5P_o}{U_i} \times 10^2 \qquad\qquad (10-49)$$

10.1.10 他激型推挽式 DC-DC 变换器电路中的双管共态导通问题

他激型推挽式 DC-DC 变换器电路中所存在的双管共态导通问题在后面将要讲到的桥式 DC-DC 变换器电路中也同样存在，解决这一问题所采取的方法和措施也基本相同，这里一并进行讨论和分析。在双端式 DC-DC 变换器电路中（如推挽、半桥、全桥式 DC-DC 变换器），有可能产生两个功率开关管同时导通的现象，有时也将这种现象称为共态导通现象。这种现象一旦发生，就会将功率开关管全部击穿而损坏，给用户造成极大的经济损失。因此，防止和避免这种双管共态导通现象的发生是设计人员首先应该考虑和解决的问题，也是 DC-DC 变换器的初学者感到最为困惑的问题。

在他激型推挽式 DC-DC 变换器电路中，一只功率开关管在正向驱动脉冲的作用下处于导通状态，而另一只在反向关断脉冲作用下处于关断状态的功率开关管，虽然失去了正向驱动脉冲信号，但由于存储时间的作用仍然停留在导通状态，这就产生了双管同时导通的现象，俗称"共态导通"。在上面工作原理的分析和讨论中可以看到，当双管同时导通时就会出现功率开关变压器初级两个对称的绕组一个给磁芯正向励磁，另一个给磁芯反向励磁，相互抵消。这样一来，一则功率开关变压器的次级无感应电压产生，输出端无直流电压输出；二则功率开关变压器初级的两个对称绕组相当于两根短路线将输入直流电源电压直接短路到两只功率开关管的集电极-发射极之间，使集电极峰值电流急剧增加，严重时两只功率开关管同时被电流击穿而被损坏。他激型推挽式 DC-DC 变换器电路中两只功率开关管的基极驱动信号为具有 180° 相位差的脉冲方波信号，其高、低电平的相互转换在时间上是完全一致的。但是由于从导通状态向关断状态转换的功率开关管存在着存储时间，其转换具有一定的延迟，集电极-发射极之间的电压仍处于 $U_{ces} = 1\text{ V}$ 的饱和导通状态，历时长达 $1\sim5\ \mu s$。由于功率开关管的开启时间比存储时间短得多，所以一直到存储时间结束双管同时导通的现象才能停止。产生共态导通现象的电路及各点的波形如图 10-11 所示，从图中还可以看出，产生共态导通的原因除了功率开关管所存在的存储时间以外，还包括驱动信号的上升沿和下降沿不很陡峭，或者上升和下降延迟时间过长，或者死区时间不够。

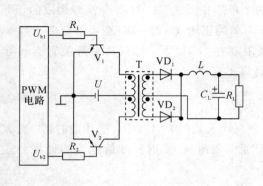
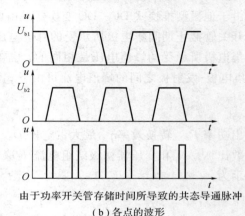

由于功率开关管存储时间所导致的共态导通脉冲

（a）产生共态导通现象的电路 　　　　　（b）各点的波形

图 10-11　产生共态导通现象的电路及各点的波形

这种双管共态导通现象可能引起灾难性故障。因为正在关断中的功率开关管处在存储期，一直是输入直流电源电压 U_i 加在功率开关变压器的半个初级绕组上，由于变压器的作用，另一个正在导通中的功率开关管集电极仍处于 $2U_i$ 电压，不能进入饱和区，但这时功率开关管已在正向脉冲驱动下，故正在导通中的功率开关管在集电极电压 $2U_i$ 的作用下将流过数值很大的集电极电流（约 βI_b），造成较大的高频尖峰损耗。每个功率开关管在每个周期各出现这种高频尖峰损耗一次。当占空比足够大时，其平均功率损耗可能将功率开关管结点温度升高到损坏点。每个功率开关管的平均功率损耗为

$$P_a = 2U_i \beta I_b f t_s \qquad (10-50)$$

式中，β 为功率开关管的放大倍数；I_b 为功率开关管的基极驱动电流，单位为 A；f 为驱动信号的工作频率，单位为 kHz；t_s 为功率开关管的存储时间，单位为 s。即使功率开关管的平均功率损耗还不足以损坏功率开关管，但二次击穿的作用也可能将其损坏。为了安全起见，设计人员应该设法避免功率变换器中功率开关管同时导通现象的发生，可以采用如下的方法和措施。

1. 采用 RC 电路延迟导通来避免双管共态导通现象

采用 RC 电路延迟导通来避免双管共态导通现象，一般情况下设计人员均采用下列两种方法：

（1）缩短关断功率开关管的存储时间。采用抗饱和电路回受二极管、达林顿电路和基极反偏压的方法都可以缩短功率开关管的存储时间。图 10‑12 所示的电路就是采用功率开关变压器 T_1 为两个功率开关管基极电路提供反向的驱动脉冲信号，也为基极放电提供了简易的通路。功率开关变压器 T_1 次级的两个输出电压为相位错开的、对地正负相间的双向脉冲信号电压。驱动脉冲峰‑峰值应小于 8 V。为了提供足够的反向基‑射极电压，一般常取反偏压为 5 V。这种方法中的功率开关管的集电极可直接接地，不需外加二极管。

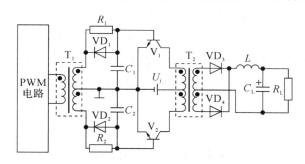

图 10‑12　用功率开关变压器提供基极反向驱动电压来缩短功率开关管存储时间的电路

（2）延迟功率开关管导通。采用延迟导通电路就可以延迟功率开关管导通的起始时间。延迟导通电路如图 10‑13 所示。两个电容器 C_1 和 C_2 分别接于每个功率开关管的基极与地之间，使输入驱动方波信号的正向上升沿因积聚电荷而延迟开启时间。输入电阻 R_1 和二极管 VD_1 并联，对于输入驱动正向上升信号来说，二极管 VD_1 是反向偏置的，RC 延迟电路起作用。对输入驱动跳变信号来说，二极管 VD_1 正向偏置与电阻 R_1 分流，使电容 C_1 快速放

电，并从功率开关管基极抽取较大的反向电流。为了使二极管 VD_1 的作用更有效，输入驱动信号的最低值必须至少比零电位低 0.8 V。这样就使得在基极关断期间，功率开关管的基极处于 0.5 V 左右的半通半关的放大状态，这时二极管 VD_1 处于正向偏置。当功率开关管基极最低电位需为零以下的情况不能实现时，可在两只功率开关管发射极的公共连接点到地之间加接一只二极管 VD_3。这样就会将发射极电位提高 0.8 V 左右，而导通功率开关管的基极电位达 1.7 V 左右。这样 0 V 的最低输入值就能使二极管 VD_1 正向偏置，使电容 C_1 和功率开关管的基极存储的电荷快速放电。

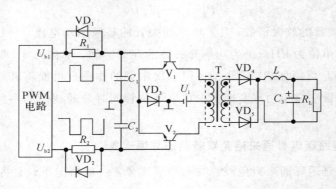

图 10-13 避免双管共态导通的 RC 延迟导通电路

2. 采用延迟导通脉冲来避免和防止双管共态导通

图 10-13 所示电路中的电阻、电容延迟回路没有确定的波形边沿，并且其电压值随温度的变化而变化。在较高温度时，功率开关管的存储时间就会增长，因而导通延迟时间就会相应增大。但是实际上延迟期反而缩短了，原因是导通点是由功率开关管基极导通阈值所决定的，而基极导通阈值随温度升高反而降低了。图 10-14(a) 表示了获得所需延迟时间的较好方法，图 10-14(b) 表示了对应的波形时序图。图中宽度为 t_d 的延迟脉冲由脉冲单稳态振荡器于每半周开始时产生。电路中采用正逻辑与非门将 U_1 和 U_2 每半周方波与负跳变脉冲 U_g 组合，产生如图中所示的输出电压 U_{o1} 和 U_{o2} 波形，其正向上升沿每半周开始时间均要延迟时间 t_d，其负向下降沿各与每半周结束时间相重合。因此可以看到，输出电压 U_{o1} 和 U_{o2} 的正向上升沿对应各自相反的触发脉冲负向下降沿延迟了时间 t_d，俗称 t_d 为"死区时间"。这从根本上解决了他激型推挽式 DC-DC 变换器电路中的双管共态导通问题。显然，死区时间 t_d 应比功率开关管的存储时间 t_s 和下降时间 t_f 之和还要略微大一些。

另外，还可采用图 10-15(a) 和 (b) 所示的电路来延迟 DC-DC 变换器电路中功率开关管的开启时间。图 10-15(a) 所示的电路是把输入方波经过电阻 R_1 和电容 C_1 所组成的积分电路进行适当的延迟，再去驱动所对应的功率开关管，即所谓的积分延迟驱动电路。图 10-15(b) 所示的电路是在驱动级晶体管 V_1 的基极上连接一个由电阻 R_2 和电容 C_1 组成的积分电路，把 V_1 输出的驱动电压进行适当的延迟，再去驱动对应的功率开关管，即所谓的晶体管延迟驱动电路。

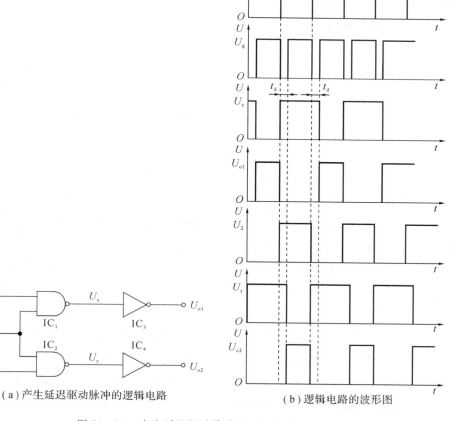

（a）产生延迟驱动脉冲的逻辑电路　　　　　（b）逻辑电路的波形图

图 10 - 14　产生延迟驱动脉冲的逻辑电路及波形图

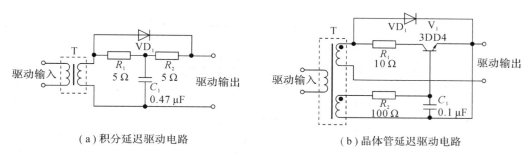

（a）积分延迟驱动电路　　　　　　　　（b）晶体管延迟驱动电路

图 10 - 15　两种具有延迟作用的驱动电路

3. 减小功率开关管存储时间的有效方法

为了减小功率开关管的存储时间，从功率开关管本身来说应挑选截止频率 f_t 高的管子，因为在一般情况下截止频率 f_t 高的晶体管存储时间就小。但晶体管已经选定后，要想减小其存储时间 t_s 就必须使晶体管不要进入深饱和状态，也就是不要对晶体管的基极进行过量的驱动，这一点在晶体管空载时尤为重要。图 10-16 所示的电路就是一个防止晶体管进入深饱和状态的电路。当晶体管一旦进入饱和区后，钳位二极管 VD 就把晶体管 V 基极的驱动电流向集电极分流，使基极电流不再增加，从而防止了晶体管 V 进入深饱和区，减小了晶体管的存储时间 t_s。

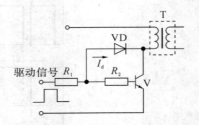

图 10-16　防止功率开关管深饱和的电路

　　减小功率开关管存储时间 t_s 的另一种方法是设置反偏置驱动电路。为了更深入和更细致地了解设置反偏置电路的工作原理，需要对功率开关管的开关参数中的死区时间 t_d、上升时间 t_r、存储时间 t_s 以及下降时间 t_f 作严格定义。如图 10-17 所示，功率开关管的开启时间 t_{ON1} 由 t_d 和 t_r 两部分组成，即 $t_{ON1} = t_d + t_r$。关断时间 t_{OFF1} 也由 t_s 和 t_f 两部分组成，即 $t_{OFF1} = t_s + t_f$。在 t_d、t_r、t_s 和 t_f 这四个时间参数中，数值较大的就是功率开关管的存储时间 t_s。DC-DC 变换器电路是依靠调节驱动功率开关管脉冲的占空比实现稳定输出电压的，如果存储时间 t_s 过大，则会产生驱动脉冲占空比不能调至最小，从而影响稳压电源的稳压工作范围，也会导致 DC-DC 变换器的工作频率无法提高等弱点。在推挽式和桥式DC-DC变换器电路中还会促使双管共态导通现象的发生。因此，设置反偏压驱动电路的目的就是要减小功率开关管开关参数中的存储时间 t_s。下面介绍几种实际中应用最为广泛的反偏压驱动电路。

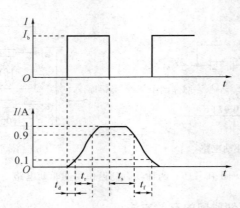

图 10-17　功率开关管的开关参数 t_d、t_r、t_s 和 t_f 的定义示意图

　　(1) 电阻放电式驱动电路。电阻放电式驱动电路如图 10-18 所示。工作原理为：当晶体管 V_1 的基极加正向驱动信号时饱和导通，输入直流电源电压 U_i 几乎全部加到功率开关变压器 T_1 的初级绕组 N_1 上，在次级绕组 N_2 上所感应的电压通过电阻 R_2 向高反压功率开关

管 V_2 提供正向驱动电流 I_{b1}，使其饱和导通。在此期间功率开关变压器 T_1 磁芯中逐渐积累磁场能量，此时二极管 VD_1 和 VD_2 均反向偏置而截止。当加在 V_1 基极的正向驱动信号消失时，由于 V_1 是一个高频开关管，因此其中的 t_s 和 t_f 均可忽略不计，故 V_1 立即截止。于是功率开关变压器 T_1 的初、次级绕组 N_1 和 N_2 上的电压极性全部发生变向，早先积累在功率开关变压器 T_1 中的磁场能量分别在两个回路中变成电流而被释放。功率开关变压器 T_1 初级绕组 N_1 中积累的能量通过二极管 VD_1 和电阻 R_1 而被释放；功率开关变压器 T_1 次级绕组 N_2 中积累的能量则通过 V_2 的基-射极以及 VD_2 形成一个反偏电流 I_{b2} 而被释放（R_3 上所流过的电流此时可以忽略不计）。电路中的二极管 VD_1 和电阻 R_1 主要是为了限制功率开关变压器 T_1 次级绕组 N_2 上感应电压的幅值，以防止 V_2 基-射结被击穿。该电路的缺点是反偏电流 I_{b2} 的大小与功率开关变压器 T_1 在 V_1 导通期间存储的能量成正比，也就是与 V_1 的驱动脉冲的占空比成正比，而 DC - DC 变换器在空载时 V_1 驱动脉冲的占空比恰好为最小，因而 I_{b2} 也就最小。因此，正好与功率开关管在空载时存储时间最大、需要 I_{b2} 最大的要求相反。该电路的优点是结构简单，因此在小功率的 DC - DC 变换器电路中颇受欢迎。

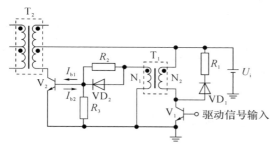

图 10 - 18　电阻放电式驱动电路

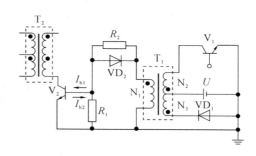

图 10 - 19　恒定电压放电式驱动电路

（2）恒定电压放电式驱动电路。图 10 - 19 所示的电路是恒定电压放电式驱动电路。其工作原理为：当 V_1 的基极加上正向驱动信号时饱和导通，此时输入直流电源电压 U_i 几乎全部加到功率开关变压器 T_1 的初级绕组 N_1 上，在次级绕组 N_2 上所感应的电压使二极管 VD_1 反偏而截止，而在次级绕组 N_3 上所感应的电压则通过电阻 R_2 向功率开关管 V_2 的基极提供一个正向驱动电流 I_{b1}，使其饱和导通，二极管 VD_2 反向偏置而截止，功率开关变压器 T_1 在此期间逐步积累磁场能量。当 V_1 基极的正向驱动信号消失时，V_1 马上截止，于是功率开关变压器 T_1 的 N_1、N_2 和 N_3 各绕组上的电压极性全部发生变向。当绕组 N_2 上的电压大于 U_i 时，二极管 VD_1 导通，因此绕组 N_2 上的电压被钳位在 U_i 以下。故此时绕组 N_3 上的电压就为恒定值，并且通过 V_2 的基-射极与二极管 VD_2 形成一个基极反偏电流 I_{b2}（R_1 中的电流此时可以忽略不计），这样就达到了减小功率开关管 V_2 存储时间 t_s 的目的。

（3）电容储能式驱动电路。图 10 - 20 所示的电路是一个典型的电容储能式驱动电路。其工作原理为：当晶体管 V_1 的基极加有正向驱动信号时 V_1 饱和导通，输入直流电源电压 U_i 几乎全部加到功率开关变压器 T_1 的初级绕组 N_1 上，在次级绕组 N_2 上所感应的电流 I_{b1} 使功率开关管 V_2 处于饱和导通状态。另一路电流流过电阻 R_1 向电容 C 充电，由于电容 C 的

阻抗比电阻 R_1 小，因此电容 C 上很快建立起电压 U_C，其值的大小可用下式表示：

$$U_C = U_i \frac{N_2}{N_1} - U_{bes} - U_d \qquad (10-51)$$

式中，U_{bes} 为功率开关管 V_2 基-射极的饱和管压降，单位为 V；U_d 为二极管 VD 的正向管压降，单位为 V。在此期间晶体管 V_3 因二极管 VD 的压降而处于反偏截止状态。当晶体管 V_1 基极上所加的正向驱动信号消失后，V_1 立即截止，功率开关变压器绕组 N_1 和 N_2 上的电压极性发生变向，在绕组 N_2 上所感应的电压经过零的瞬间，电容 C 上的电压 U_C 通过电阻 R_1 加到晶体管 V_3 的基极，使其导通。于是电容 C 上的电压 U_C 通过 V_3 的集-射极又加到功率开关管 V_2 的基-射极，形成一个较大的反偏电流 I_{b2}。同时电压 U_C 使晶体管 V_3 继续保持导通状态，并使二极管 VD 处于反偏截止状态。本电路适用于中、大功率的 DC-DC 变换器电路。

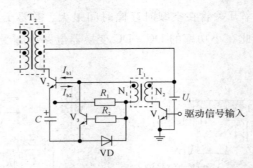

图 10-20   电容储能式驱动电路

此外，有关 DC-DC 变换器电路中的容性负载问题，功率开关变压器的漏感问题，转换过程的高电压、大电流的重叠问题和噪声问题等的解决方法读者可查阅有关文献，这里不再赘述。

10.1.11   他激型推挽式 DC-DC 变换器电路中的 PWM/PFM 电路

他激型推挽式 DC-DC 变换器中的 PWM 电路与单端式 DC-DC 变换器电路中的一样，也包括 PWM 发生器、PWM 驱动器、PWM 控制器等电路，不同之处就是把单端驱动输出变为相位相差 $180°$ 的双端驱动输出。另外，具有双端驱动输出的这些 PWM 电路不但能构成他激型推挽式 DC-DC 变换器电路，还能构成其他类型的双端式 DC-DC 变换器，如半桥式、全桥式等 DC-DC 变换器电路。随着微电子技术的飞速发展，包含有 PWM 发生器、PWM 驱动器、PWM 控制器等电路的 PWM 集成电路 20 世纪 80 年代末就已问世，并且品种各式各样，有电压控制型的，有电流控制型的，还有软开关控制型的，使设计人员在设计双管他激式 DC-DC 变换器时十分方便。

10.1.12   他激型推挽式 DC-DC 变换器电路设计实例

图 10-21 所示的电路是一个采用 LM5030 芯片和两只 N-MOSFET 功率开关管

SUD19N20-90 及其他元器件一起构成的具有两路直流输出的他激型推挽式 DC-DC 变换器电路。现在就以该电路为例介绍一下他激型推挽式 DC-DC 变换器电路的设计方法和步骤。

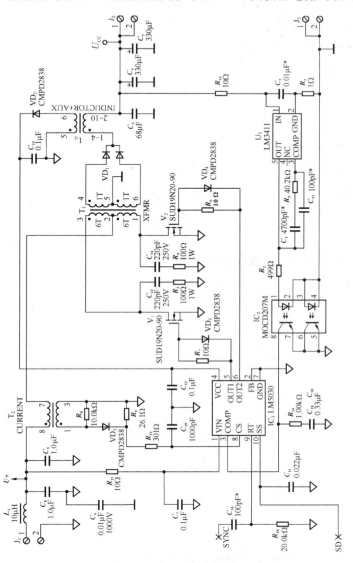

图 10-21　采用 LM5030 芯片等构成的他激型推挽式 DC-DC 变换器电路

1. 已知条件

（1）输入条件。输入直流供电电源电压为：$U_{i\,min} = 35$ V，$U_{i\,max} = 75$ V，$U_{i\,nom} = 48$ V。

（2）输出要求。第一路输出直流电压 $U_{o1} = 12$V，最大输出纹波电压 $U_{rp1} = 100$ mV，输出最小电流 $I_{o1\,min} = 0.5$ A，输出最大电流 $I_{o1\,max} = 5$ A；第二路输出直流电压 $U_{o2} = 3.7$ V，最大输出纹波电压 $U_{rp2} = 120$ mV，输出最小电流 $I_{o2\,min} = 0.1$ A，输出最大电流 $I_{o2\,max} = 0.5$ A；两路输出整流二极管的正向压降均为 $U_{d\,fw} = 0.9$ V；开关工作频率 $f = 250$ kHz，周期时间 $T = 4$ μs，每一相的工作时间 $t_{CH} = \dfrac{2}{f} = 8$ μs；功率开关变压器转换效率 $\eta = 0.95$；

193

MOSFET 功率开关管 SUD19N20 - 90 导通阻抗 $R_{on} = 0.09\ \Omega$，输出电容 $C_{oss} = 180\ pF$，总栅极电荷 $Q_{gtot} = 34\ nC$，栅-漏之间电荷 $Q_{gd} = 12\ nC$，栅-源之间电荷 $Q_{gs} = 8\ nC$，阈值电压 $U_{gsth} = 2\ V$，$R_{dron} = 3\ \Omega$；$U_{dr} = 9\ V$。

2. 输出功率的计算

（1）输出最小功率的计算：

$$P_{omin} = (U_{o1} + U_{dfw}) \cdot I_{o1min} + (U_{o2} + U_{dfw}) \cdot I_{o2min} = 6.91\ W \qquad (10-52)$$

（2）输出最大功率的计算：

$$P_{omax} = (U_{o1} + U_{dfw}) \cdot I_{o1max} + (U_{o2} + U_{dfw}) \cdot I_{o2max} = 66.8\ W \qquad (10-53)$$

3. MOSFET 功率开关管导通压降的计算

MOSFET 功率开关管导通压降可由下列公式计算：

$$U_{dson} = \frac{P_{omax}}{\eta \cdot U_{imin}} \cdot R_{dson} = 0.2\ V \qquad (10-54)$$

4. 功率开关变压器初、次级绕组匝数比的计算

（1）最大导通时间的计算。假定每一相的最大占空比为 $D_{max} = 0.365$，最小输入直流电源电压下每一相的占空比应远小于 0.40，就可得到每一相导通时间的最大值为

$$t_{ONmax} = t_{CH} \cdot D_{max} = 2.92\ \mu s \qquad (10-55)$$

（2）初、次级绕组匝数比的计算：

$$N_{sp1} = \frac{\dfrac{U_{o1}}{D_{max}^2} + U_{dfw}}{U_{imin} - U_{ds\,on}} = 0.5 \qquad (10-56)$$

（3）最大输入直流电源电压下最小占空比的计算：

$$D_{min} = \frac{U_{o1}}{2N_{sp1}(U_{imax} - U_{ds\,on}) - U_{dfw}} = 0.16 \qquad (10-57)$$

（4）正常输入直流电源电压下占空比的计算：

$$D_{nom} = \frac{U_{o1}}{2N_{sp1}(U_{inom} - U_{ds\,on}) - U_{dfw}} = 0.26 \qquad (10-58)$$

5. MOSFET 功率开关管漏-源之间电压应力的计算

如果假定电压尖峰为输入直流电源电压的 30%，那么在最大输入直流电源电压下由漏感在 MOSFET 功率开关管漏-源之间所产生的电压尖峰为

$$U_{swmax} = 2(1.15U_{imax}) = 172.5\ V \qquad (10-59)$$

6. 初级电流的计算

由于输入功率为 $P_i = U_{imin} \cdot I_{pf} \cdot 2D_{max}$，$I_{dc} = \dfrac{P_{omax}}{(U_{imin} - U_{dson})}$，而 I_{pft} 又等于初级电流的下降量，因此就有

（1）初级直流电流的计算公式：

$$I_{\mathrm{pdc}} = \frac{P_{\mathrm{omax}}}{(U_{\mathrm{imin}} - U_{\mathrm{dson}}) \cdot \eta} = 2.02 \text{ A} \tag{10-60}$$

（2）初级电流下降量的计算公式：

$$I_{\mathrm{pft}} = \frac{P_{\mathrm{omax}}}{(U_{\mathrm{imin}} - U_{\mathrm{dson}}) \cdot \eta \cdot 2D_{\mathrm{max}}} = 2.77 \text{ A} \tag{10-61}$$

（3）初级电流有效值的计算公式：

$$I_{\mathrm{prms}} = I_{\mathrm{pft}} \cdot \sqrt{D_{\mathrm{max}}} = 1.67 \text{ A} \tag{10-62}$$

（4）初级交流电流的计算公式：

$$I_{\mathrm{pac}} = I_{\mathrm{pft}} \cdot \sqrt{D_{\mathrm{max}}(1 - D_{\mathrm{max}})} = 1.33 \text{ A} \tag{10-63}$$

7. 次级电流的计算

由于钳位电路的作用，次级电流的有效值等于直流输出电流，因此就有

（1）次级电流有效值的计算公式：

$$I_{\mathrm{s1rms}} = I_{\mathrm{o1max}} \cdot \sqrt{D_{\mathrm{max}}} = 3.02 \text{A} \tag{10-64}$$

$$I_{\mathrm{s2rms}} = I_{\mathrm{o2max}} \cdot \sqrt{D_{\mathrm{max}}} = 0.3 \text{A} \tag{10-65}$$

（2）次级交流电流的计算公式：

$$I_{\mathrm{s1ac}} = I_{\mathrm{o1max}} \cdot \sqrt{D_{\mathrm{max}}(1 - D_{\mathrm{max}})} \tag{10-66}$$

$$I_{\mathrm{s2ac}} = I_{\mathrm{o2max}} \cdot \sqrt{D_{\mathrm{max}}(1 - D_{\mathrm{max}})} = 0.24 \text{ A} \tag{10-67}$$

8. 输出整流二极管最大应力的计算

（1）电压应力的计算。输出整流二极管的最大电压应力实际上就是反向耐压值，因此可由下式计算：

$$U_{\mathrm{RRM1max}} = U_{\mathrm{RRM2max}} = 2U_{\mathrm{imax}} \cdot N_{\mathrm{sp1}} = 74.74 \text{ V} \tag{10-68}$$

在实际应用中，应选择反向耐压为 100 V 的肖特基或快恢复二极管。

（2）功率应力的计算：

$$P_{\mathrm{VD1max}} = I_{\mathrm{o1max}} \cdot U_{\mathrm{dfw}} = 4.5 \text{ W} \tag{10-69}$$

$$P_{\mathrm{VD2max}} = I_{\mathrm{o2max}} \cdot U_{\mathrm{dfw}} = 0.45 \text{ W} \tag{10-70}$$

对于大电流、低电压输出的应用电路，为了得到较高的转换效率，应选择同步整流技术。当选用 MOSFET 功率开关管作为同步整流器中的功率开关管时，其功率应力可由下式计算：

$$P_{\mathrm{FETtot}} = P_{\mathrm{VD1max}} + P_{\mathrm{VD2max}} = 4.95 \text{ W} \tag{10-71}$$

9. 输出纹波电压、输出电感和输出滤波电容容量的计算

假定输出滤波电路工作于连续工作模式，并且电感两端的电压 $U_{\mathrm{L}} = L \cdot \mathrm{d}i/\mathrm{d}t$，电流的变化量 $\Delta I = 2I_{\mathrm{omin}} = U_{\mathrm{L}} \cdot t_{\mathrm{ON}}/L_{\mathrm{o}} = (U_{\mathrm{f}} - U_{\mathrm{o}})t_{\mathrm{ON}}/L_{\mathrm{o}}$，而 $U_{\mathrm{o}} = U_{\mathrm{f}}(2t_{\mathrm{ON}}/\mathrm{T})$（$U_{\mathrm{f}}$ 为输出峰值电压），因此就有

（1）输出电感的计算公式：

$$L_{o1} = \frac{(U_{f1} - U_{o1}) \cdot t_{ONmax}}{2I_{o1min}} = 12.96 \ \mu H \qquad (10-72)$$

$$L_{o2} = \frac{(U_{f2} - U_{o2}) \cdot t_{ONmax}}{2I_{o2min}} = 19.98 \ \mu H \qquad (10-73)$$

在实际应用电路中，输出电感应满足下式：

$$L_{o1u} \gg L_{o1} \qquad (10-74)$$

$$L_{o2u} \gg L_{o2} \qquad (10-75)$$

因此输出电感应选择为 $L_{o1u} = 25 \ \mu H$，$L_{o2u} = 25 \ \mu H$。

（2）输出纹波电流的计算公式。由于 $U_{f1} = \dfrac{U_{o1}}{2t_{ONmax}} t_{CH} = 16.44$ V 和 $U_{f2} = \dfrac{U_{o2}}{2t_{ONmax}} t_{CH} = 5.07$ V，因此可得到输出纹波电流的计算公式为

$$\Delta I_1 = \frac{(U_{f1} - U_{o1}) \cdot t_{ONmax}}{L_{o1u}} = 0.52 \ A \qquad (10-76)$$

$$\Delta I_2 = \frac{(U_{f2} - U_{o2}) \cdot t_{ONmax}}{L_{o2u}} = 0.16 \ A \qquad (10-77)$$

（3）输出电容容量的计算。为了满足输出纹波电压的要求，所选用的输出滤波电容必须满足下列两个条件：

① 所满足的标称容量值被定义为

$$C = \frac{1}{I} du/dt \qquad (10-78)$$

式中，t 为功率开关管的关闭时间 t_{OFF}；u 为允许输出纹波电压的 25%。

② 输出滤波电容的串联等效电阻（ESR）所引起的纹波电压必须小于最大输出纹波电压的 75%，也就是满足下式：

$$\Delta I \cdot ESR \leqslant U_{rp} \cdot 75\% \qquad (10-79)$$

另外，前面我们又给出了输出纹波电压的最大值分别为 $U_{rp1} = 100$ mV 和 $U_{rp2} = 120$ mV，因此可得到

输出滤波电容最小容量的计算公式：

$$C_{o1} = \Delta I_1 \frac{t_{ONmax}}{0.25U_{rp1}} = 60.55 \ \mu F \qquad (10-80)$$

$$C_{o2} = \Delta I_2 \frac{t_{ONmax}}{0.25U_{rp2}} = 15.56 \ \mu F \qquad (10-81)$$

输出滤波电容最大 ESR 的计算公式：

$$ESR_1 = \frac{0.75U_{rp1}}{\Delta I_1} = 0.14 \ \Omega \qquad (10-82)$$

$$ESR_2 = \frac{0.75U_{rp2}}{\Delta I_2} = 0.56 \ \Omega \qquad (10-83)$$

10. MOSFET 功率开关管损耗的计算

（1）导通损耗的计算公式为

$$P_{cond} = R_{on} \cdot I_{pft}^2 \cdot D_{max} = 0.25 \ W \qquad (10-84)$$

（2）开关损耗的计算。驱动信号从低到高的峰值电流的计算公式为

$$I_{driverLH} = \frac{U_{dr} - U_{gsth}}{R_{dron}} = 1.4 \ A \qquad (10-85)$$

驱动信号从高到低的峰值电流的计算公式为

$$I_{\text{driverHL}} = \frac{U_{\text{dr}} - U_{\text{gsth}}}{R_{\text{droff}}} = 14 \text{ A} \tag{10-86}$$

栅极损耗电荷的计算公式为

$$Q_{\text{gsw}} = Q_{\text{gd}} + \frac{Q_{\text{gs}}}{2} = 16 \text{ nC} \tag{10-87}$$

导通时间的估算公式为

$$t_{\text{swLH}} = \frac{Q_{\text{gssw}}}{I_{\text{driverLH}}} = 11.43 \text{ ns} \tag{10-88}$$

关闭时间的估算公式为

$$t_{\text{swHL}} = \frac{Q_{\text{gssw}}}{I_{\text{driverHL}}} = 1.14 \text{ ns} \tag{10-89}$$

最大开关损耗的计算公式为

$$P_{\text{swmax}} = U_{\text{imin}} \cdot I_{\text{pft}} \cdot f(t_{\text{swLH}} + t_{\text{swHL}}) + \frac{C_{\text{oss}} \cdot U_{\text{imin}}^2 \cdot f}{2} = 0.33 \text{ W} \tag{10-90}$$

（3）栅极电荷损耗的计算。驱动 MOSFET 功率开关管栅极结电容所需的平均电流可由下式给出：

$$I_{\text{gavg}} = f \cdot Q_{\text{dtot}} = 8.5 \times 10^{-3} \text{ A} \tag{10-91}$$

栅极电荷损耗的计算公式为

$$P_{\text{gate}} = I_{\text{gavg}} \cdot U_{\text{dr}} = 0.08 \text{ W} \tag{10-92}$$

（4）总损耗的计算。MOSFET 功率开关管总损耗的计算公式为

$$P_{\text{tot}} = P_{\text{cond}} + P_{\text{swmax}} + P_{\text{gate}} = 0.66 \text{ W} \tag{10-93}$$

11. 最大结点温度与散热器的确定

最大结点温度 $t_{\text{j max}} = 120℃$ 和最大环境温度 $t_{\text{a max}} = 70℃$，因此结点到环境的热阻可由下式给出：

$$\theta_{\text{ja}} = \frac{t_{\text{jmax}} - t_{\text{amax}}}{P_{\text{tot}}} = 75.73 \frac{1}{W}℃ \tag{10-94}$$

如果从该式中计算出的热阻低于由 MOSFET 功率开关管的数据表中所提供的热阻，那么就需要一个外加的散热片，或需要使用 PCB 铜皮制作出一个较大面积的散热器。例如，当选用的 MOSFET 功率开关管封装为 TO-263 型时，为其所制作的散热器 PCB 铜皮面积的大小应遵循图 10-22 中所示的曲线。

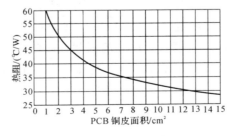

图 10-22　热阻与 PCB 铜皮面积之间的关系曲线

12. 变压器的设计

为了简洁叙述变压器的设计步骤和计算过程，特将变压器的磁滞回线和结构示于图 10-23(a)和(b)中。

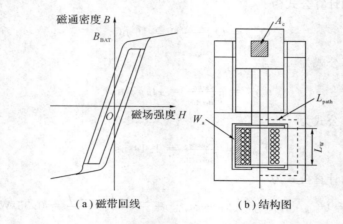

（a）磁带回线　　　　　　　　（b）结构图

图 10-23　变压器的磁滞回线和结构图

变压器磁芯所能容纳的功率能力可由 $W_a \cdot A_c$ 的乘积来确定，W_a 和 A_c 如图 10-23(b) 中所示，分别为磁芯窗口有效面积和磁芯有效截面积。由法拉第定理可得到 $W_a \cdot A_c$ 与电源输出之间的关系为

$$E = 4BA_cNf \times 10^{-8} \qquad (10-95)$$

式中，E 为所施加的电压，单位为 V；B 为磁通密度，单位为 Gs；N 为初、次级绕组之间的匝数比；f 为工作频率，单位为 Hz。

(1) 最大电流密度 J 的选择。在实际应用中，为了保证具有较小的铜耗和有效的磁芯窗口利用率，将最大电流密度 J 的选择范围规定为 $280\sim390$ A/cm²，即满足下式：

$$J = 390 \text{ A/cm}^2 \qquad (10-96)$$

(2) 绕组因数 K 的选择。我们选择 $K=0.5$。

(3) 磁性材料和最大磁通密度的选择。由于开关工作频率 $f \gg 25$ kHz，因此就要限制功率开关变压器的磁损耗和温升。铁氧体磁性材料的选择将会影响在下列给定工作条件下的磁损耗：

- F 材料在 40℃ 的室温下具有最低的损耗。
- P 材料在 $70\sim80$℃ 的温度范围内具有最低的损耗。
- R 材料在 $100\sim110$℃ 的温度范围内具有最低的损耗。
- K 材料在 $40\sim60$℃ 的温度范围内提高频率后具有最低的损耗。

在较高的开关工作频率下，根据其对温升的限制，有必要对这些磁性材料的磁通密度进行调节，将损耗密度限制在 100 mW/cm³ 以下便可保持温升大约为 40℃。当选择 P 材料，并且 $a_1 = 0.158$，$b_1 = 1.36$，$c_1 = 2.86$，最大磁芯损耗密度 $P_{cored} = 75$ mW/cm³ 时，使用下面的公式便可选择出最合适的最大磁通密度：

$$B = \left[\frac{P_{cored}}{a_1 \cdot f^{b_1}} \right]^{\frac{1}{c_1}} \times 10^3 = 624.49 \text{ Gs} \qquad (10-97)$$

式中，f 应以 kHz 为单位，根据图 10-23(a)所示的磁滞回线可以得到

$$\Delta B = 2B = 1.25 \times 10^3 \, \text{Gs} \tag{10-98}$$

另外，当取工艺系数 $K_t = \dfrac{0.0005}{1.97} \times 10^3$ 后便可求出

$$W_a A_c = \frac{P_{omax}}{K_t \cdot \Delta B \cdot f \cdot J} = 0.22 \, \text{cm}^4 \tag{10-99}$$

在实际应用中，选择磁芯时应遵循大于 0.22 cm⁴ 的原则。

通过上面的一些计算和估算，便可得到选择磁性材料时所需的所有参数，并可选择出最理想的磁芯为 P 型材料 EFD30-3C90。它的一些参数为：$\mu_r = 1720$、$A_c = 0.69 \, \text{cm}^2$、$W_a = 0.52 \, \text{cm}^2$、$L_w = 2.01 \, \text{cm}$、$V_e = 4.7 \, \text{cm}^3$、$A_c \cdot W_a = 0.36 \, \text{cm}^4$、第一匝长度 $L_t = 4.8 \, \text{cm}$、$L_{path} = 6.8 \, \text{cm}$，与前面所计算出的参数进行比较，完全符合要求。

（4）初级绕组匝数的计算公式：

$$N_p = \frac{(U_{imin} - U_{dson}) \cdot t_{CH} \cdot D_{max}}{\Delta B \cdot A_c} = 11.79 \tag{10-100}$$

在实际加工中初级匝数可取接近于该计算值的整数值，即取 $N_p = 12$ 匝。

（5）次级绕组匝数的计算公式：

$$N_{s1} = \left(\frac{U_{o1} \cdot t_{CH}}{2t_{ONmax}} + U_{dfw} \right) \frac{N_p}{U_{imin} - U_{dson}} = 5.98 \tag{10-101}$$

$$N_{s2} = \left(\frac{U_{o2} \cdot t_{CH}}{2t_{ONmax}} + U_{dson} \right) \frac{N_p}{U_{imin} - U_{dson}} = 2.06 \tag{10-102}$$

在实际加工中各次级绕组匝数可取接近于该计算值的整数值，即取 $N_{s1} = 6$ 匝，$N_{s2} = 2$。

（6）初级绕组电感量的计算。由于 $\mu_0 = 4\pi \times 10^{-7}$ H/m，式中的 H/m 为亨利/米，因此初级绕组电感量的计算公式为

$$L_p = \frac{A_c \cdot N_p^2 \cdot \mu_o \cdot \mu_r}{L_{path}} = 315.82 \, \mu\text{H} \tag{10-103}$$

（7）初级磁化电流的计算公式：

$$I_{mag} = \frac{U_{imin} \cdot t_{ONmax}}{L_p} = 0.32 \, \text{A} \tag{10-104}$$

在实际应用中，当功率开关管和初级绕组确定了以后，磁化电流应尽可能得小，一般应小于负载电流的 10%。

（8）初级绕组截面积的确定。由于最大电流密度 $J = 390$ A/cm² 以及初级电流有效值 $I_{p\,rms} = 1.67$ A，因此初级绕组截面积可由下式计算：

$$W_{p\,cu} = \frac{I_{prms}}{J} = 4.29 \times 10^{-3} \, \text{cm}^2 \tag{10-105}$$

另外，还可以采用下式计算出所选用绕线的 AWG 值，在实际应用中采用 AWG 值在漆包线数据表中查出所需的漆包线是非常方便的。

$$\text{AWG}_p = -4.2 \ln\left(\frac{W_{p\,cu}}{\text{cm}^2} \right) = 22.9 \tag{10-106}$$

（9）初级最里层匝数的计算：

$$N_{tllp} = \frac{I_w}{D_{culp}} = 25 \tag{10-107}$$

（10）初级绕组层数的计算：

$$N_{1y1p} = \frac{N_p \cdot N_{stlp}}{\dfrac{N_{tllp}}{2}} = 1 \tag{10-108}$$

初级绕组为两个绕组，每个绕组的层数均为 1。

（11）次级绕组截面积 $W_{s1\,cu}$ 的确定：

$$W_{s1cu} = \frac{I_{s1rms}}{J} = 7.75 \times 10^{-3}\ cm^2 \tag{10-109}$$

$$AWG_{s1} = -4.2\ln(W_{s1\,cu}) = 20.41 \tag{10-110}$$

（12）次级绕组最里层匝数的计算：

$$N_{tlls1} = \frac{I_w}{D_{culs1}} = 25 \tag{10-111}$$

$$N_{tlls2} = \frac{I_w}{D_{culs2}} = 68 \tag{10-112}$$

（13）次级绕组层数的计算：

$$N_{iyls1} = \frac{N_{s1} \cdot N_{stls1}}{\dfrac{N_{tlls1}}{2}} = 1 \tag{10-113}$$

$$N_{iyls2} = \frac{N_{s2} \cdot N_{stls2}}{\dfrac{N_{tlls2}}{2}} = 1 \tag{10-114}$$

次级绕组为两个绕组，每个绕组的层数均为 1。

（14）次级绕组截面积 W_{s2cu} 的确定：

$$W_{s2cu} = \frac{I_{s2rms}}{J} = 0.77 \times 10^{-3}\ cm^2 \tag{10-115}$$

$$AWG_{s2} = -4.2\ln(W_{s2cu}) = 30.09 \tag{10-116}$$

（15）铜损的计算：

$$W_{cutot} = (D_{culp} \cdot N_{lylp} + D_{culs1} \cdot N_{lys1} + D_{culs2} \cdot N_{lyls2}) \times 1.15 I_w = 0.43\ cm^2 \tag{10-117}$$

（16）绕组利用率的计算公式：

$$W_u = \frac{W_{cutot}}{W_a} = 82.41\% \tag{10-118}$$

如果绕组的利用率大于 95%（铜面积远大于窗口面积），就必须选择一个窗口面积大小的磁芯，或者选用较小线径的漆包线。

（17）磁损的计算公式：

$$P_{core} = U_e\left[\left(\frac{B}{10^3}\right)^{c_1} \cdot a_1 \cdot f^{b_1}\right] \times 10^{-3} = 0.35\ W \tag{10-119}$$

式中，B 的单位为 Gs，f 的单位为 kHz。

另外，在确定初、次级绕组绕线线径时，还应考虑趋肤效应等方面的影响。

10.2   隔离式推挽型 DC‐DC 变换器实验板

10.2.1   实验板的技术指标

1. 输入和输出参数

(1) 输入电压：24 V±1 V(外置电源适配器提供)；

(2) PWM 信号驱动器 IC 工作电压：12 V；

(3) PWM 信号频率 f：200 kHz；

(4) PWM 信号占空比 D 的调节范围：0%～50%；

(5) 输出电压/电流：12 V/2.5 A。

2. 保护功能

(1) 输入电源电压极性加反保护；

(2) 输出过流保护；

(3) 输出过压保护；

(4) 正常工作 LED 指示灯指示。

10.2.2   实验板的用途

该实验板为隔离式推挽型 DC‐DC 变换器电路，通过使用示波器观察和测量相应的 PWM 信号的频率、幅度和极性，验证图 10‐10 所示的隔离式推挽型 DC‐DC 变换器电路各点信号波形时序图。使用示波器和万用表测量输入供电电压 U_i、PWM 发生驱动器 IC 工作电压、PWM 驱动信号的占空比 D 和输出电压 U，验证上面推导出的隔离式推挽型 DC‐DC变换器输入电压、输出电压与占空比 D 之间的关系式(10‐44)。通过这些观察、测试、比较和计算，掌握隔离式推挽型 DC‐DC 变换器电路的工作原理。需要用到的器材实验如下：

(1) 四位半数显万用表 1 块；

(2) 频率≥40 MHz 双踪的示波器 1 台；

(3) 隔离式推挽型 DC‐DC 变换器实验板 1 套；

(4) 功率电阻若干；

(5) 连接导线若干；

(6) 常用工具 1 套。

10.2.3   实验板的硬件组成

(1) 实验板的原理电路和印制板图。隔离式推挽型 DC‐DC 变换器实验板的原理电路和印制板图如图 10‐24 所示。

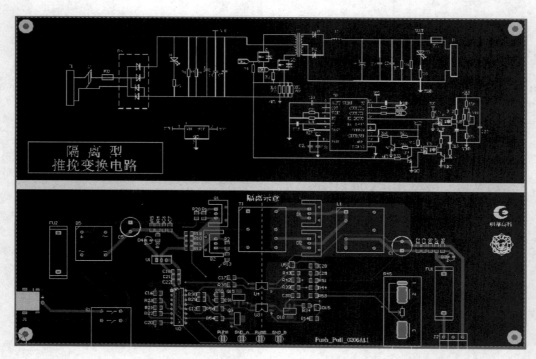

图 10-24　隔离式推挽型 DC-DC 变换器实验板的原理电路和印制板图

（2）实验板的外形。隔离式推挽型 DC-DC 变换器实验板的外形如图 10-25 所示。

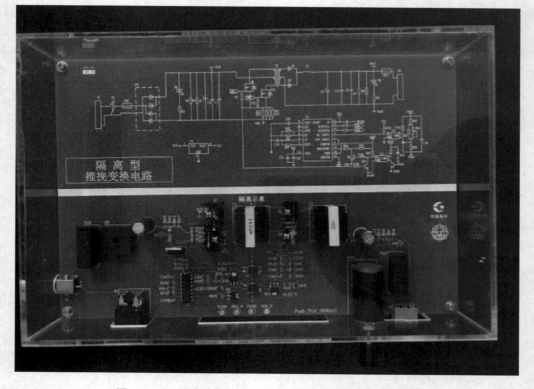

图 10-25　隔离式推挽型 DC-DC 变换器实验板的外形图

（3）实验板简介。

① 全波整流桥。其作用一是防止将输入直流供电电源极性接反，二是可以输入交流供电电源。

② PWM 驱动器 SG3525。SG3525 是美国 Silicon General 公司生产的采用电压模式控制的集成 PWM 控制器，它是采用双级型工艺制作的新型模拟数字混合集成电路，性能优异，所需外围器件较少，是专门为 DC – DC 变换器而设计的，设计人员提供只需最少外部元器件就能获得性价比高的解决方案。SG3525 内部有精度为 ±1% 的 5.1 V 基准源，具有很高的温度稳定性和较低的噪声等级，能提供 1~20 mA 的电流，可作为电路中电压和电流的给定基准；输出级采用推挽输出，双通道输出，占空比 0~50% 可调；每一通道输出驱动电流的最大值可达 200 mA，输入驱动电流最大值可达 500 mA；可直接驱动功率 MOS 管，工作频率高达 400 kHz；具有欠压锁定、过压保护和软启动等功能。该芯片工作电压范围很宽，为 8~35 V，工作温度为 0~70℃，常用封装为 PDIP – 16、SOIC – 16L 两种。其内部原理框图如图 10 – 26 所示。

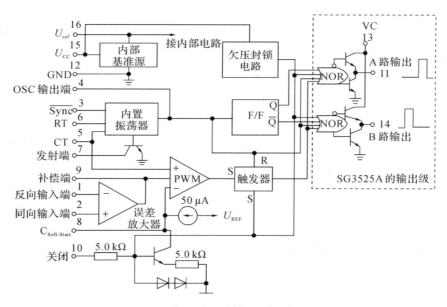

图 10 – 26　SG3525 内部原理框图

③ 变压器。推挽式变换器使用的开关变压器有两个初级线圈，它们都属于励磁线圈，但流过两个线圈的电流所产生的磁力线方向正好相反，因此，推挽式变换器的变压器属于双激式变换器变压器；另外，推挽式变换器变压器的次级线圈会同时被两个初级线圈所产生的磁场感应，因此，变压器的次级线圈同时存在正、反激电压输出；推挽式变换器有多种工作模式，如：交流输出、整流输出、直流稳压输出等工作模式，各种工作模式对变压器的参数会有不同的要求。

由于推挽式变压器的铁芯分别被流过变压器初级线圈 N₁ 和 N₂ 两个绕组的电流轮流进行交替励磁，变压器铁芯的磁感应强度 B 可从负的最大值 $-B_m$ 变化到正的最大值 $+B_m$，因此，推挽式变压器铁芯磁感应强度的变化范围比单激式变压器铁芯磁感应强度的变化范围大好几倍，并且不容易出现磁通饱和现象。

推挽式变压器的铁芯一般都可以不用留气隙,因此,变压器铁芯的导磁率比单激式变压器铁芯的导磁率高出很多,这样,推挽式变压器各线圈绕组的匝数就可以大大减少,使变压器的铁芯体积以及变压器的总体积都可以相对减小。

变压器参数的计算:

- 初级绕组匝数N_p:

$$N_p = \frac{U_I \cdot D_{max}}{f \cdot \Delta B \cdot A_e} \tag{10-120}$$

式中,U_I为输入电压,单位为 V;D_{max}为占空比的最大值;A_e为磁芯有效截面积,单位为 mm^2。

- 匝比:设变压器初级绕组匝数为N_p,变压器次级绕组匝数为N_s,定义匝比为$n = N_p/N_s$,又因次级绕组电压为

$$U_s = \frac{U_o}{D_{max}}$$

所以匝比为

$$n = \frac{U_I}{U_s} \tag{10-121}$$

- 次级绕组匝数N_s:

$$N_s = \frac{N_p}{n} \tag{10-122}$$

- 输出电流I_o:

$$I_o = \frac{P_o}{U_o} \tag{10-123}$$

- 线径 d:由于$I_{rms} = \frac{I_o}{\sqrt{3}}$,$S_{cu} = \frac{1.2\, I_{rms}}{J_a}$,因此就有

$$d_{cu} = \sqrt{\frac{4\, S_{cu}}{\pi}} \tag{10-124}$$

式中,I_{rms}为导线中流过的电流,单位为 A;S_{cu}为导线的横截面积,单位为 mm^2;J_a为电流密度,单位为 A/mm^2。

10.3 实 验 内 容

(1) 输出端接 20 Ω/50 W 功率电阻,将多圈电位器左旋到最大,用万用表测量输出电压,探头夹在实验板的测试端子"PWMA"和"GNDA"上,用示波器测量 PWM 信号的占空比。输出端接 20 Ω/50 W 功率电阻,将多圈电位器右旋到最小,用万用表测量输出电压,用示波器测量 PWM 信号的占空比。输出端接 30 Ω/50 W 功率电阻,将多圈电位器旋到大概中间位置保持不变,用万用表测量输出电压,用示波器测量 PWM 信号的占空比。输出端接 20 Ω/50 W 功率电阻,将多圈电位器旋到大概中间位置保持不变,用万用表测量输出电压,用示波器测量 PWM 信号的占空比。输出端接 10 Ω/50 W 功率电阻,将多圈电位器旋到大概中间位置保持不变,用万用表测量输出电压,用示波器测量 PWM 信号的占空比,将结果记录在表 10-1 中。

表 10 - 1　推挽式 DC - DC 变换器实验内容（一）

实验项目	输入电压/V	输出电压/V	占空比/%	输出负载电阻值	输出纹波电压
电位器位置 1					
电位器位置 2				20 Ω/50 W	
电位器位置 3	24				
电位器位置 4				30 Ω/50 W	
电位器位置 5				10 Ω/50 W	

（2）使用万用表分别测量实验板上"J1"端、输出"CON2"端的直流电压，再使用示波器分别观察、记录和绘制"J2"、"J3"端的输出波形，完成表 10 - 2 中的实验内容。观察、记录和绘制"J1"、"J2"、"J3"、"CON2"端的输出波形时，应注意它们之间的时序，并且一定要和单端反激型 DC - DC 变换器工作原理中给出的时序波形进行比较。

表 10 - 2　推挽式 DC - DC 变换器实验内容（二）

序号	项　目			内　容
1	万用表	CON1/V		
		CON2/V		
		J1/V		
		调节电位器 R_1，测试输出电压的变化		
2	示波器	观察波形	J1 输出波形	
			J2 输出波形	
			J3 输出波形	
		测试数据	J2 f/Hz	
			J2 D/%	
			J3 f/Hz	
			J3 D/%	
			输入电压纹波	
			输出电压纹波	
			线性调整率	
			负载调整率	
3	电源纹波抑制比（PSRR）测试计算			

（3）输出端接 50 Ω/50 W 功率电阻，将多圈电位器右旋到最小，用万用表记录测量电压，用示波器测量 PWM 信号的占空比，将结果记录在表 10 - 3 中。输出端接 50 Ω/50 W 功率电阻，将多圈电位器旋到大概中间位置保持不变，用万用表测量输出电压，用示波器测量 PWM 信号的占空比，将结果记录在表 10 - 3 中。输出端接 100 Ω/50 W 功率电阻，将多圈电位器旋到大概中间位置保持不变，用万用表测量输出电压，用示波器测量 PWM 信号的占空比，将结果记录在表 10 - 3 中，计算转换效率。

表 10 - 3　推挽式 DC - DC 变换器实验内容（三）

实验项目		输出电压/V	占空比/%	转换效率/%	输出带载/Ω	备　注
内容 1	输入电压 24V				50	输出端接的电阻推荐使用 RX24 型金黄色铝壳电阻，参数是功率 50 W，阻值 50 Ω/100 Ω
内容 2					50	
内容 3					100	
内容 4					100	

10.4　思　考　题

（1）查阅本书前面章节关于单端正激式 DC - DC 变换器电路中，功率开关变压器初级和次级绕组匝数的计算方法，归纳和推导出他激型推挽式 DC - DC 变换器电路中的功率开关变压器初级和次级绕组匝数的计算方法。

（2）图 10 - 12 所示的是采用驱动开关变压器 T_1 提供基极反向驱动电压来缩短功率开关管存储时间的他激型推挽式 DC - DC 变换器电路，请分别设计一款采用抗饱和回受二极管和达林顿电路来实现基极反偏压以缩短功率开关管存储时间的他激型推挽式 DC - DC 变换器电路，并写出功率开关管、抗饱和回受二极管的选择条件，以及开关功率变压器的设计步骤。

（3）在图 10 - 13 所示的采用 RC 延迟导通电路避免双管共态导通的他激型推挽式 DC - DC 变换器电路中，在满足 RC 延迟导通电路的延迟时间必须大于等于功率开关管存储时间的条件下，请推导出 RC 延迟导通电路中电阻 R 和电容 C 的选择原则。

（4）试装调图 10 - 14 所示的产生延迟驱动脉冲的逻辑电路，并使用示波器观察其波形；在图 10 - 18 所示的电阻放电式驱动电路中说明电阻 R_3 的作用（可通过工作时序波形进行分析）；在图 10 - 19 所示的恒定电压放电式驱动电路中说明电容 C 的作用（可通过工作时序波形进行分析）。

（5）采用 UC3525A/UC3527A 芯片设计一款双路输出的 PWM 驱动器，其中包括原理电路和印制板电路的设计。要求：① 具有各种保护引出端；② 外部控制引出端；③ 15 V 供电引入端；④ A、B 两路驱动信号输出引出端；⑤ 整个电路制作成一个通用的小模块形式。

第 11 章　桥式 DC－DC 变换器实验

11.1　实　验　原　理

11.1.1　桥式 DC－DC 变换器的实际电路

　　桥式 DC－DC 变换器电路主要包括半桥式 DC－DC 变换器电路和全桥式 DC－DC 变换器电路，它是由两个推挽式 DC－DC 变换器电路组合而成的。由于这种变换器克服了推挽式 DC－DC 变换器电路中功率开关管集电极承受电压高、集电极电流大、对磁芯材料要求严、功率开关变压器必须具有中心抽头等缺点，继承了推挽式 DC－DC 变换器电路输出功率大、功率开关变压器磁滞回线利用率高、电路结构简单等优点，因此在许多领域获得了广泛的应用。第 10 章中对推挽式 DC－DC 变换器电路的工作原理、电路结构、应用中存在的优点和不足之处等进行了较为详细的讨论和分析，其目的在于使读者掌握推挽式 DC－DC变换器电路的工作原理、电路结构，并为后面桥式 DC－DC 变换器电路的学习打下基础，以便掌握桥式 DC－DC 变换器的工作原理、电路结构，并能在实际应用中设计出符合要求的桥式 DC－DC 变换器电路。

　　由于桥式 DC－DC 变换器电路是由两个推挽式 DC－DC 变换器电路组成的，因此在这一章中为了节约篇幅，就不再对桥式 DC－DC 变换器电路的工作原理、电路结构进行分析和讨论，仅作一些实际电路的应用举例。另外，本章在开始进入主题之前，首先对桥式 DC－DC变换器电路的优点以及电路中一些重要元器件的作用、参数的计算、选择和确定时应注意的事项和原则作如下的叙述和讨论，旨在使设计人员在设计桥式 DC－DC 变换器电路时更加明了。

1. 桥式 DC－DC 变换器电路的特点

　　半桥式 DC－DC 变换器最基本的电路结构如图 11－1 所示，全桥式 DC－DC 变换器最基本的电路结构如图 11－2 所示。从图中可以看出这些结构形式的电路具有如下的优点：

　　（1）输出功率大。

　　（2）功率开关变压器磁芯利用率高。

　　（3）功率开关变压器没有中心抽头，实际加工较为简单。

　　（4）电路中所用功率开关管集电极所能承受的耐压是推挽式 DC－DC 变换器电路中功率开关管的两倍，因此选用功率开关管时集电极的额定电压值就为推挽式 DC－DC 变换器电路中功率开关管的一半。这样在相同的成本和输入条件下，半桥式 DC－DC 变换器的输出功率就为推挽式 DC－DC 变换器的两倍，全桥式 DC－DC 变换器为推挽式 DC－DC 变换器的四倍。

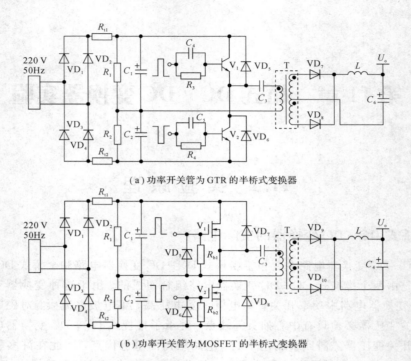

（a）功率开关管为GTR的半桥式变换器

（b）功率开关管为MOSFET的半桥式变换器

图 11-1　半桥式 DC-DC 变换器的基本电路结构

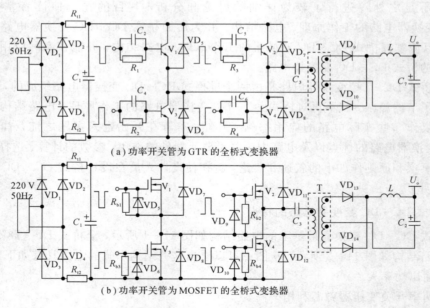

（a）功率开关管为GTR的全桥式变换器

（b）功率开关管为MOSFET的全桥式变换器

图 11-2　全桥式 *DC-DC* 变换器的基本电路结构

（5）在半桥式 DC-DC 变换器电路中，功率开关变压器初级绕组上所施加的电压幅值只有输入电压的一半，与推挽式 DC-DC 变换器电路相比，要输出相同的功率，则功率开关管和功率开关变压器的初级绕组上必须流过两倍的电流，因此，桥式 DC-DC 变换器电路是采用降压扩流的方法来实现相同功率输出的。

（6）为了防止和避免功率开关变压器磁饱和，通过串联电容 C_3 可以自动修正。

2. 桥式 DC－DC 变换器电路中的串联耦合电容

(1) 串联耦合电容的选择原则。

图 11－1 所示电路中的串联耦合电容 C_3，由于功率开关变压器初级绕组中的电流要流过它，因此必须要选用串联等效电阻值小、绝缘电压值高的聚丙烯电容（CBB 电容）。如果单个电容的串联等效电阻值过大而达不到要求，就必须采用多个并联的方法来满足。

(2) 串联耦合电容容量的计算方法。

从桥式 DC－DC 变换器的基本电路结构图中可以看出，串联耦合电容 C_3 和输出滤波电感 L 形成了一个串联谐振电路，其谐振频率可用下式计算出来：

$$f_r = \frac{1}{2\pi \sqrt{L_r C_3}} \tag{11-1}$$

式中，f_r 为串联谐振电路的谐振频率，单位为 Hz；C_3 为串联耦合电容，单位为 F；L_r 为输出滤波电感等效到功率开关变压器初级的反射电感值，单位为 H。输出滤波电感 L 等效到功率开关变压器初级的反射电感值 L_r 可由下式来确定：

$$L_r = \left(\frac{N_p}{N_s}\right)^2 L \tag{11-2}$$

式中，N_p/N_s 为功率开关变压器初级绕组 N_p 与次级绕组 N_s 的匝数比；L 为输出端滤波电感的电感量，单位为 H。把式（11－2）代入式（11－1）中便可得到串联耦合电容 C_3 容量的计算式为

$$C_3 = \frac{1}{4\pi^2 f_r^2 L} \left(\frac{N_s}{N_p}\right)^2 = \frac{1}{4\pi^2 f_r^2 L_r} \tag{11-3}$$

为了使串联耦合电容 C_3 的充电曲线呈线性变化，谐振频率 f_r 必须低于功率变换器的工作频率 f。一般情况下，选择谐振频率 f_r 为变换器工作频率 f 的 1/4，即将 $f_r = 0.25f$ 代入式（11－3）中便可得到较为实用的串联耦合电容 C_3 的计算式为

$$C_3 = \frac{4}{\pi^2 f^2 L} \left(\frac{N_s}{N_p}\right)^2 \tag{11-4}$$

(3) 串联耦合电容 C_3 充电电压的计算方法。

串联耦合电容 C_3 的另一个重要参数就是电容的充电电压值。因为电容 C_3 在变换器一个周期内充电和放电各占半个周期，其正向和反向电压均为输入直流电源电压的一半，再把这个电压加到功率开关变压器初级绕组的两端。临界的设计条件出现在串联耦合电容 C_3 充电电压高于 1/2 的输入直流电源电压值时，因为这个电压高了会影响变换器在输入直流电压低时的调节，因此串联耦合电容 C_3 充电电压可由下式给出：

$$U_C = \frac{I}{C_3} \Delta t \tag{11-5}$$

式中，I 为流过功率开关变压器初级绕组的平均电流，单位为 A；Δt 为串联耦合电容 C_3 的充电时间，单位为 s。串联耦合电容 C_3 的充电时间又可由下式求得

$$\Delta t = \frac{1}{2} T D_{max} = \frac{1}{2} \cdot \frac{D_{max}}{f} \tag{11-6}$$

串联耦合电容 C_3 的充电电压应该是 $U_i/2$ 的 10%～20% 之间的一个数值，如果输入直流电源电压为 300 V，那么 $U_i/2 = 150$ V。对于一个调节性能非常良好的桥式变换器电路来说，串联耦合电容 C_3 的充电电压应该满足下式：

$$15 \text{ V} \leqslant U_C \leqslant 30 \text{ V} \tag{11-7}$$

如果串联耦合电容 C_3 的充电电压值超过了这个值，就需要对式(11-5)中的电容值进行修正和重新计算，其计算式可修正为

$$C_3 = I \frac{\Delta t}{\Delta U_C} \tag{11-8}$$

式中，ΔU_C 为串联耦合电容 C_3 上充电电压的增加值，单位为 V。通过上面所计算出的串联耦合电容 C_3 的充电电压值有可能是一个很低的电压值，但是在实际应用中，还必须采用额定值为 200 V 以上的 CBB 电容。

(4) 阻尼二极管。

图 11-1(a)所示的半桥式 DC-DC 变换器基本电路结构中的 VD_5 和 VD_6，图 11-1(b)所示的全桥式 DC-DC 变换器基本电路结构中的 VD_5、VD_6、VD_7 和 VD_8 是阻尼二极管。它们分别跨接在功率开关管的集电极与发射极之间，具有如下的作用：

① 在功率开关管截止期间，这些阻尼二极管会把由于功率开关变压器的漏感而导致的集电极较高峰值的尖峰电压吸收掉，使两个功率开关管一直工作在安全工作区。

② 在功率开关管由导通转变为截止或者由截止转变为导通的变化过程中，由于功率开关变压器磁芯中磁通的突然换向，功率开关管集电极电压瞬间变负，此时这些阻尼二极管会将功率开关管的集电极与发射极旁路掉，直到集电极的电压再变为正压时为止。因此，降低了功率开关管 V_1 和 V_2 的集电极反向峰值电压。

在实际应用中，如果功率开关管选用的是 MOSFET 型功率开关管，就不需要考虑阻尼二极管的选择问题。因为 MOSFET 功率开关管在生产制作的过程中就已经符合要求，并且跨接在源极和漏极之间的阻尼二极管集成和封装在一起。如果功率开关管选用 GTR 型功率开关管，就必须要考虑阻尼二极管的选型问题。所选用的阻尼二极管必须是快恢复型开关二极管，其截止电压至少应该是 GTR 型功率开关管集-射极截止电压的两倍。如果输入直流电压为 300 V，阻尼二极管的截止电压就不得低于 450 V。

11.1.2 自激型半桥式 DC-DC 变换器实际电路

1. 电流控制型磁放大器半桥式三输出 DC-DC 变换器应用电路

采用了电流控制型磁放大器技术的半桥式三输出 DC-DC 变换器应用电路如图 11-3 所示，该应用电路是一个典型的自激型半桥式 DC-DC 变换器电路。在变换器电路的初级电路中使用了电流控制型磁放大器技术，通过对功率开关变压器初级电路的控制，实现了对三路直流输出电压的稳压目的。功率开关管 V_1 和 V_2 选用 GTR 型的 2SC2552，它们与输入驱动变压器 T_1、输出功率开关变压器 T_2 以及其他元器件共同组成自激型半桥式 DC-DC 变换器电路。与功率开关变压器 T_2 初级绕组串联的变压器 T_3 组成电流控制型磁放大器，并且由晶体管 V_3 的驱动电流来控制，同时还受 5 V 电路中的反馈放大器 IC_1 的控制。反馈放大器 IC_1 把 +5 V 电源电压经分压器分压后与 TL431 输出的 2.5 V 基准电压进行比较后放大，来控制晶体管 V_3、V_4、V_5。当输出电压升高时，运算放大器 IC_1 使晶体管 V_5 的电流减小，从而使晶体管 V_4 向导通的方向变化，而晶体管 V_3 向截止的方向变化，其结果是减小磁放大器控制绕组 N_c 中的电流。

而控制绕组中的电流一旦减小，则磁放大器的饱和程度就减轻，磁放大器初级绕组 N_s 的电感量也就增加，使输出电压回降。同理，当输出电压低于所规定的值时，控制动作的方向与上述刚好相反，运算放大器 IC_1 使晶体管 V_3 中的电流加大，使磁放大器更趋于饱和，

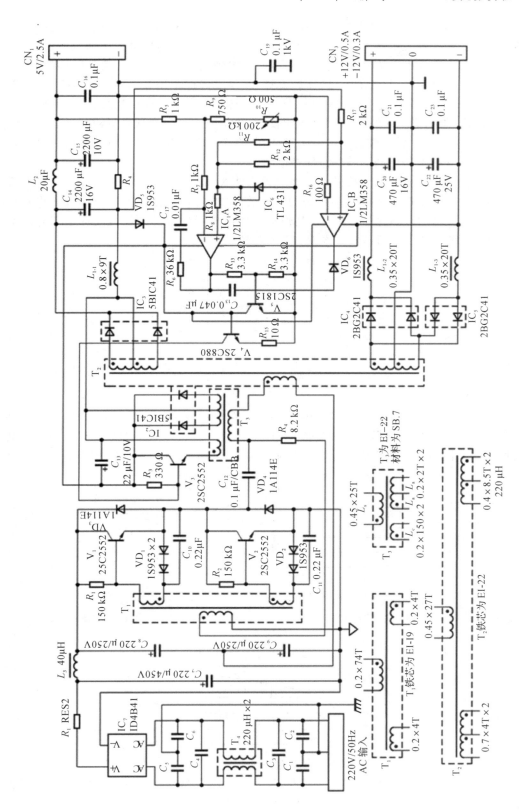

图11-3 电流控制型磁放大器半桥式三输出 DC-DC 变换器应用电路

磁放大器初级绕组 N_s 的电感量也就相应减小，输出电压就会向增加的方向变化。这就是磁放大器的稳压工作原理。磁放大器 T_3 中的绕组 N_a 是为其控制绕组供电的辅助电源设置的。从理论上讲，该绕组若用主功率开关变压器 T_2 的次级绕组来替代，也可起到同样的作用，但是其功率损耗将会有微量的增加。运算放大器 IC_2 是过流保护用放大器，它连接在 +5 V 电路中的 $0.01\ \Omega$ 过流检测电阻上，用以检测其电压降的变化，与接在放大器 IC_2 正向输入端的 $2\ k\Omega$ 电阻上的压降(约 0.025 V)进行比较。显然，这里的过流保护只对 5 V 电路起作用，对 ±12 V 电路没有保护作用。如果 ±12 V 电路也需要过流保护，则可增加一只双运放，添加与 5 V 保护电路相同的另一路保护电路。

该电源电路的输入电压与转换效率之间的关系曲线如图 11-4 所示。从曲线上可以看出当输入电源电压较低时，也能得到 80% 的转换效率。电路中的功率开关管因其输出功率较小，因此不需要外加散热片。此外，在其他电路中所使用的有源器件也同样不需外加散热片，因而该电源电路的整机成本、体积和重量都较低。

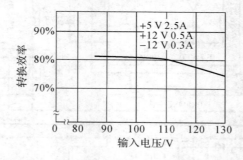

图 11.4 输入电压与转换效率之间的关系曲线

该电源电路的负载调整率特性曲线如图 11-5 所示，图 11-5(a) 是 +5 V 电源的负载变化特性曲线，其输出的稳定度与负载变化的影响相比，输入的变化可以忽略不计。±12 V

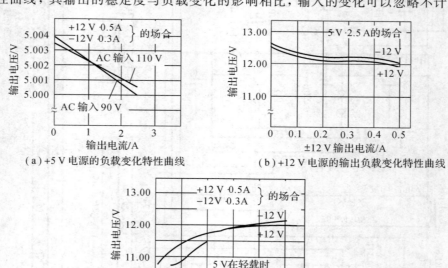

(a) +5 V 电源的负载变化特性曲线　　(b) +12 V 电源的输出负载变化特性曲线

(c) +5 V 电源负载变化时对 ±12 V 电源的影响曲线

图 11-5 负载调整率特性曲线

电源的输出负载变化特性曲线如图 11 - 5(b)所示，从图中可以看出当输出电流由 0.1 A 变化到 0.5 A 时，输出电压的变化量约为 0.25 V。+5 V 电源的输出电流变化时对±12V 电源影响的特性曲线如图 11 - 5(c)所示。从这些特性曲线上还可以清楚地看出，+5 V 电源的负载轻时，对±12 V 电源输出电压变化的影响最大，因此该电源电路比较适合于+5 V 电源负载较重或变化较小的场合应用。

　　该电源电路的过流保护特性如图 11 - 6 所示，它具有截流型的下垂特性。形成这种特性的原因是，当+5 V 输出电源电压下降时，+12 V 输出电源电压也同样下降，从而使由 +12 V 电源电压供电的 TL431 的偏置电流随之下降，于是该基准电压源电路失去稳压功能，其输出端电压也下降。滤波电感 L_{1-1}、L_{1-2} 和 L_{1-3} 是绕在同一个 EI - 22 磁芯上的三个绕组，留有 0.2 mm 的气隙，它们通过互感相互联系。采用这种绕法，当输入电压和负载变化时，比各自独立绕制的效果要好，而且空间的利用率也提高了，成本和体积以及重量也相应降低了一些。这组滤波电感绕制的关键技术是要让各绕组的匝数比接近于各输出电压比，并还要注意电流的流向，使它们都从绕制的始端流向末端，或从末端流向始端。

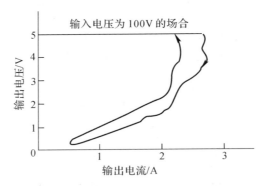

图 11 - 6　过流保护电路的特性曲线

　　该电源电路中的功率开关变压器 T_2 磁芯采用窗口面积较大的 EI - 22 型铁氧体磁芯，其外形尺寸规格请查阅本书第 8 章中相关的内容。在加工绕制时，因为磁放大器 T_3 的控制绕组 N_c 上会出现瞬时高电压，故在加工绕制时应十分注意层与层间的绝缘问题。

　　该电源电路的缺点是在负载电流发生突变时，存在响应速度慢的问题。其优点是可以得到体积小、重量轻、成本低和转换效率高、实用性强的 DC - DC 变换器。

2. 300 W、12 V/24 V/36 V 幻灯机和投影仪 DC - DC 变换器应用电路

　　(1) 电路的组成。

　　300 W、12 V/24 V/36 V 幻灯机和投影仪 DC - DC 变换器应用电路如图 11 - 7 所示，该电源电路采用的是自激型半桥式变换器电路结构。电源电路中的电容 $C_1 \sim C_6$ 与共模电感 T_1 组成双向共模滤波器，一方面可将电源内部主变换器所产生的高频信号对工频电网的影响和污染滤除到最低程度，另一方面还可挡住工频电网上的杂散电磁干扰信号，使其不能进入电源电路而干扰电源电路的正常工作。IC_1 和电解电容 C_7、C_8 组成的全波整流滤波电路将 220 V/50 Hz 工频输入电网电压整流和滤波成 300 V 的直流电压，作为主变换器的供电电源电压。主功率变换器由功率开关管 V_1、V_2 和电容 C_9、C_{10} 以及功率开关变压器 T_1、T_2 等器件连接成自激型半桥式变换器电路结构。

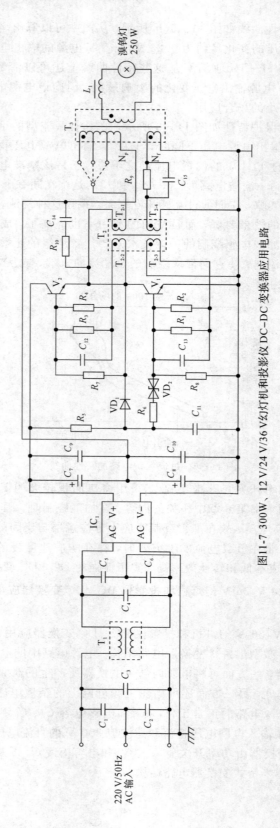

图11-7 300W、12 V/24 V/36 V幻灯机和投影仪DC-DC变换器应用电路

（2）软启动电路。

软启动电路由电阻 R_5、R_6 和电容 C_{11} 以及双向触发二极管 VD_2 组成。一旦接通电源，300 V 直流电压就会通过电阻 R_5 给电容 C_{11} 充电。当电容 C_{11} 上的电压充到足以使双向触发二极管 VD_2 触发导通时，该电容上的电压就会通过电阻 R_6 加到功率开关管 V_1 的基极上，使其饱和导通，完成整个电源电路的启动工作。改变电阻的阻值，或电容的容量，或选取不同阈值电压的双向触发二极管便可改变该电路的软启动时间。

（3）反馈控制回路。

① 反馈控制回路一。功率开关变压器 T_3 中的绕组 N_f 和耦合变压器 T_2 中的绕组 T_{2-2}、T_{2-3}、T_{2-4} 共同构成正激励反馈控制电路一。其工作过程为：当功率开关管 V_1 被启动后，300 V 直流电压通过功率开关变压器 T_3 的初级绕组 N_p 和功率开关管 V_1 对电容 C_{10} 充电，绕组 N_p 中就会有电流流过，这时反馈绕组 N_f 中就会感应出一脉冲电流。该电流经过由电容 C_{15} 和电阻 R_9 组成的相移延迟电路延迟后，流过耦合变压器 T_2 的 T_{2-4} 绕组，导致在分别连于功率开关管 V_1 和 V_2 基极的两个副绕组 T_{2-2} 和 T_{2-3} 上也感应出 V_1 的基极为负、V_2 的基极为正的相位相反的驱动脉冲电压信号，使导通的 V_1 截止，截止的 V_2 导通。功率开关管 V_2 导通后，300 V 直流电压又通过功率开关变压器的初级绕组 N_p 开始对电容 C_{10} 充电。这时 N_p 绕组中流过充电电流的方向正好与功率开关管 V_1 导通时给电容 C_9 充电的电流方向相反，结果使 V_1 又回到导通状态，而 V_2 又回到截止状态，完成了一个圆满的变换过程。这个过程将以 50 kHz 的周期不断地进行下去，从而形成了完整的自激型半桥式变换器的工作过程。

② 反馈控制回路二。反馈控制回路二主要由功率开关变压器 T_3 的初级绕组 N_p、耦合变压器 T_2 中的绕组 T_{2-1} 和绕组 T_{2-2}、T_{2-3} 及其他阻容元件组成。该反馈电路也为正反馈电路。其工作过程为：当输出负载加大，也就是输出电流增大时，在变压器的耦合作用下，流经绕组 T_{2-1} 的电流也会相应的增大。绕组 T_{2-1} 和绕组 T_{2-4} 为同名端，因此就会导致 T_{2-2} 和 T_{2-3} 绕组中的脉冲电流增大，这样就会进一步加快功率开关管 V_1 和 V_2 的开与关的转换速度，最后使得主变换器的频率明显提高。众所周知，DC - DC 变换器的输出电压与其振荡频率成正比。该正反馈电路的存在既扩大了该 DC - DC 变换器的稳压范围，又加强了其带负载能力，即构成了一个自适应调频稳压回路。当输出电流增大或者负载加重时，输出电压均有下降的趋势，这一下降趋势被闭环自适应回路正反馈到功率开关管 V_1 和 V_2 的基极，使变换器的振荡频率增大，且输出电压又有升高的趋势，最后使该电源的输出电压始终都能够稳定在一个所要求的电压值上。这种自适应式调频稳压技术是该 DC - DC 变换器电路中的关键技术。

（4）其他重要元器件的说明。

电容 C_{12} 和 C_{13} 为加速电容，其作用是改善电路的开关特性，减小功率开关管 V_1 和 V_2 的开启时间、关断时间以及存储时间，以降低两只功率开关管的损耗，避免和防止双管共态导通现象的发生。电阻 R_{10} 和电容 C_{14} 一起构成功率开关管集电极峰值电压吸收电路，其作用为抑制和吸收由于功率开关变压器的漏感而导致的集电极尖峰电压，防止和避免两只功率开关管由于集电极尖峰电压过高而引起的二次击穿现象的发生。电容 C_{11}、双向触发二极管 VD_2 和电阻 R_5 一起组成软启动电路，电源电压通过电阻 R_5 为电容 C_{11} 充电，一旦电容充电电压升高至双向触发二极管的门限值时,该二极管就被触发导通,功率开关管 V_1 就被启动导通,改变该电路的 RC 充电时常数,或选择不同触发门限电压的双向触发二极管便可改变整机电源的软启动时间。

(5)电源电路的特点如下:

① 转换效率高,功率损耗小。该 DC-DC 变换器电路设计独特,电路结构简单,两只功率开关管工作在谐振软开关状态,比普通的线性稳压电源的转换效率提高了两倍以上。

② 体积小,重量轻。该稳压电源与传统的线性变压器供电电源相比,重量减轻了 80% 以上,体积也有明显减小,从而使便携式光学教学仪器和设备(投影仪、放映机等)的问世成为可能。

③ 可靠性高,故障率低。该稳压电源电路与同类 DC-DC 变换器电路相比较,一个非常突出的优点就是有源器件非常少,电路结构简单,因此整体可靠性高、故障率低、易于安装和调试、便于批量生产。

④ 成本低。

⑤ 由于电源电路中采用了新的自适应式调频稳压技术,因此自身保护能力、稳压性能和带载能力均得以大大提高。

3. PS60-2(60 W)射灯 DC-DC 变换器应用电路

PS60-2(60 W)射灯 DC-DC 变换器应用电路如图 11-8 所示。该电源电路是一个典型的自激型半桥式变换器电路结构,工作原理与图 11-7 所示的电源电路的工作原理基本相同,只不过是将正反馈电路省掉了一路,变为一路正反馈电路。

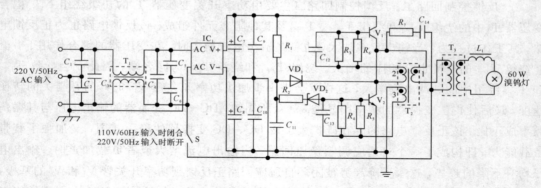

图 11-8 PS60-2(60W)射灯 DC-DC 变换器应用电路

4. 400 W、36 V 幻灯机和投影仪 DC-DC 变换器应用

400 W、36 V 幻灯机和投影仪 DC-DC 变换器应用电路如图 11-9 所示。该电源电路也是一个典型的自激型半桥式变换器电路结构,工作原理除与图 11-7 所示的电源电路的工作原理基本相同以外,另外又增加了一路负基准电压源电路。该负基准电压源电路增加了以后,就可以使整机电源电路在较低的输入电源电压的情况下也能够启动工作。因此,该电源电路非常适合在输入工频电网电压波动较大的偏远地区使用。

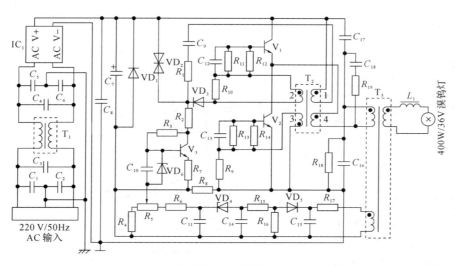

图 11-9　400 W、36 V 幻灯机和投影仪 DC-DC 变换器应用电路

11.1.3　他激型半桥式 DC-DC 变换器实际电路

1. 他激型半桥式 DC-DC 变换器电路的工作原理

1）电路结构

他激型半桥式 DC-DC 变换器的电路结构如图 11-10 所示。

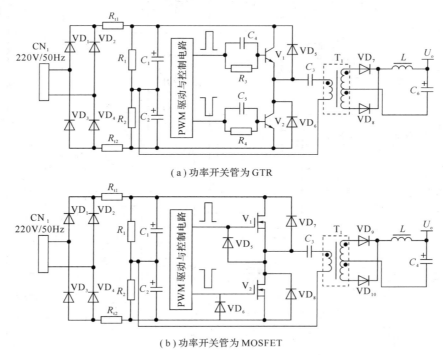

（a）功率开关管为 GTR

（b）功率开关管为 MOSFET

图 11-10　他激型半桥式 DC-DC 变换器的电路结构

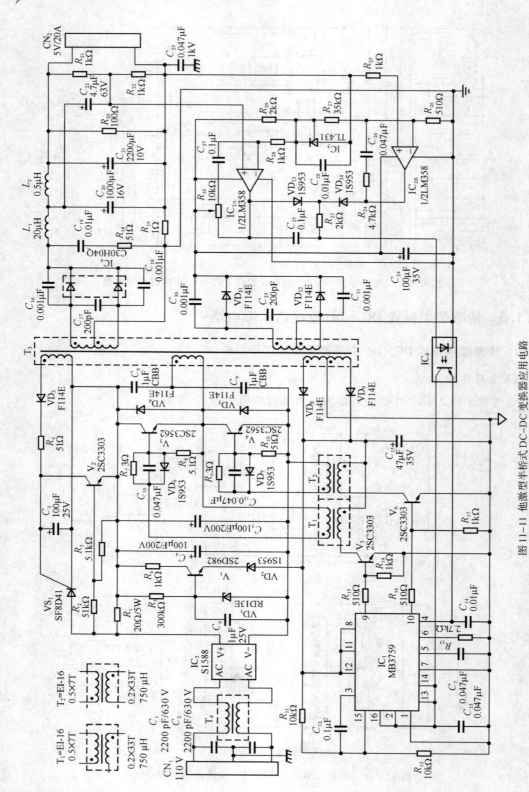

图 11-11 他激型半桥式 DC-DC 变换器应用电路

2）工作原理

为了更深入、细致地说明他激型半桥式 DC - DC 变换器电路的工作原理，下面以一个应用实例的工作过程加以分析和讨论，以使读者从中领会、总结和归纳出他激型半桥式 DC - DC 变换器电路的工作原理，能更直接地掌握这种稳压电源电路。

（1）应用实例。

图 11 - 11 所示的电源电路就是一个以 MB3759 作为 PWM 控制与驱动器、以两个 2SC3562 作为功率开关管的他激型半桥式 DC - DC 变换器电路，其输入为 110 V/60 Hz 的交流电网电压，输出为 5 V/20 A 的直流稳定电压。

（2）工作原理分析。

对该应用实例电源电路的分析分以下几步进行：

① 电源电路的启动。当加上输入电压时，电源经防冲击电流用的电阻 R_1 对滤波电容 C_1 和 C_2 开始充电，其充电时间为 22 ms，大约经过 3 个工作周期的时间即可充电到输入电压的峰值。如果输入电压为 100 V，则此时的冲击电流就大约为 $100\sqrt{2}/20 = 7$ A。

一方面，经过整流滤波后的输入直流电源电压通过电阻 R_1 和 R_5 加到功率开关管 V_1 的基极上，该电压的上升时间由电阻 R_5 和电容 C_6 来决定，大约为 300 ms。这个电压经射极跟随器 V_1 输出后，再通过二极管 VD_2 直接加到 PWM 控制与驱动器 IC_1 上，成为 IC_1 的启动电源电压。在这个电路中，当 IC_1 的 15 脚上的电压升高到 5 V 时，其输出端就开始发出 PWM 驱动信号。也就是说，当 IC_1 的供电电压达到 10 V 时，DC - DC 变换器开始启动工作。从输入电源电压的投入到整个电路的启动工作所需的时间由时间常数 $R_5 C_6$ 来决定，大约延迟 3 个工作周期的时间。这样一来，大容量的滤波电解电容 C_4 和 C_5 就有足够的充电时间，便可使其完全充满电以后主功率变换器才启动。只要 IC_1 一启动工作，驱动晶体管 V_5 和 V_6 就开始轮换交替导通与截止，通过驱动变压器 T_1 和 T_2 给功率开关管 V_3 和 V_4 加上 PWM 驱动信号，驱动变换器工作。当功率变换器启动工作以后，输入直流电压经二极管 VD_3 和电阻 R_4 加到晶闸管 VS_1 的控制栅极上，使其导通。因为这时滤波电解电容 C_4 和 C_5 已完全充满电，故晶闸管 VS_1 导通时就不会有较大的冲击电流出现。

另一方面，只要功率变换器一启动，IC_1 的供电电源就会由加在功率开关变压器 T_3 上的一个辅助绕组 N_f 所产生的感应电压经二极管 VD_8 和 VD_9 以及滤波电容 C_{15} 整流滤波后来提供。V_1 是启动用的晶体管，当电源接通时，输入直流电压经电阻 R_1 和 R_5 加到晶体管 V_1 的基极上，其最大电压由连接于基极的钳位二极管 VD_1 限制为 13 V。该电压经 V_1 组成的射极跟随器进行电流放大后，成为 IC_1 的电源。为了减小电阻 R_5 上的功率损耗，该电阻的阻值要取得大一些。V_1 采用具有超高 β 值和超高 h_{fe} 值的开关管 2SD982，其特性曲线如图 11 - 12 所示。它具有集电极电流减小时，h_{fe} 值降低很少的优点，因此使用这种开关晶体管可以得到低损耗的驱动电路。值得注意的是，图 11 - 12 中达林顿晶体管的特性在集电极电流小的区域内，h_{fe} 值很小，因而就起不到这样的作用。

② 稳压调节过程。接在功率开关变压器次级绕组中的放大器 $IC_2 A$ 是稳压用的反馈放大器，其输出电压经电阻 R_{20} 和 R_{21} 组成的分压器 1/2 分压后，与 IC_3 产生的 2.5V 基准电压

进行比较，差值经放大后驱动光耦合器 IC_4 中的发光二极管，从而将输出的不稳定波动耦合到初级的 IC_1 的控制端来控制其输出的 PWM 驱动信号的脉冲宽度，最后完成稳压调节功能。

③ 过流保护过程。电路中的放大器 IC_{2B} 是供过流保护用的反馈放大器，2.5 V 基准电压经电阻 R_{25} 和 R_{26} 分压后所取出的 0.035V 电压与电流检测电阻 R_{18} 上的电压降进行比较。当输出端一旦出现过流而使该电流检测电阻

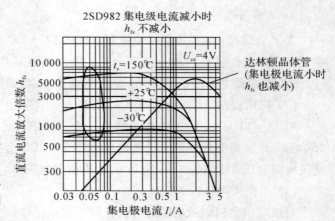

图 11-12 2SD982 开关管与达林顿管的特性曲线

R_{18} 上的电压降超过 0.035 V（相当于电流约为23.6 A）时，放大器 IC_2B 的输出就变为高电平，同样驱动二极管 VD_{14} 和光耦合器 IC_4 中的发光二极管，其结果是使输出电压下降，把输出电流限定在 23.6 A 以下，从而起到过流保护的作用。

④ 输出滤波电路。由电感 L_1、L_2 和电容 C_{20}、C_{21} 组成的输出滤波器是二级滤波器电路，可将输出直流电压中的纹波电压降至 30 mV（峰-峰值）以下。晶体管 V_2 的作用是在输入电源电压瞬时关断后再接通的场合，当输入电压峰值与电容 C_4 上的电压差过大时，将电容 C_3 上的电荷释放掉，推迟晶闸管 VS_1 的导通时间，以防止开机时的浪涌冲击电流。

（3）几个要讨论的问题如下：

① 如何进一步增加输出功率。当需要进一步增加输出功率时，可采用如图 11-13 所示的倍压整流电路。如果功率开关管的发射极-集电极的耐压不成问题，那么通过这种方法，在使用相同功率开关管的条件下，就可以得到两倍于原输出功率的功率。在半桥式变换器电路中功率开关管上所加的电压较低，不会高于输入的直流电源电压的数值。因此，在输入电压高、输出功率大的场合，可以充分发挥其特点。

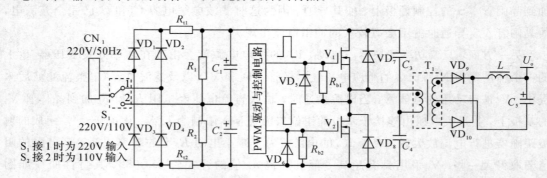

图 11-13 输入电压 220 V/110 V 的通用转换电路

② 高频功率电容的选择。半桥式变换器电路中，与两个功率开关管配对的两个高频功率电容 C_8 和 C_9 是向功率开关变压器 T_3 传输能量的隔直流耦合电容。因这两个电容上所传输的是高频电流信号，因此一定要注意选择合适的电容种类。作为允许高频电流信号大功率通过的电容，选择聚丙烯薄膜电容（CBB 电容）是最为适宜的。图 11-14 所示的电路中，

将这两个电容减少为一个电容 C，虽然其工作原理完全相同，但这种电路在耦合电容 C 上的电荷为零时，若功率开关管 V_3 导通，则在功率开关变压器 T_3 的初级绕组上会加上比稳态时高出一倍的瞬态脉冲电压，其结果是使次级的整流二极管 VD_{10} 上出现比稳态时高出一倍的尖峰电压，因此一定要注意选择二极管的耐压。在图 11‑11 所示的电路中，因为变换器启动前电容 C_8 和 C_9 就已充满了 1/2 的输入直流电源电压，因此就不存在上述问题。

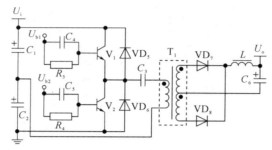

图 11‑14　启动时整流二极管上出现尖峰电压的电路

③ 如何防止启动时出现尖峰电压。如果像图 11‑15 所示的那样在输入直流电路中加入分压电阻 R_1 和 R_2，则因启动前耦合电容 C_3 上就已充好了 1/2 的输入直流电源电压，因此在启动时就不会发生瞬态过电压现象。电路中的二极管 VD_5 和 VD_6 是为了防止驱动变压器 T_1 次级绕组输出驱动电压过高而击穿 MOSFET 功率开关管，一般均采用 15 V/0.5 W 的稳压二极管。加入的分压电阻 R_1 和 R_2 有两个作用：一方面为大电解电容器 C_1 和 C_2 充当放电电阻，若阻值选得过低，则功耗就会增大；另一方面为电容 C_3 提供充电回路，若选得过大，则充电时间就会太长，在输入电源电压开启后，若不经过足够的等待时间后再启动，则仍然是无效的。

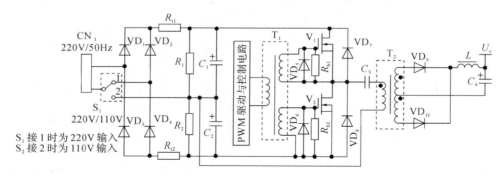

图 11‑15　防止启动时出现尖峰电压的电路

④ 如何减小驱动功率。为了以小的驱动功率获得较大的输出功率，如图 11‑16 所示，可在驱动变压器的 T_1 中增加一个反馈绕组 N_f，以加大正反馈力度。在这个电路中，加于驱动晶体管 V_5 和 V_6 基极上的驱动信号的相位刚好相反。当输入电源电压接通时，由 IC_1 发出 PWM 驱动脉冲信号，则功率开关管 V_5 或 V_6 中任意一个导通，而另一个就会截止时，通过电阻 R_{15} 和 R_{16} 就会给驱动变压器初级绕组加上电，其结果是使功率开关管 V_3 或 V_4 导通，在功率开关变压器 T_3 的初级绕组中产生电流 I_o，这时驱动变压器作为电流互感器工作。设反馈绕组的匝数为 N_f，基极绕组的匝数为 N_b，变换器的输出电流为 I_o，则功率开关管 V_3

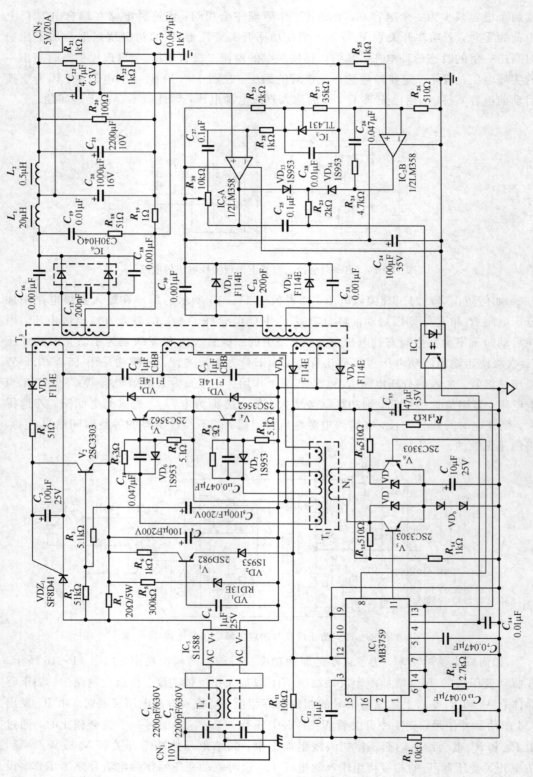

图 11-16 给驱动电路加正反馈以减少驱动功率的电路

或 V_4 中导通的一只功率开关管的基极电流就为

$$I_b = I_o \frac{N_f}{N_b} \tag{11-9}$$

从而使该功率开关管完全导通。在功率开关管已导通时间 t_{ON} 后，处于截止状态的驱动晶体管重新导通，使驱动变压器的初级绕组成为短路状态，这样，驱动变压器的次级绕组电压也变为零，在功率开关管的基极电路中，充在结电容 C_b 上的电压 U_{cd} 以反方向加在功率开关管的基极上，使其截止。经过这样的反复动作，变换器就会按照驱动电路输出的脉冲宽度周期性工作。

（4）驱动变压器参数的计算。

设功率开关管的基极电流为 I_b，集电极电流为 I_c，基极绕组的匝数为 N_b，反馈绕组的匝数为 N_f，则驱动变压器 T_1 的匝数比为

$$\frac{N_b}{N_f} = \frac{I_c}{I_b} \tag{11-10}$$

对于不同的功率开关管，基极电流 I_b 与集电极电流 I_c 之比虽然有所不同，但一般均为五倍左右。此外，若令驱动电路的电源电压为 U_d，功率开关管基极的正向压降为 U_{eb}，串联在基极内部的二极管压降为 U_{cb}，则初级绕组的匝数 N_p 可按下式计算：

$$\frac{N_b}{N_p} = \frac{U_{eb} + U_{cb}}{U_d} \tag{11-11}$$

在匝数比确定后，各绕组的匝数就可采用与普通变压器一样的方法来确定了。

这个电源电路通过正反馈减小驱动功率，并使功率开关管的基极电流与集电极电流成比例，因而始终能以最合适的电流来驱动功率开关管，可制作成高效率低损耗的电源电路。使用这样的电路技术生产出来的额定输出功率为 5 kW、峰值功率为 20 kW 的大功率 DC - DC 变换器已在实际中得到了广泛使用。

2. 他激型半桥式 DC - DC 变换器电路的设计

1）一次整流与滤波电路的设计

（1）整流二极管的选择。

我国的工频电网均采用 220 V/50 Hz 的输电电网，欧洲一些国家的电网为 110 V/60 Hz，因此在无工频变压器的 DC - DC 变换器电路中，经过全波整流和滤波以后所得到的直流供电电压：我们国家为 300 V，欧洲一些国家为 150 V。若已知的输出功率为 P_o，功率变换器的转换效率为 80%，依据这些条件就可以确定出所选用的整流二极管来。

① 反向峰值电压 U_d 的计算。不论是单端式 DC - DC 变换器电路，还是双端式 DC - DC 变换器电路，所选用的工频整流二极管的反向峰值电压 U_d 的计算方法都是相同的。不管是在原理电路，还是在实际应用电路中，工频整流和滤波以后所得到的直流供电电压不是直接与储能电感线圈相连，就是与功率开关变压器的初级绕组或功率开关管的集电极相连，所以均为感性负载。这样在确定整流二极管的反向峰值电压时，就要考虑到这些与之相连的感性负载在关机和开机瞬间所产生的反向电动势问题。一般均将整流二极管的反向峰值电压选为 300 V（150 V）的两倍，即 600 V（300 V），这样做是比较安全可靠的。

② 正向导通电流的计算。整流二极管的正向导通电流可由下式计算：

$$I_d = \frac{P_o}{0.8 \times 300} = \frac{P_o}{240} \tag{11-12}$$

式(11-12)中的 0.8 为变换器的转换效率，300 为 220 V/50 Hz 的输入电网电压经全波整流与滤波后所得到的 300 V 直流电压。若为 110 V/60 Hz 电网，上式中的 300 就为 150。另外，在计算整流二极管的正向导通电流时，还必须要注意到整流二极管的散热问题。在大功率输出时，整流二极管的正向导通电流也会相应增大。这样就会引起二极管发热，而二极管的散热问题一直是设计人员最为头疼的问题。例如，设大功率输出电源的整流二极管的正向导通电流为 5 A，由于正向压降最小为 0.7 V，此时整流二极管的功率损耗就为 3.5 W。因此为了解决整流二极管的散热问题，提高电源的转换效率，降低它内部的损耗，在选择整流二极管时，除了要选择正向压降小的以外，其正向导通电流也要留有 2～3 倍的裕量，即

$$I_d = (2 \sim 3) \cdot \frac{2P_o}{0.8 \times 300} = (2 \sim 3) \cdot \frac{P_o}{120} \qquad (11-13)$$

（2）滤波电容的计算。

滤波电容的容量与耐压值的确定与计算在第 4 章中已经讨论过，这里仅对电解电容的寿命对整个 DC-DC 变换器电路可靠性的影响问题进行一些论述。

在 DC-DC 变换器电路中，除电解电容以外的其他元器件，如电阻、电感、无极性电容、变压器、二极管和晶体管等，它们只会发生人为的或偶发的破坏和故障。而对电解电容来说，它的大容量的生成是其内部化学反应的结果，因此就会发生损耗性故障。与其他元器件人为的或偶发的破坏和故障模式相比，这种故障模式的问题更加严重。就损耗性故障来说，即使将元器件的数量减少到最少，电路设计得再合理，电解电容的寿命也不会得到提高和延长，同时偶发性故障又总是无法避免的。而损耗性故障的出现又像时钟一样准确，只要这种电解电容的寿命一到，这种故障就会发生，除非在整个电路中全部不采用电解电容，否则电解电容的故障率总是较高的。

目前市场上的电解电容一般可保证在 105 ℃ 的温度下有 1000～2000 h 的寿命。近几年来，有些发达国家，如日本、美国、德国、俄罗斯等国家虽然生产出了长寿命的电解电容，但由于价格十分昂贵，难以推广和普及。与其他的元器件相比，电解电容的寿命要短好几个数量级。

电解电容的寿命受温度的影响非常大。其随温度的变化规律遵从"阿类尼厄斯 10° 法则"，即温度每升高 10 ℃，电解电容的寿命就会缩短一半。根据这一法则，在 65 ℃ 的环境温度下，寿命为 1600 h 的电解电容，放到 105 ℃ 的环境温度下，寿命将降为 400 h。电解电容的寿命将影响电源的寿命，而温度又是影响电解电容寿命最关键的因素。这就给电源的设计和生产提出了一个必须要注意的问题，那就是要注意元器件的合理布局问题。为了最大限度降低它的工作温度，应使电解电容远离电路中的热源，选择漏电流最小的质量最好的高温电解电容。图 11-17 给出了电解电容的容量随时间和温度的变化曲线。一般市场上出售的 DC-DC 变换器，虽然标有允许环境温度为 0～60 ℃，但是若在上限温度附近连续

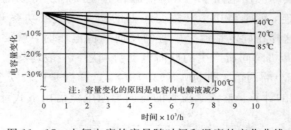

图 11-17　电解电容的容量随时间和温度的变化曲线

工作，其寿命也将会大大缩短，很快将会出现故障或无法使用。对这些电源如果要长期使用，必须要增加裕量，或者采用风机强制通风冷却，以降低电解电容的工作环境温度。从电源整体可靠性的角度出发，就会发现电解电容是一个电源电路中必不可缺少的，也是最不可靠的元件，可以说电源电路中电解电容的寿命就决定了电源的寿命。

（3）共模电感的确定。

在第 4 章中已经讲述了共模电感的作用、电感量的计算和磁性材料的选择原则等。这里再着重强调一下共模电感的作用。目前国内市场上出售的价格很便宜、功率在 200～1000 W 的计算机电源中，共模电感有的都用两根短路镀银线来代替，这可能是生产厂家为降低成本而采取的偷工减料措施，但这将会导致工频电网被污染。随着计算机技术的普及应用，将会造成严重的后果。可喜的是国家有关管理部门目前已出台了对新型电源产品的 EMC 标准，这将对我国 DC - DC 变换器的开发与普及应用起到推动作用，也是建立和谐社会不可缺少的举措。要坚决禁止和杜绝以上行为和现象的出现，净化我们的工频电网，净化我们周围的工作和生活环境。

2）DC - DC 变换器的设计

（1）功率开关管的选择原则如下：

① 集电极峰值电压的计算。从图 11 - 1 所示的半桥式 DC - DC 变换器的基本电路结构中可以看出，由于两只功率开关管在一个工作周期内轮换导通和截止，每一个功率开关管导通或截止的时间各占一个工作周期的一半（理想状态），因此功率开关管集电极上所加的电压就为输入直流供电电压 U_i，这样一来就大大降低了对功率开关管的要求。半桥式 DC - DC 变换器电路采用了两只高频功率电容来代替两只功率开关管，因此是非常经济的。虽然两只功率开关管有时要比两只高频功率电容所占的体积小，但是电容却是无源器件，并且不需外加散热片的。所以总的来说，采用半桥式 DC - DC 变换器电路既降低了成本，又减小了体积和重量。在高速度、高反压、大电流晶体管十分昂贵的现实情况下，采用半桥式 DC - DC 变换器电路，电容器的中点充电到输入直流电源电压的 1/2，而全桥式变换器电路则采用两只功率开关管来代替这两个电容，所以在同样的输出功率下，半桥式 DC - DC 变换器电路中功率开关变压器的初级绕组中的电流就是全桥式变换器电路的两倍，这一点还要在后面的全桥式变换器电路中详细讲到。

在半桥式脉宽调制型变换器电路中，功率开关管所承受的电压为输入直流电源电压 U_i，但是由于功率开关变压器的漏感以及集电极回路中引线电感的影响，在功率开关管关断的瞬间就会引起较大的反峰尖刺电压，电路中采取加入缓冲或吸收电路等措施后，一般能将这些反峰尖刺电压降低到稳态的 20% 以内。此外，还应考虑到 10% 的电网波动的影响，因此功率开关管所承受的峰值电压就应该为 $1.2 \times 1.1 U_i = 1.32 U_i$。

功率开关管实际应用时，最好用在其额定值的 50% 为最佳，再考虑到现有器件的现状，降低到用在其额定值的 80%，则有 $1.32 U_i = 0.8 U_{ce}$，所以可得

$$U_{ce} = 1.65 U_i \tag{11 - 14}$$

将 U_i 的计算式代入式（11 - 14），就可以得到

$$U_{ce} = 1.65 \times \sqrt{2} \times 220 = 513 \text{ V} \tag{11 - 15}$$

可见，半桥式脉宽调制型 DC - DC 变换器电路中功率开关管的集电极峰值电压应大于 500 V。

② 集电极电流的计算。假定现在给定了半桥式脉宽调制型 DC - DC 变换器的转换效率

为 $80\%\sim85\%$，输出功率为 P_o 或者输出电流为 I_o 和输出电压为 U_o，则稳压电源输入功率为

$$P_i = \frac{P_o}{\eta} = \frac{P_o}{0.8} = \frac{U_o I_o}{0.8} \tag{11-16}$$

当工频电网电压经过整流、滤波后所得到的输入直流电压为 300 V，并且假定脉冲驱动信号的占空比为 D 时，则脉冲电流的幅值就为

$$I_m = \frac{2P_i}{U_i D} = \frac{2U_o I_o}{0.8 \times 300} \cdot \frac{1}{D} = \frac{U_o I_o}{120 D} \tag{11-17}$$

另外，考虑到次级整流二极管反向恢复时间的影响以及容性和感性负载等所引起的功率开关管启动和关闭时所产生的电流尖刺、冲击电流等，设计时要留有一定的裕量，因此应取功率开关管集电极电流的最大值为

$$I_{cmax} \geqslant 2I_m = \frac{U_o I_o}{60 D} \tag{11-18}$$

（2）分压电容的计算。

他激型半桥式 DC-DC 变换器电路中与两只功率开关管配对的两只分压电容在电路的工作过程中起着非常重要的作用，有时也称其为高频功率电容。该电容的计算包括容量和耐压的计算，可采取下列的步骤分别进行计算和确定。

① 从对输出直流电压中纹波值的要求出发计算分压电容。从图 11-18 所示的半桥式 DC-DC 变换器的基本电路结构中可以看出，分压电容的值可以从已知的初级电流和工作频率来计算。这样，若总的输出功率为 P_o（包括变压器的损耗），初级电流为 $I = P_o/(U_i/2)$，工作频率为 f，功率开关变压器初级电压由分压电容 C_1、C_2 并馈。当功率开关管 V_1 导通时，流过初级的电流流入 A 点；当功率开关管 V_2 导通时，从 A 点输出电流。在一个工作周期中由两个分压电容相互补充电荷的损失，因此分压电容上的电压变化可由下式来表示：

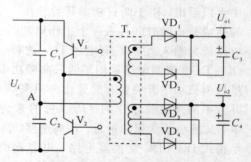

图 11-18　半桥式 DC-DC 变换器电路

$$\Delta U = \frac{I\Delta t}{C} = \left[\frac{2P_o}{U_i(C_1 + C_2)}\right] \cdot \frac{1}{2f} = \frac{P_o}{2U_i fC} \tag{11-19}$$

式（11-19）中的 $C = C_1 = C_2$，$\Delta t = \frac{T}{2} = \frac{1}{2f}$。分压电容上直流电压变化的百分数与次级整流输出直流电压变化的百分数是相同的，实际上，次级整流输出直流电压变化的百分数就是纹波电压值，因此次级整流输出直流电压变化的百分数 U_r 为

$$U_r = \frac{100\Delta U}{\frac{U_i}{2}} = \frac{100P_o}{\frac{U_i}{2}2U_i fC} = \frac{100P_o}{U_i^2 fC} \tag{11-20}$$

为了将次级输出直流电压中的纹波电压降低到所要求的程度，分压电容的大小应按下式选择：

$$C = \frac{100P_o}{U_i^2 fU_r} \tag{11-21}$$

实际应用电路中，可以将滤波电容与分压电容分别设置，滤波电容常取上百微法的电

解电容直接连接在工频全波整流器输出的两端，也就是 U_i 的两端。二分压电容 C_1、C_2 常取几微法的高频功率电容，一般均选用 CBB(聚丙烯电容)无极性电容作为高频通路及桥路分压电容。

② 单纯从桥路的等效电路出发来计算分压电容。当分压电容 C_1、C_2 的容量相等($C_1 = C_2 = C$)、负载电路完全相同时(如功率开关管 V_1、V_2 均截止或者均导通)，分压电容上的电压均为输入直流电压的一半，中点电位为 $U_a = U_i/2$。在半桥式变换器电路中，两只主功率开关管是交替轮换工作的，当处于高电位的功率开关管 V_1 导通时，电容 C_1 将通过 V_1 和功率开关变压器 T 放电。同时电容 C_2 却由输入直流电源 U_i 经 V_1、T 充电，这样中点电位就按指数规律上升，一直上升到$(U_i/2) + \Delta U_i$，功率开关管 V_1 截止，该点电位保持不变。然后当功率开关管 V_2 导通时，电容 C_2 放电，C_1 充电，中点电位下降到$(U_i/2) - \Delta U_i$，如图 11‐19 所示。在中点电位 U_a 下降期间，该点的电位可由下式表示：

$$U_a = \left(\frac{U_i}{2} + \Delta U_i\right) \cdot e^{-\frac{1}{2R_1 C}} \tag{11-22}$$

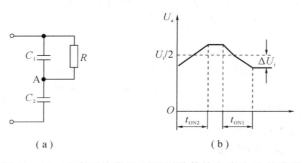

图 11‐19　功率开关管 V_1 导通时的等效电路及 U_a 的波形

在通常情况下，选择$\Delta U_i = (1\% \sim 10\%)\dfrac{U_i}{2}$。这里，取$\Delta U_i = \dfrac{U_i}{2} \times 2\%$。由于$\Delta U_i$较小，故满足 $t_{ON} \ll 2R_1 C$，因此就有$\dfrac{t_{ON}}{2R_1 C} \ll 1$，将式(11‐22)中的指数项 $e^{-1/(2R_1 C)}$ 展开并简化，就可得到

$$e^{-\frac{t_{ON}}{R_1 C}} = 1 - \frac{t_{ON}}{2R_1 C} + \frac{1}{2}\left(-\frac{t_{ON}}{2R_1 C}\right)^2 + \cdots \approx 1 - \frac{t_{ON}}{2R_1 C} \tag{11-23}$$

在 $t = t_{ON}$ 时，$U_a = \dfrac{U_i}{2} - \Delta U_i = \left(\dfrac{U_i}{2} + \Delta U_i\right) \cdot \left(1 - \dfrac{t_{ON}}{2R_1 C}\right)$，由此可得

$$\frac{U_i t_{ON}}{4R_1 C} = 2\Delta U_i - \Delta U_i \frac{t_{ON}}{2R_1 C} \approx 2\Delta U_i \tag{11-24}$$

由式(11‐24)就可以得到分压电容的计算公式为

$$C = \frac{U_i t_{ON}}{8\Delta U_i R_1} \tag{11-25}$$

若取 $\Delta U_i = 0.02 \times \dfrac{U_i}{2} = 0.02 \times \dfrac{300}{2} = 3$ V，$t_{ON} = TD$，则可以简化为

$$C = \frac{300 \times TD}{8 \times 3R_1} = 12.5 \times \frac{TD}{R_1} \tag{11-26}$$

另外，再将 $R_1 = U_o/I_o$ 代入式(11‐26)中还可以得到分压电容的另一个计算公式为

$$C = 12.5 \times \frac{U_o TD}{I_o} \tag{11-27}$$

③ 分压电容的估算法。在半桥式 DC - DC 变换器电路中，等效电容为 $2C$。在 $\Delta t = t_{ON}$ 期间，分压电容上的电压为 U_C，压降为 $\Delta U_C = 2\Delta U_i = \dfrac{U_i}{2} \times 40\%$，因为 $I_C = C\dfrac{dU_C}{dt}$，所以就可以得到 $I_C = 2C\dfrac{\Delta U_C}{\Delta t}$，故

$$C = \frac{I_C \Delta t}{2\Delta U_C} = \frac{I_C t_{ON}}{2 \times 0.04 \times \dfrac{U_i}{2}} = \frac{25 I_C t_{ON}}{U_i} \tag{11-28}$$

再将 $U_i = 300$ V 和 $t_{ON} = TD$ 分别代入式（11 - 28）中，可以得到分压电容 C_1、C_2 的估算公式为

$$C = C_1 = C_2 = \frac{I_C TD}{12} \tag{11-29}$$

④ 分压电容耐压值的确定。分压电容上所承受的耐压值与电路中功率开关管集电极上所承受的耐压值完全相同，因此分压电容耐压值的确定方法也与功率开关管集电极峰值电压的确定方法完全相同，这里就不再重述。

3）功率开关变压器的设计

下面所讲述的功率开关变压器的设计内容包括半桥、全桥和推挽等双端式 DC - DC 变换器电路中的功率开关变压器。设计时应给出以下的基本条件：

（1）DC - DC 变换器的电路形式或者电路结构。

（2）工作频率或者工作周期。

（3）功率开关变压器的输入电压幅值。

（4）功率开关管的占空比。

（5）输出电压和电流。

（6）输出整流电路形式。

（7）初、次级隔离电位。

（8）要求的漏感和分布电容的大小。

（9）工作环境条件。

除以上的条件外，还应具备有关磁性材料、漆包线、绝缘材料以及变压器骨架等方面的参数和数据供查阅。

（1）磁芯尺寸的确定。

功率开关变压器的输出功率与下列因素有关：

① 磁芯的磁性材料及截面积。它影响磁芯损耗、工作磁感应强度和各绕组的匝数。

② 漆包线的截面积。它影响电流密度和绕组的铜耗。

③ 变压器的体积和表面积。它影响变压器的温升。

④ 绕制与加工工艺。它影响变压器的分布电容和漏感。

功率开关变压器的输出功率（可传输功率）与磁芯磁性材料的性质、几何形状以及尺寸之间的关系可以采用磁芯面积的乘积 A_p 来表示，其计算公式为

$$A_p = A_c A_m \tag{11-30}$$

式中，A_p 为磁芯面积的乘积，单位为 cm^4；A_c 为磁芯的截面积，单位为 cm^2；A_m 为磁芯窗口的截面积，单位为 cm^2。磁芯面积乘积 A_p 与其他参数之间的关系为

$$A_\mathrm{p} = \frac{P_\mathrm{t} \times 10^4}{4 B_\mathrm{m} f k_\mathrm{w} k_\mathrm{j}} \times 1.16 \tag{11-31}$$

式中，P_t 为变压器的计算功率，单位为 W；B_m 为工作磁感应强度，单位为 T；f 为工作频率，单位为 Hz；k_w 为变压器磁芯窗口的占空系数；k_j 为变压器的电流密度系数。由式 (11-31) 可以得到功率开关变压器的工作要求，决定磁性材料和磁芯结构形式，选择与磁芯面积乘积 A_p 值相等或相近的规格磁芯。如果没有现成的产品供设计者选用，那么就要自行设计与磁芯面积乘积 A_p 值相当的磁芯尺寸，并提出具体要求，由生产厂家加工制作。

• 变压器的计算功率 P_t 的计算。功率开关变压器工作时，磁芯所需要的功率容量称为变压器的计算功率，一般用符号 P_t 表示。变压器的计算功率 P_t 的大小取决于输出功率及整流电路的形式。根据变压器工作电路的不同类型，计算功率 P_t 可在 2～2.8 倍的输出功率 P_o 范围内变化。不同电路类型功率开关变压器的计算功率 P_t 的计算方法不同，其不同电路类型所对应的计算方法请参见表 11-1。在表中特将推挽式 DC－DC 变换器电路的功率开关变压器的计算功率 P_t 一同列出，供设计者参考。另外，在第 10 章推挽式 DC－DC 变换器电路的分析和讲述中该部分内容没有列出，特此说明。

表 11-1　不同电路类型所对应的变压器计算功率 P_t 的计算方法

电路类型	电路结构形式	计算功率的计算公式
推挽式电路 全波整流		$P_\mathrm{o} = U_\mathrm{o} I_\mathrm{o}$ $P_\mathrm{t} = P_\mathrm{o} \left(\dfrac{\sqrt{2}}{\eta} + \sqrt{2} \right)$
半桥式电路 全波整流		$P_\mathrm{o} = U_\mathrm{o} I_\mathrm{o}$ $P_\mathrm{t} = P_\mathrm{o} \left(\dfrac{1}{\eta} + \sqrt{2} \right)$
全桥式电路 桥式整流		$P_\mathrm{o} = U_\mathrm{o} I_\mathrm{o}$ $P_\mathrm{t} = P_\mathrm{o} \left(\dfrac{1}{\eta} + 1 \right)$
说　明	U_o 为输出直流电压，单位为 V；I_o 为输出直流电流，单位为 A；η 为 DC－DC 变换器的转换效率；P_o 为 DC－DC 变换器的输出功率，单位为 W	

• 工作磁感应强度的确定。功率开关变压器的工作磁感应强度 B_m 是功率开关变压器设计中一个重要的磁性参数，它与磁性材料的性质、磁芯结构形式、工作频率、输出功率等因素有关。确定工作磁感应强度 B_m 时，应满足温升对损耗的限制，使磁芯不饱和。工作磁

感应强度 B_m 若选得太低，则功率开关变压器的体积和重量就要增加许多，并且由于匝数的增多就会引起和造成分布电容和漏感的增加。在不同工作频率下所对应的工作磁感应强度 B_m 值请查阅第 4 章中相关的内容。

· 电流密度系数 k_j 的确定。电流密度系数 k_j 的确定与选择取决于磁芯的形式、表面积和温升等参数。在设计功率开关变压器时，若没有确定的磁芯体积，则要确定电流密度系数 k_j 就有一定的困难。因此应首先确定磁芯的体积和结构外形，然后再确定所选用的磁芯电流密度系数 k_j。

· 磁芯窗口占空系数 k_w 的确定。功率开关变压器初、次级绕组铜线截面积在磁芯窗口截面积中所占的比值就被称为窗口占空系数，可由符号 k_w 表示。磁芯窗口占空系数 k_w 取决于功率开关变压器的工作电压、隔离电位、漆包线的直径、加工工艺、绕制技术以及对漏感和分布电容的要求。设计时应根据不同的情况和参数要求，选取合适的磁芯窗口占空系数 k_w。一般情况下，低压功率开关变压器磁芯窗口占空系数 k_w 的取值范围为 0.2～0.4。当采用环形磁芯，并且磁芯的外径与内径的尺寸比值为 1.6 时，磁芯窗口占空系数 k_w 可按下式来计算：

$$k_w = 0.569\left[0.75 - \frac{17.1(M_o+1)b_t}{d_o}\right] \cdot \left(\frac{D}{D_z}\right)^2 \qquad (11-32)$$

当采用环形磁芯，并且磁芯的外径与内径的尺寸比值为 2 时，磁芯窗口占空系数 k_w 又可按下式来计算：

$$k_w = 0.569\left[0.75 - \frac{20.9(M_o+1)b_t}{d_o}\right] \cdot \left(\frac{D}{D_z}\right)^2 \qquad (11-33)$$

式(11-32)和式(11-33)中，M_o 为功率开关变压器的绕组个数；d_o 为环形磁芯的内径，单位为 mm；D 为漆包线的直径，单位为 mm；D_z 为包括绝缘层在内的漆包线的直径，单位为 mm；b_t 为绕组间半叠包绝缘材料的厚度，单位为 mm。

(2) 绕组匝数的计算。

功率开关变压器绕组匝数的计算主要包括初级绕组匝数和次级绕组匝数的计算，而次级绕组一般情况下有多个，因此计算时应该逐一进行计算。

① 初级绕组匝数的计算。半桥式 DC-DC 变换器电路中功率开关变压器初级绕组的匝数可由下式来计算：

$$N_p = \frac{U_p t_{ON}}{2B_m A_c} \times 10^{-2} \qquad (11-34)$$

式中，U_p 为功率开关变压器初级绕组的输入电压，单位为 V；N_p 为功率开关变压器初级绕组的匝数；A_c 为功率开关变压器所选用磁芯的有效截面积，单位为 cm^2。进行磁芯计算时，应考虑磁芯占空系数的影响。

② 次级绕组匝数的计算。在功率开关变压器的设计中，一般情况下功率开关变压器都具有多个次级绕组。因此可利用下列的公式对每一个绕组分别进行计算，然后按照所计算出的数据进行加工和绕制。加工和绕制时应注意选择漆包线的直径不能太粗。如果要求流过大电流而采用单根粗漆包线，则由于趋肤效应的影响，不但可导致漏感和分布电容增加，而且还可导致铜损增加，从而引起变压器温升的升高。这时应采用细线多股并绕或细线多股绞扭绕制的方法。

$$N_{s1} = \frac{U_{s1}}{U_{p1}} \cdot N_p \tag{11-35}$$

$$N_{s2} = \frac{U_{s2}}{U_{p1}} \cdot N_p \tag{11-36}$$

$$\vdots$$

$$N_{si} = \frac{U_{si}}{U_{p1}} \cdot N_p \tag{11-37}$$

式中，N_{s1}，N_{s2}，$\cdots$，N_{si} 分别为功率开关变压器各次级绕组的匝数；U_{s1}，U_{s2}，$\cdots$，U_{si} 分别为各次级绕组的输出电压，单位为 V。

（3）电流密度的计算。

功率开关变压器的电流密度 J 可由下式来计算：

$$J = k_j A_p^{-0.14} \times 10^{-2} \tag{11-38}$$

式中，J 为功率开关变压器的电流密度，单位为 A/mm^2。

（4）漆包线的选择。

功率开关变压器中各绕组所选用的漆包线是根据变压器中的工作电流和电流密度确定的，可用下式来计算：

$$S_1 = \frac{I_1}{J} \tag{11-39}$$

$$S_2 = \frac{I_2}{J} \tag{11-40}$$

$$\vdots$$

$$S_i = \frac{I_i}{J} \tag{11-41}$$

式中，S_1，S_2，$\cdots$，S_i 分别为功率开关变压器各绕组中所选漆包线的截面积，单位为 mm^2；I_1，I_2，$\cdots$，I_i 分别为功率开关变压器各绕组中所通过电流的有效值，单位为 A。采用上面的公式计算功率开关变压器各绕组所选漆包线的截面积时，不论是初级绕组还是次级绕组均适用。按照上面的公式计算出所需漆包线的截面积后，在选择漆包线时还应该考虑趋肤效应的影响，要采用多股并绕或多股绞扭绕制的方法。

（5）分布参数的计算。

在功率开关变压器的设计和加工过程中，为了校验所设计和加工的功率开关变压器的分布参数是否在所规定的要求之下，就必须进行计算。计算的内容包括漏感和分布电容的计算。

（6）变压器损耗的计算。

功率开关变压器的损耗包括绕组的铜耗和磁芯的磁耗。绕组的铜耗取决于绕组线圈的材料、匝数和所选用绕组导线的粗细以及股数。此外，当传输功率固定时，在计算和设计功率开关变压器的过程中，一定要将各种参数的影响都尽可能考虑进去，最后使得铜耗与磁耗保持相等和平衡。只有这样才能保证功率开关变压器中的磁芯温升与绕组线包的温升达到平衡或一致。

① 绕组铜耗的计算。功率开关变压器各个绕组的铜耗取决于每一个绕组线圈中所流过的电流有效值和每一个绕组线圈导线的交流电阻。可用下式来计算：

$$P_{m1} = I_1^2 R_{m1} \tag{11-42}$$

$$P_{m2} = I_2^2 R_{m2} \tag{11-43}$$

$$\vdots$$

$$P_{mi} = I_i^2 R_{mi} \tag{11-44}$$

式中，P_{m1}，P_{m2}，$\cdots$，P_{mi} 分别为各个绕组的铜耗，单位为 W；I_1，I_2，$\cdots$，I_i 分别为各个绕组中所流过的电流有效值，单位为 A；R_{m1}，R_{m2}，$\cdots$，R_{mi} 分别为各个绕组的交流电阻，单位为 Ω。

② 磁芯磁耗的计算。功率开关变压器磁芯的磁耗由工作频率、工作磁感应强度和磁性材料的性质等参数来决定。可用下式来计算：

$$P_c = P_{c0} m_c \tag{11-45}$$

式中，P_c 为功率开关变压器磁芯的磁耗，单位为 W；P_{c0} 为在工作频率和工作磁感应强度下单位质量的磁芯损耗，单位为 W/kg；m_c 为磁芯的质量，单位为 kg。

③ 功率开关变压器总损耗的计算。功率开关变压器的总损耗 P_z 就等于绕组的铜耗 P_m 和磁芯的磁耗 P_c 值之和，可用下式来计算：

$$P_z = P_m + P_c \tag{11-46}$$

其中绕组的铜耗 P_m 为各个绕组铜耗之和，即

$$P_m = P_{m1} + P_{m2} + \cdots + P_{mi} \tag{11-47}$$

（7）功率开关变压器温升的计算。

功率开关变压器的温升有下列两个含义：

① 在磁芯的各个磁性参数都符合设计要求条件下的正常温升。

② 在特定条件下的温升。

在选择磁芯时，由于受到某些外界因素和条件的限制，如价格、外形尺寸以及磁芯的加工制作工艺等的限制，所选用磁芯的某些性能参数不能达到设计要求，如传输功率低于所计算的传输功率，磁芯的面积乘积小于所要求的数值，窗口面积小于所要求的数值使绕组的铜耗增大等，这样就会造成功率开关变压器的温升急剧升高。在这种情况下，必须采取强制风冷的方法，把变压器的温度降下来，使变压器强行来完成所要求传输的功率。但是这种做法是不应当提倡的，是没有办法的办法。

功率开关变压器输入功率的一部分由于损耗而将要变成热量，从而使功率开关变压器的温度升高，并通过辐射和对流的共同作用将这些热量的一部分从变压器的外表面散发掉。因此，变压器的温升与变压器表面积的大小关系十分密切。变压器的温升可以参照变压器结构形式按下列的方法进行计算：

$$S_1 = k_s A_p^{0.5} \tag{11-48}$$

式中，S_1 为变压器的表面积，单位为 cm^2；A_p 为磁芯面积的乘积，单位为 cm^4；k_s 为表面积系数，与磁芯结构形式有关。各种不同磁芯结构所对应的表面积系数列于表 11-2 中，可供设计者查阅。

表 11-2　各种不同磁芯结构所对应的表面积系数

磁芯结构	罐形磁芯	E 形磁芯	C 形磁芯	环形磁芯
表面积系数 k_s 值	33.8	41.3	39.2	50.9

功率开关变压器表面单位面积所损耗的平均功率 P_{avg} 为

$$P_{avg} = \frac{P_z}{S_1} \qquad (11-49)$$

式中，P_{avg} 为功率开关变压器表面单位面积所损耗的平均功率，单位为 W/cm^2。由该公式求得 P_{avg} 值后，从图 11‐20 所示的曲线上可查出变压器的温升 Δt。例如当 $P_{avg} = 0.03\ W/cm^2$ 时，查得变压器的温升为 25 ℃；$P_{avg} = 0.07\ W/cm^2$ 时，查得变压器的温升为 50 ℃。图 11‐21 所示的曲线表示了对应于变压器温升为 25 ℃ 和 50 ℃ 时，变压器表面积 S_1 和总功率损耗 P_z 之间的关系曲线。

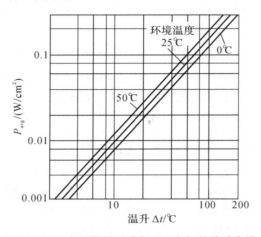

图 11‐20　变压器的温升与 P_{avg} 之间的关系曲线

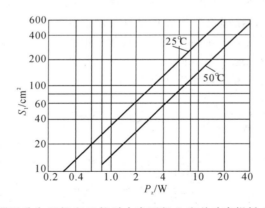

图 11‐21　变压器温升为 25 ℃ 和 50 ℃ 时内表面积 S_1 和总功率损耗 P_z 之间的关系曲线

（8）功率开关变压器设计中的一些重要技术性能参数。

功率开关变压器设计中的一些重要技术性能参数主要包括绝缘导线的技术性能、磁芯磁性材料的技术参数、绝缘材料及骨架材料的技术性能参数和功率开关变压器的装配及绝缘处理等内容。这些均在第 4 章的最后一节中讨论和叙述过，这里就不再重述。

3. 多路他激型半桥式 DC‐DC 变换器电路

用于电子装置中的电源，输出路数少，因而电路结构简单，价格便宜。过去像 IC 存储器等电源需要多达三种不同的电源电压来供电，有的还要求供电电压按一定的顺序和比例加上。现在的 IC 存储器和 CPU 绝大部分已统一于单一的 5 V 供电，或 3.3 V 等更低的其他电压，而且消耗的电流也在作数量级地减小。随着 LCD 显示技术和 CMOS 节电器件研发技术与集成技术的惊人发展，现在采用电池供电的低电压(3.3 V 或 3.3 V 以下供电)计算机及数字电路已在推广应用。从这些方面看来，结合计算机及数字电路的发展过程考虑，可以认为，在不久的将来也可能不需要电源电路，而全部采用源电池或太阳能电池来供电。

但是，从计算机和通信等方面来考虑，由于处理的信息量及处理速度的急剧增加，这些方面的供电电源不但对输出功率、输出电压以及输出直流电压的质量(如纹波峰值、转换效率、负载调整率)等方面有要求以外，还对输出电压的种类，也就是输出的路数存在着一定的要求。特别是在供光纤通信用的电源装置中，要求回路多，有不少场合要求的回路数多达 6 路以上。而且光纤通信虽然抗干扰能力强，但在装置中处理的信号，其单位频带宽度内的功率却非常小，因此要求电源的噪声电平必须比以往的其他电源要小得多。

1) 一个主变换器同时得到多路输出的他激型半桥式 DC - DC 变换器电路

以下虽然讲述的是一个主变换器同时得到多路输出的他激型半桥式 DC - DC 变换器电路，但是作为主变换器来说，它可以是单端反激式的变换器、单端正激式的变换器，也可以是双端推挽式变换器、半桥式变换器、全桥式变换器等。因此，这里将一并进行讨论，在其他的章节中就不再进行专门的讨论和叙述。这种通过控制主变换器的初级电路就能够控制次级多路输出电压的方法，除具有电路结构简单、元器件少、成本低的特点以外，由于只使用了一个主变换器，因此绝不会发生拍频干扰。不过在负载变化大的场合，由于其他回路的负载变化，会在输出上引起横向影响，严重时会使电源无法使用。不过对用途确定了的内部专用电源来说，该电路是完全可用的，而且还是一种降低成本和压缩体积的有效方法和途径。

(1) 电流和电压都较为对称的正、负两路输出电源。在输出正、负两路直流电压，输出电流相互连通的场合，如图 11 - 22 所示，可以从一个主变换器中同时取出两路输出。在该电路中运算放大器 IC_1 按各输出电压值进行稳压控制，当负载为运算放大器等这样的正、负对称的负载时，便能获得与独立电源相同的稳定度。但在正、负负载不平衡的应用场合，其稳定度就会差一些。另外，还可通过把在上、下两路输出滤波的扼流圈绕制在同一个磁芯上，以及输出电流变化的相互关联来获得较高的稳定度。

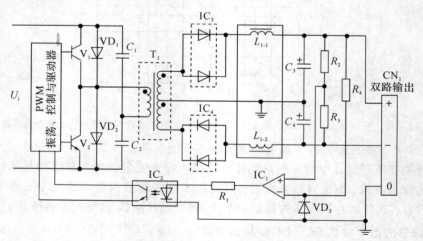

图 11 - 22　从一个变换器中同时取出正、负两路输出的电源电路

(2) 电流和电压不对称的正、负两路输出电源。对于不对称的负载，如图 11 - 23 所示，只要加上可变负载就可以提高稳定度。在这个电路中，当正、负电源的负载对称时，电阻

R_3、R_4 上的电压之和为零,故放大器 IC_1 的输出也为零,晶体管 V_1、V_2 都不工作。当负载电流发生变化(如当正电源的负载电流增加)时,放大器 IC_1 的输出变为低电平,使晶体管 V_2 导通,让电流流过假负载电阻 R_2 阻止负电源的输出电压升高。同理,当输出电流的情况与上述相反时,晶体管 V_1 就导通,从而减小由于负载不平衡而引起的输出电压的变化。在正、负电源两边最大电流不相等的场合,只要改变电阻 R_3、R_4 的比值,就可得到与正、负两路负载平衡时相同的稳压效果。

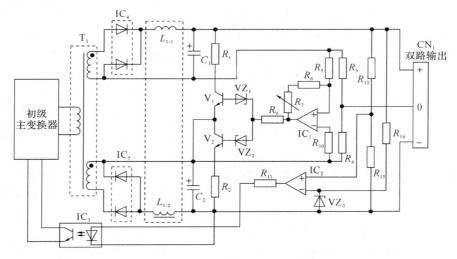

图 11-23 用可变假负载改善负载不平衡的稳定度的电源电路

(3) 接入斩波器的多路输出电源电路。图 11-24 所示的电路是在输出回路中接入斩波器来提高输出稳定度的应用电路实例。在每一个输出回路中都接入同样的斩波器电路,就可彻底消除由于负载不对称而引起的输出电压不稳定。这个电路的特点就是对各输出回路进行各自独立的控制,故横向影响的问题极小,即使对于剧烈变化的负载也同样可以使用,

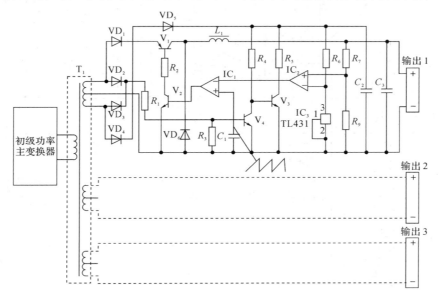

图 11-24 输出回路中接入斩波器的多路输出电源电路

并能获得较好的稳压效果。另外，由于次级回路中的斩波器是按照初级主变换器的工作频率工作的，也就是同步于初级的主变换器，因此彻底解决了拍频干扰问题。在这个电路中，同步信号由接在功率开关变压器次级的二极管 VD_1 和 VD_2 取出，经电阻 R_1 加到晶体管 V_3 的基极上。该信号又经反相后加到晶体管 V_4 的基极上，其结果是使电容 C_1 的两端出现频率为主变换器频率两倍的三角波。这个三角波信号与误差放大器 IC_2 的输出一起加到电压比较器 IC_1 上，构成脉冲宽度控制信号，该控制信号经晶体管 V_2 放大后来控制斩波器中的功率开关管 V_1 的工作。该电路在控制脉冲宽度时，在初级主变换器中的功率开关管由导通状态向截止状态转换期间，是不让次级回路中斩波器的功率开关管 V_1 导通的，就可以将初级主变换器中功率开关管的损耗减小到最小。但是，这种电路因为在输出回路中串联了斩波器，而斩波器中功率开关管的饱和电压将会引起功率损耗，因此就会降低整个电源的转换效率。

（4）使用磁放大器的多路输出电源电路。图 11-25 所示的电源电路是一个在次级回路中使用了磁放大器的多路输出稳压电源电路。该稳压电源电路的初级主变换器是一个自激型变换器电路。这里使用自激型变换器的理由是在输入电压上升时，该电路可以缩短初级变换器中功率开关管的导通时间，减轻次级回路中磁放大器 M_g 的负担。不过，在使用自动恢复型过电流保护电路时，使用自激型变换器的电路中，磁放大器的负担会大大增加，如果进一步按输出电压降低到零来设计磁放大器，那么不仅磁放大器的线圈匝数要增多，稳态时的控制死角也要加大，造成功率开关管和功率开关变压器的利用率降低，磁放大器的损耗增大，整机的功率转换效率降低。这个稳压电源电路在过载时用运算放大器 IC_1 来检测过电流信号，其输出电压不是去控制磁放大器，而是通过光耦合器 IC_2 去控制初级回路中PWM 驱动信号的脉宽，以防止过电流现象的发生。采取这种措施后，在设计磁放大器时，可以不考虑发生过电流以及输入出现高电压的情况，从而可获得比较高的转换效率。

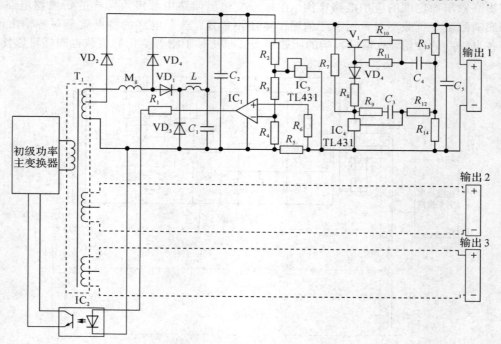

图 11-25　使用磁放大器的多路输出电源电路

2）由几个独立的变换器组成的多路输出的他激型半桥式 DC - DC 变换器电路

要用 DC - DC 变换器制作多回路电源时，如图 11 - 26 所示，可以将几个独立的 DC - DC 变换器安装在一起。由这种方法构成的多回路电源电路元器件用得最多，电源的尺寸也最大，但电源电路设计简单，功率开关变压器的设计也容易。这种电路的最大缺点是，由于各变换器的电路是独立的，若它们的振荡频率有差异，就会发生拍频干扰，在输出直流电压上出现各振荡频率之间的差频和倍频纹波电压。这种拍频干扰现象与元器件在 PCB 上的装配状况关系很大。作为消除拍频干扰的方法，可把各路独立的变换器电路的振荡频率调节得完全相同或者相互错开几十千赫，并在次级采用多级滤波器来滤除掉拍频干扰。但是，在实际应用中人们发现，消除拍频干扰最好的方法是给各振荡器外加上同步电路，使其振荡频率保持一致，都同步于其中一个变换器的振荡频率上。

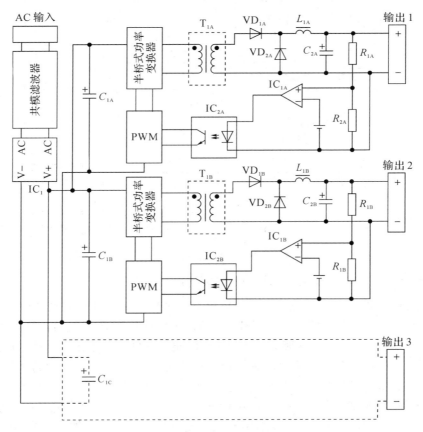

图 11 - 26　由几个独立变换器组成的多路输出 DC - DC 变换器电路

3）具有同步工作功能的多路输出的他激型半桥式 DC - DC 变换器电路

消除拍频干扰最好的方法是给各振荡器外加上同步电路，使其振荡频率一致起来。图 11 - 27 所示的多路稳压电源电路就是一个使用了将 PWM 振荡、控制与驱动电路集成在一起的 TL494 集成芯片，并使其工作于外同步工作状态的多回路稳压电源电路。不过，即使在这种电路中，如果元器件布局不当，而在相互连线中引入噪声，则仍然会发生拍频干扰。元器件的布局技术也就是 PCB 的设计技术，在 DC - DC 变换器的设计过程中是一个非常关键的环节，必须引起设计者的高度重视。其大体的原则为：各 PWM 振荡、控制与驱动器 IC 的位置一定要尽量靠近；主变换器回路所围成的面积要尽量小；各独立回路的接地线一定要短而宽；控制信号地与功率地最后采用单点连接；各回路的外出引线除了一定要采用同类型、同长度的绝缘导线以外，最后还要各自独立绞扭；各回路输入端和输出端的滤波电解电容一定要独立、分开，各自用各自的滤波电容，不能公用或合用同一个滤波电解电容；各回路中的电解电容一定要远离发热器件。

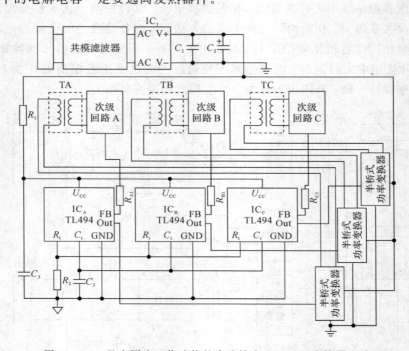

图 11-27　具有同步工作功能的多路输出 DC-DC 变换器电路

4）半桥式 DC-DC 变换器电路中的 PWM 电路

半桥式 DC-DC 变换器电路中的 PWM 电路与推挽式 DC-DC 变换器电路中的 PWM 电路一样，也包括 PWM 发生器、PWM 驱动器、PWM 控制器等电路，都具有相位相差 180°的双端驱动输出。具有双端驱动输出的 PWM 电路除能构成他激型推挽式 DC-DC 变换器电路以外，还能构成其他类型的双端式 DC-DC 变换器，如半桥式、全桥式等 DC-DC 变换器电路。随着微电子技术的飞速发展，包含有 PWM 发生器、PWM 驱动器、PWM 控制器等电路的 PWM 集成电路 20 世纪 80 年代末就已问世，并且品种各式各样，有电压控制型的，有电流控制型的，还有软开关控制型的，使设计人员在设计双管他激式 DC-DC 变换器时十分方便。另外，由于 PWM 控制与驱动集成电路是 DC-DC 变换器的核心，也是 DC-DC 变换器技术及应用学术方面的热门话题和讨论的焦点，介绍这一方面的书籍和资料非常多，本书后面的参考文献中也列举了许多，因此这里不再赘述。

11.1.4　全桥式 DC-DC 变换器实际电路

1. 全桥式 DC-DC 变换器电路的工作原理

在讨论半桥式 DC-DC 变换器电路时，曾经提到过一个半桥式 DC-DC 变换器电路是由两个推挽式 DC－DC 变换器电路组成的。在功率开关管截止时虽然加在功率开关管集电极与发射极之间的电压减小到输入直流电源电压的一半，比推挽式 DC－DC 变换器电路的承受能力提高了一倍，但其代价是另一只功率开关管导通时，集电极电流却增加了一倍。因此，使得半桥式 DC－DC 变换器电路的应用范围仅局限于中、小功率输出的应用场合。从半桥式 DC－DC 变换器的电路结构中还可以看出，处于导通的功率开关管其传输的电流能量一部分通过 DC－DC 变换器变压器的初级传输给负载，另一部分还要用来为高频功率分压电容充电，因此电路中的功率开关管导通时所承受的峰值电流要比负载电流大得多。虽然功率开关管集电极峰值电压降低了一半，但峰值电流却又增加了一倍以上，功率开关管的成本几乎没有被降低。为了解决这一问题，设计人员又设计出了全桥式 DC－DC 变换器电路，其基本电路结构如图 11－28 所示。从电路结构中可以看出，全桥式 DC－DC 变换器电路与半桥式 DC－DC 变换器电路在结构上的差别只是将两只高频功率分压电容改换为两只功率开关管，形成一个全桥式推挽电路结构，对角管两两同步工作。这样就使得导通功率开关管上所流过的电流全部通过功率开关变压器传输给负载，使功率开关管集电极峰值电压和电流均降低了一半。全桥式 DC－DC 变换器电路用增加了两只功率开关管的代价，换来了输出功率增大一倍、集电极电压和电流应力降低一半等的好处，从根本上弥补了半桥式 DC－DC 变换器电路存在的不足，因此在中、大功率输出的场合得到了广泛的应用。

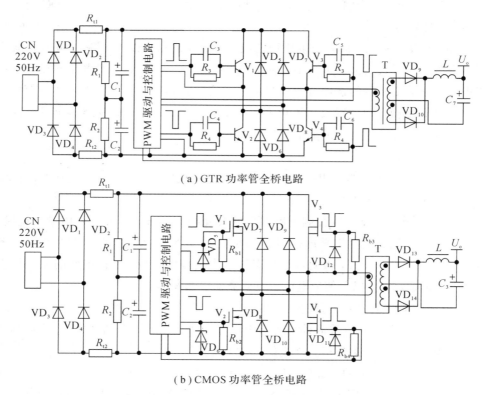

（a）GTR 功率管全桥电路

（b）CMOS 功率管全桥电路

图 11－28　全桥式 DC－DC 变换器电路的基本电路结构

从半桥式 DC－DC 变换器电路与全桥式 DC－DC 变换器电路的电路结构对比中会发

现，全桥式 DC-DC 变换器电路的工作原理、工作过程、构成应用电路时应注意的问题以及驱动、控制等均完全相同，因此这里不再重述，仅给出推挽式、半桥式和全桥式 DC-DC 变换器电路的比较结果，如表 11-3 所示。

表 11-3 推挽式、半桥式和全桥式 DC-DC 变换器电路的比较结果

电路结构形式	功率开关管		输出电压	应用场合
	集电极峰值电压	集-射极峰值电流		
推挽式变换器	$2U_i$	$\dfrac{P_o}{U_i} \cdot \dfrac{1}{D}$	$\dfrac{N_s}{N_p} \cdot \dfrac{t_{ON}}{t_{OFF}} \cdot U_i$	中、小功率
半桥式变换器	$2U_i$	$\dfrac{2P_o}{U_i} \cdot \dfrac{1}{D}$	$\dfrac{N_s}{N_p} \cdot \dfrac{t_{ON}}{T} \cdot U_i$	中、小功率
全桥式变换器	U_i	$\dfrac{P_o}{U_i} \cdot \dfrac{1}{D}$	$\dfrac{N_s}{N_p} \cdot \dfrac{t_{ON}}{T} \cdot U_i$	中、大功率

2. 全桥式 DC-DC 变换器电路的设计

由于全桥式 DC-DC 变换器电路的工作原理和工作过程与半桥式 DC-DC 变换器电路完全相同，并且从表 11-3 中还可以看出，在选择全桥式 DC-DC 变换器电路中的功率开关管时，除集电极所能承受的峰值电压额定值与半桥式的相同以外，集-射极所能承受的峰值电流额定值比半桥式的又低了一半，因此，全桥式 DC-DC 变换器电路的设计，其中包括电路中功率开关变压器的设计与计算和半桥式均完全相同。在这里为了节约篇幅，有关全桥式 DC-DC 变换器电路的设计不再多述，仅就全桥式 DC-DC 变换器应用电路中经常会出现的问题和解决的方法介绍如下。

（1）PCB 布线规律如下：

① 四只功率开关管与功率开关变压器的初级所围成的面积应最小，这样才能保证功率变换电路部分不会发生共振现象。

② 功率变换器电路部分和控制电路部分的接地线应该分开，最后采用单点粗线连接。控制电路部分的接地线应尽量靠近控制、驱动芯片，定时电容和定时电阻应就近接地。功率变换器部分由于电流较大，因此接地线应该制作成接地宽板，使该接地的元器件就近接地，最后不能形成回路，以免使地电流形成回流而引起噪声。

③ 电路中的电解电容应尽量远离发热器件。

④ 功率开关变压器除应采取外加屏蔽金属带以外，在 PCB 上的位置应该与其他变压器的磁路相互垂直，尽量避免相互之间的电磁干扰。

⑤ 为了能够达到最大的隔离度，保证初、次级之间的相互独立，功率开关变压器与光耦合器的摆放位置应遵循图 11-29 所示的方式，尽量使初级电路与次级电路以功率开关变压器和光耦合器为界线各占一边。

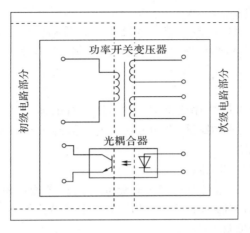

图 11 - 29　功率开关变压器与光耦合器的摆放位置

（2）MOSFET 驱动电路。

若变换器中的功率开关管采用的是 MOSFET，驱动电路与 MOSFET 栅极的连接应如图 11 - 30 所示。除了应外加正反向串联的保护稳压二极管，以保证 MOSFET 的栅极不被过高的驱动电压击穿以外，还应该在电源与栅极、栅极与地之间各外加一个反向吸收二极管，以吸收和旁路掉寄生在驱动信号上的尖峰毛刺。这些吸收和旁路用的二极管必须选用肖特基快恢复、低压差二极管。

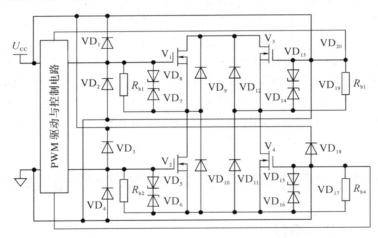

图 11 - 30　驱动电路与 MOSFET 栅极的连接电路

（3）输出整流与滤波电路。

① 在大功率输出的情况下，为了使整流二极管外加散热片较为方便，应采用共阳或共阴型快速整流半桥或肖特基半桥作为整流二极管。另外，为了保证在大电流输出的条件下，滤波电解电容的 ESR 也能够满足要求，必须采用多个电解电容并联的方法来获得大容量滤波电解电容。

② 在大功率、多路输出的情况下，输出滤波电感应尽量绕制在同一个磁芯上，并保证电流都从一个方向进而从另一个方向出。这样就可以将由于负载所引起的共模噪声抵消掉。

③ 在低电压、大电流输出的场合，采用一般的二极管整流电路将会降低整机的转换效率，因此应采用同步整流或异步整流技术才能提高整机的转换效率。另外，在较大功率输出时，采用 MOSFET 作为功率开关管不但可以减小驱动功率和提高整机的转换效率，而且还可以获得多只直接并联的好处。

（4）散热设计。

在散热冷却方面，宁可散热片选得大一些，使整机的体积和重量大一些，也应采用自然冷却的方法，尽量避免采用强制风冷的方法。因为强制风冷中所选用风机的可靠性将直接影响到电源整机的可靠性。

（5）双管共态导通现象的消除。

全桥式 DC - DC 变换器电路中防止和避免双管共态导通现象的方法和措施与推挽式、半桥式 DC - DC 变换器的方法和措施完全相同，这里就不再赘述。

（6）调试中应注意的问题。

在调试时，由于功率开关变压器初级电路部分是从工频电网直接进行输入和整流滤波的，没有隔离，因此，在使用示波器等测量仪器时，必须要注意人身和测量仪表的安全，必要时应使用隔离变压器后再进行调试和测量。

3. 全桥式 DC - DC 变换器电路中的 PWM 电路

全桥式 DC - DC 变换器中的 PWM 电路除专用的四路输出以外，能构成他激型半桥式、单端式 DC - DC 变换器电路的 PWM 电路通过驱动变压器的变换和耦合以后也同样能构成全桥式 DC - DC 变换器。市场上出现的这些能构成桥式 DC - DC 变换器的四端式、双端式和单端式 PWM 控制与驱动集成电路芯片有许多种类型，有电压控制型的，有电流控制型的，还有软开关控制型的。这些双端式的 PWM 控制与驱动集成电路芯片在构成全桥式 DC - DC 变换器电路时与单端式集成电路芯片一样，都必须要外加一个驱动变压器，才能将双端输出驱动型或单端输出驱动型转换成为四端输出驱动型，并且四路输出驱动信号的高低和相位才能满足全桥式 DC - DC 变换器电路的要求。目前市场上又出现了一种全桥式 DC - DC 变换器电路专用的四端输出驱动型的 PWM 控制与驱动集成电路芯片，它不需外加驱动变压器就能直接构成全桥式 DC - DC 变换器。

11.2　隔离式全桥型 DC - DC 变换器实验板

11.2.1　实验板的技术指标

1. 输入和输出参数

（1）输入电压：24 V±1 V（外置电源适配器提供）；

（2）PWM 信号驱动器 IC 工作电压：24 V；

（3）PWM 信号频率 f：200 kHz；

（4）PWM 信号占空比 D 的调节范围：0%～50%；

（5）输出电压/电流：24V/1.5A。

2. 保护功能

（1）输入电源电压极性加反保护；

（2）输出过流保护；

（3）输出过压保护；

（4）正常工作 LED 指示灯指示。

11.2.2　实验板的用途

该实验板为隔离式全桥型 DC - DC 变换器电路，通过使用示波器观察和测量相应的 PWM 信号的频率、幅度和极性，验证图 5 - 1 所示的隔离式全桥型 DC - DC 变换器电路各点信号波形时序图。使用示波器和万用表测量输入供电电压 U_i、PWM 发生驱动器 IC 工作电压、PWM 驱动信号的占空比 D 和输出电压 U，验证隔离式全桥型 DC - DC 变换器输入电压、输出电压与占空比 D 之间的关系式（5 - 4）。通过这些观察、测试、比较和计算，掌握隔离式全桥型 DC - DC 变换器电路的工作原理。需要用到的实验器材如下：

（1）四位半数显万用表 1 块；

（2）频率≥40 MHz 的双踪示波器 1 台；

（3）隔离式全桥型 DC - DC 变换器实验板 1 套；

（4）功率电阻若干；

（5）连接导线若干；

（6）常用工具 1 套。

11.2.3　实验板的硬件组成

（1）实验板的原理电路和印制板图。隔离式全桥型 DC - DC 变换器实验板的原理电路和印制板图如图 11 - 31 所示。

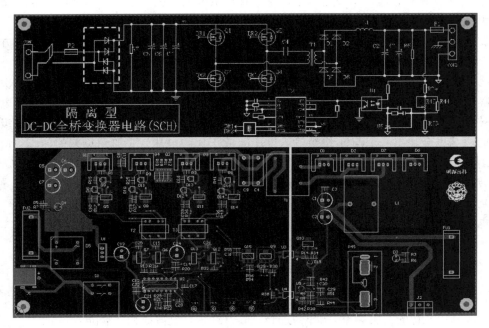

图 11 - 31　隔离式全桥型 DC - DC 变换器实验板的原理电路和印制板图

（2）隔离式全桥型 DC - DC 变换器实验板的外形。隔离式全桥型 DC - DC 变换器实验板的外形如图 11 - 32 所示。

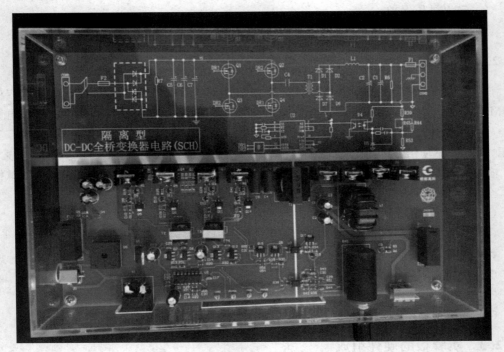

图 11 - 32　隔离式全桥型 DC - DC 变换器实验板的外形图

（3）实验板简介。

① 全波整流桥。其作用一是防止将输入直流供电电源极性接反，二是可以输入交流供电电源。

② PWM 驱动器 SG3525。SG3525 芯片有关工作原理、技术参数和应用等其他方面的详细介绍在上一章中已做了详细的叙述，这里不再重述。

③变压器。变压器的设计是影响电路性能的关键。隔离变压器 T 除了具有初、次级间安全隔离的作用外，它还有变压器和扼流圈的作用。当控制开关管Q_1、Q_4导通时，电源电压U_i被加到变压器初级线圈N_1绕组的两端，同时，由于电磁感应的作用在变压器次级线圈绕组的两端也会输出一个与N_1绕组输入电压U_i成正比的电压，并加到负载的两端，使变换器输出一个正半周电压。当控制开关管Q_1、Q_4由导通转为关断时，控制开关管Q_2、Q_3则由关断转为导通，电源电压U_i被加到变压器初级线圈N_1绕组的两端（与开关管Q_1、Q_4导通时相反）。同理，由于电磁感应的作用在变压器次级线圈绕组的两端也会输出一个与N_1绕组输入电压U_i成正比的电压，并加到负载的两端，使变换器输出一个负半周电压。

• 原边绕组匝数N_p的计算：

$$N_p = \frac{U_{in} \cdot D_{max}}{\Delta B \cdot f_s \cdot A_e} \qquad (11 - 50)$$

其中，U_{in}为变换器输入电压，单位为 V；D_{max}为最大占空比；ΔB为铁芯磁感应强度，单位为 T；f_s为开关管的开关频率，单位为 Hz；A_e为磁芯有效截面积，单位为 mm^2。

• 匝比 n 的计算：

变换器周期T_s为

$$T_s = \frac{1}{f_s} \qquad\qquad (11-51)$$

又

$$T_{dead} = 2\ \mu s \qquad\qquad (11-52)$$

则全桥最大 T_{onmax} 为

$$T_{onmax} = \frac{0.5}{f_s} - T_{dead}$$

全桥整流后的 U_s 的 D_{max} 为

$$D_{max} = \frac{T_{onmax}}{0.5/f_s} \qquad\qquad (11-53)$$

则

$$U_s = \frac{U_o}{D_{max}} \qquad\qquad (11-54)$$

其中，U_o 是输出电压，单位为 V。所以就得到匝比 n 的计算公式为

$$n = \frac{U_{in}}{U_s} \qquad\qquad (11-55)$$

副边绕组匝数 N_s 的计算：

$$N_s = \frac{N_p}{n} \qquad\qquad (11-56)$$

11.3　实验内容

（1）输出端接 30 Ω/50 W 功率电阻，将多圈电位器左旋到最大，用万用表测量输出电压，低压探头夹在实验板上的"PWMA"和"GND"上，用示波器测量 PWM 信号的占空比，将结果记录在表 11‐4 中。输出端接 30 Ω/50 W 功率电阻，将多圈电位器右旋到最小，用万用表测量输出电压，用示波器测量 PWM 信号的占空比，将结果记录在表 11‐4 中。输出端接 20 Ω/50 W 功率电阻，将多圈电位器旋到大概中间位置保持不变，用万用表测量输出电压，用示波器测量 PWMA 和 PWMB 信号的占空比，将结果记录在表 11‐4 中。输出端接 20 Ω/50 W 功率电阻，将多圈电位器旋到大概中间位置保持不变，用万用表测量输出电压，用示波器测量 PWMA 和 PWMB 信号的占空比，将结果记录在表 11‐4 中。

表 11‐4　全桥式 DC‐DC 变换器实验内容（一）

实验项目	输入电压	输出电压/V	占空比/% PWMA	占空比/% PWMB	输出端负载 电阻值	输出 纹波电压
实验 1					30 Ω/50 W	
实验 2	24V				30 Ω/50 W	
实验 3					20 Ω/50 W	
实验 4					20 Ω/50 W	

（2）使用万用表分别测量实验板上"J1"端、输出"CON2"端的直流电压，再使用示波器

分别观察、记录和绘制"J2"、"J3"端的输出波形，完成表 11-5 中的实验内容。观察、记录和绘制"J1"、"J2"、"J3"、"CON2"端的输出波形时，应注意它们之间的时序，并且一定要和单端反激型 DC-DC 变换器工作原理中给出的时序波形进行比较。

表 11-5　全桥式 DC-DC 变换器实验内容（二）

序号	项　目			内　容
1	万用表	CON1/V		
		CON2/V		
		J1/V		
		调节电位器 R1 测试输出电压的变化		
2	示波器	观察波形	J1 输出波形	
			J2 输出波形	
			J3 输出波形	
		测试数据	J2	f/Hz	
				D/%	
			J3	f/Hz	
				D/%	
			输入电压纹波	
			输出电压纹波	
			线性调整率	
			负载调整率	
3	电源纹波抑制比 (PSRR)测试计算			

　　（3）输出端接 50 Ω/50 W 功率电阻，将多圈电位器右旋到最小，用万用表测量输出电压，用示波器测量 PWM 信号的占空比，将结果记录在表 11-6 中。输出端接 50 Ω/50 W 功率电阻，将多圈电位器旋到大概中间位置保持不变，用万用表测量输出电压，用示波器测量 PWM 信号的占空比，将结果记录在表 11-6 中。输出端接 100 Ω/50 W 功率电阻，将

多圈电位器旋到大概中间位置保持不变,用万用表测量输出电压,用示波器测量 PWM 信号的占空比,将结果记录在表 11 - 6 中,计算转换效率。

表 11 - 6 全桥式 DC - DC 变换器实验内容(三)

实验项目		输出电压 /V	占空比 /%	转换效率 /%	输出带载/Ω	备 注
内容 1	输入电压 24 V				50	输出端接的电阻推荐使用 RX24 型金黄色铝壳电阻,参数是功率 50 W,阻值 50 Ω/100 Ω
内容 2					50	
内容 3					100	
内容 4					100	

11.4 思 考 题

(1) 使用 SG3525 PWM 驱动集成芯片,试设计一款全桥式 DC - DC 变换器应用电路。

(2) 为了提高全桥式 DC - DC 变换器的可靠性和无故障工作时间(寿命),除了应选用高温电解电容来充当输入和输出滤波电容 C 以外,还应注意哪些问题?

(3) 全桥式 DC - DC 变换器中变压器的初、次级两个绕组的激磁时序有什么差别? 分别画出它们的工作时序波形。

(4) 认真分析图 11 - 3 所示的电流控制型磁放大器半桥式三输出 DC - DC 变换器应用电路,分别叙述二极管 VD_1、VD_2 和电容 C_{10} 和 C_{11} 的作用。另外,在电路中找出软启动电路,并说明其工作过程。

(5) 对图 11 - 7 所示的 300 W、12 V/24 V/36 V 幻灯机和投影仪 DC - DC 变换器应用电路和图 11 - 8 所示的 PS60 - 2(60 W)射灯 DC - DC 变换器应用电路进行比较,分别从启动、控制、反馈、保护方式等方面进行分析,说出其优缺点。在这两种电路中分别选择一种电路进行实地装配和调试,并分别写出电路中各种变压器的设计和加工过程。

参 考 文 献

[1] 王水平，等. DC/DC 变换器集成电路及应用：混合式 DC/DC 变换器. 西安：西安电子科技大学出版社，2005.

[2] 王水平，等. 开关稳压电源：原理、设计及实用电路. 西安：西安电子科技大学出版社，2005.

[3] 王国华，等. 便携电子设备电源管理技术. 西安：西安电子科技大学出版社，2004.

[4] 吉雷，等. PROTEL99 从入门到精通. 西安：西安电子科技大学出版社，2000.

[5] 孙肖子，邓建国，陈楠，等. 电子设计指南. 北京：高等教育出版社，2006.

[6] 王水平，等. 开关稳压电源原理与应用设计. 北京：电子工业出版社，2015.